当代北京城市空间研究丛书

朱文一 主编

2

微观北京&广角北京

ZOOM IN & OUT BEIJING

朱文一 编著

TSINGHUA UNIVERSITY PRESS

清華大学 出版社

微观北京&广角北京
——当代北京城市空间研究丛书总序

　　1980 年，我来到北京，在清华大学学习建筑学专业。三十年来，亲历了中国城市、尤其是北京城的飞速发展。在攻读博士学位期间，我师从吴良镛先生，开始城市空间的研究。我的博士论文，从理论上进行了中国和西方城市空间的比较研究，探索了中国城市空间的本质特征及其演进规律。其中，有关北京城市空间的研究成为博士论文的重要组成部分。论文中提出的中国城市空间的"边界原型"和"街道亚原型"，呈现了中国城市建筑空间的本质特征和演进规律。千年古都北京城完整地体现了"边界原型"和"街道亚原型"空间特征。近代以来，体现西方城市建筑特征的"地标原型"和"广场亚原型"，正在融入北京城市空间。今天的北京城，旧城四合院以及单位大院的空间肌理延续至今，新区建设中出现的"大院式"楼盘遍布北京城。从中可以发现，"边界原型"呈现出的"院套院"空间形态依然很清晰。而王府井商业街、前门商业街和三里屯酒吧街等街道空间特色鲜明，延续了"街道亚原型"空间形态。与此同时，"地标原型"体现出的高楼林立景象以及同心圆放射的环路空间结构，逐渐成为当代北京城空间的形态特征。从 20 世纪 50 年代天安门广场的建成到 90 年代初越来越多"广场"的出现，表明"广场亚原型"正在成为当代北京城的显性空间，尽管有不少"广场"仅仅是文字性的名称❶。对北京城市空间的持续关注和研究，成为我学术研究的主战场，也为我深入思考当代北京城市空间的形态规律提供了基础。

　　20世纪90年代初，我博士毕业后在清华大学建筑学院任教。那时，正是北京城市超大规模发展的初始。其后，城市规模急剧扩展，城市活动日益丰富，映入我眼帘的是一幅有厚度的、丰富多元的、立体的当代北京城市空间景象。于是，我开始关注北京城市公共空间的品质问题，对北京城市公共活动与空间之间的关联产生浓厚的兴趣。从1996年开始，结合硕士研究生的培养，我拟定了当代北京"弱势空间"系列研究，针对北京城市公共空间中的"弱势空间"，如：商摊空间（杨滔）❷、街头观演空间（傅东）❸、无障碍空间（庞聪）❹、胡同游空间（谷郁）❺、行乞空间（戚积军）❻、婚庆空间（谷军）❼、殡葬空间（兰俊）❽、宠物空间（刘磊）❾、老字号空间（陈瑾羲）❿、夜市空间（夏国藩）⓫、公厕空间（汪浩）⓬等，指导研究生展开城市整体空间调查与研究。"弱势空间"体现了城市公共空间对人的关照，体察空间的细微部分。我把这项持续十余年的研究称为"微观北京"城市弱势空间系列研究。

---

❶ 参见朱文一.空间·符号·城市——一种城市设计理论.北京：中国建筑工业出版社，1993年版；台北淑馨出版社，1995年版.
❷ 参见杨滔.北京街头零散商摊空间初探.清华大学硕士学位论文，2002年.
❸ 参见傅东.20年来北京大众观演空间研究.清华大学硕士学位论文，2001年.
❹ 参见庞聪.北京城市无障碍外部空间初探.清华大学硕士学位论文，2005年.
❺ 参见谷郁."胡同游"空间研究.清华大学硕士学位论文，2005年.
❻ 参见戚积军.当代北京城市行乞空间初探.清华大学硕士学位论文，2005年.
❼ 参见谷军.当代北京城市婚庆空间研究.清华大学硕士学位论文，2008年.
❽ 参见兰俊.当代北京城市殡葬空间研究.清华大学硕士学位论文，2007年.
❾ 参见刘磊.当代北京城市宠物空间研究.清华大学硕士学位论文，2007年.
❿ 参见陈瑾羲.当代北京"老字号"空间研究.清华大学硕士学位论文，2007年.
⓫ 参见夏国藩.当代北京城市夜市空间研究.清华大学硕士学位论文，2008年.
⓬ 参见汪浩.北京公厕与城市公共空间.清华大学硕士学位论文，2007年.

"微观北京"系列研究追求相对完整地呈现当代北京城市公共空间品质的状况,并针对城市空间品质的进一步提升和优化,提出了若干建设性的意见和建议。这项研究从一个侧面弥补了快速城市化进程中北京城市公共空间研究的匮乏。2008年,部分研究成果以专栏形式在《北京规划建设》、《建筑创作》上连续发表。

2001年,我开始招收博士研究生。当代北京城市空间特色问题,成为我关注的研究领域。我拟定了"广角北京"城市空间研究系列,指导博士研究生完成了当代北京城市宗教空间(金秋野)❶、行政空间(王辉)❷、纪念空间(高巍)❸、博物空间(秦臻)❹等专项研究。"广角北京"城市空间研究系列中的校园空间、女性空间、犯罪空间、大众体育空间、地下空间、影院空间等专项研究正在进行中。广角北京以"整体切片式"的研究视角和方式,尝试挖掘、呈现和创造当代北京城的空间特色,为北京迈向宜居城市提供参考。

北京作为中国的首都,它的发展可以看成是中国城市发展的一个缩影。我有幸亲身经历了北京城近三十年的巨大变化,并结合自己的专业,在有限范围内追踪了北京城的空间演进轨迹,探索了北京城的空间特征和特色。研究成果以我主编的"当代北京城市空间研究丛书"的形式出版。第一辑《微观北京》收录了我从1997年到2005年期间指导硕士研究生完成的北京街头零散商摊空间、北京大众观演空间、北京城市无障碍外部空间、北京旧城胡同游空间等研究成果。第二

❶ 金秋野.当代北京城市宗教空间研究.清华大学博士学位论文,2007
❷ 王辉.当代北京城市行政空间研究.清华大学博士学位论文,2008
❸ 高巍.当代北京城市纪念空间研究.清华大学博士学位论文,2008
❹ 秦臻.当代北京城市博物空间研究.清华大学博士学位论文,2009

辑《微观北京 & 广角北京》收录了我开设的"微观北京"和"广
角北京"两个学术专栏上刊登的 36 篇关于北京城市空间研究
的学术文章❶。这是我从 2005 年到 2007 年指导研究生完成的
研究成果。第三、四、五辑由我指导的博士研究生完成：金
秋野著《宗教空间北京城》、王辉著《行政空间北京城》、高
巍著《纪念空间北京城》。

　　北京城市空间研究是一项长期持续的工作，系列丛书中
五本著作的出版只是一个开始。希望这套丛书能为北京城市
空间品质的提升、美好人居环境的创造添砖加瓦。

朱文一

2009 年 12 月 28 日

于清华园

---

❶ "微观北京"专栏,《北京规划建设》2007 年 03 期—2008 年 04 期, 共 23 篇;"广
角北京"专栏,《建筑创作》2007 年 07 期—2008 年 05 期, 共 13 篇。

目录

微观北京&广角北京

——当代北京城市空间研究丛书总序

1.《北京规划建设》"微观北京"专栏开栏词 011

2.《建筑创作》"广角北京"专栏开栏词 014

3.纪念馆园在北京 016

4.纪念空间在北京 030

5.名人故居与北京城 042

6.CELEBRITIES' FORMER RESIDENCES IN BEIJING 053

7.北京名人墓 058

8.北京的名人祠庙 069

9.北京的爱国纪念街巷 080

10.私人博物馆在北京 091

11.PRIVATELY-OWNED MUSEUMS IN BEIJING 101

12.古玩市场与北京城 106

13.CURIO MARKETS IN BEIJING 116

14.北京潘家园旧货市场考察 ··· 121

15.艺术品拍卖与北京城 ··· 132

16.北京宋庄小堡村画廊空间考察 ··· 142

17.宗教空间在北京 ··· 150

18.佛道殿院在北京 ··· 160

19.北京历史上的清真女寺 ··· 172

20.当代北京清真寺女性空间 ·· 183

21.北京天主教堂婚庆空间考察 ·· 192

22.公厕与北京城 ··· 202

23.北京城市公厕建筑考察 ··· 217

24.夜市与北京城 ··· 231

25."老字号"与当代北京城 ·· 243

26.宠物空间在北京 ··· 254

27.行乞与当代北京城 ··· 267

28.殡葬空间在北京 ··· 278

29.北京万安公墓考察 ··· 290

30.北京国家级行政办公建筑探讨 298

31.当代北京市级行政空间探讨 309

32.北京区级行政办公建筑考察 320

33.北京城八区政务大厅考察 330

34.街道办事处与当代北京城 341

35.派出所与当代北京城 353

36.居委会与当代北京城 363

37.驻京办与当代北京城市空间 374

38.当代北京城市行政空间的调查与反思 383

后记 402

1

《北京规划建设》
"微观北京"专栏开栏词

朱文一

"微观北京"
——城市弱势空间研究

自 1996 年开始，

我起动北京城市弱势空间研究，

采取的方式是指导研究生分专题互动研究。

十年来已经取得一些研究成果，

今借《北京规划建设》开设专栏与同仁们交流切磋。

一座城市或城市中的建成地区是否宜人，

不仅取决于建筑的优劣和规划的好坏，

也取决于由规划和建筑形成的城市空间品质的高低，

其中包括对城市中被忽略空间的关注和关怀程度。

"弱势空间"就是城市中被忽略空间的一类。

商摊空间、街头观演空间、胡同游空间、

公厕空间、行乞空间、宠物空间、女性空间、

老字号空间、夜市空间、票友空间、殡葬空间，

还有宗教空间、行政空间、纪念空间、收藏空间、阅读空间等，

都属于我所说的"弱势空间"范畴。

一般印象中的"弱势空间"大多以负面和忌讳为主，

脏乱差如摊贩行乞等，忌讳如殡葬等。

《北京规划建设》"微观北京"专栏开栏词，参见《北京规划建设》2007 年第 3 期

通常认为这些行为会随着城市的发展发达而逐渐消失或始终潜藏，

城市中相应的"弱势空间"也会随之消除或隐去。

其实这种看法忽略了"弱势空间"积极的一面。

城市"弱势空间"在很多情况下是自发形成的，

在一定程度上与城市生活应该具有的复杂丰富多元特征相对应，

往往是城市内在需求的直接与及时体现，

有时甚至成为影响城市活力的关键因素。

要发挥其在城市中不可替代的作用首先要做的是对其进行全面了解。

目前对城市"弱势空间"规律的认知还相对模糊，

尤其是从建筑与城市角度出发对"弱势空间"的研究相当匮乏。

专栏上发表的研究成果，

考察了当代北京城中存在的若干类型的弱势空间，

希望为思考当代北京城市空间提供一个视角。

吴良镛先生提出和倡导的"人居环境科学"，

提供了以建筑、规划、景观为核心多学科交叉的研究框架与方法。

我主持的"微观北京"系列课题可以称为，

人居环境科学中的"人居微环境"研究。

最后特别感谢《北京规划建设》提供学术互动平台！

朱文一

2007 年 4 月 16 日于清华园

2

《建筑创作》
"广角北京"专栏开栏词

朱文一

"广角北京"

——北京城市空间研究

ZOOM 是观察城市的镜头，

如果将现在已经惯常的研究视角看成"定焦镜头"，

那么 ZOOM 便是一支"变焦镜头"，

镜头的"缩"与"放"为更加全面地呈现城市建筑的丰富样态提供了可能。

自 1996 年以来，

我的研究兴趣一直聚焦在城市建筑中那些被人忽略的弱势空间方面。

我带领研究生在这一领域进行了 10 余年的持续研究，

至今已经积累了一批研究成果。

对于偏重弱势空间中城市方面的研究成果，

我已经在《北京规划建设》杂志上开设专栏，

名为"微观北京"，

即 ZOOM-IN BEIJING。

而关于北京城市弱势空间中侧重建筑方面的研究成果，

则借《建筑创作》杂志开设专栏，

题为"广角北京"，

即 ZOOM-OUT BEIJING。

感谢《建筑创作》杂志提供互动交流平台！

朱文一

2007 年 6 月 12 日凌晨于北京

《建筑创作》"广角北京"专栏开栏词，参见《建筑创作》，2007 年第 7 期

3

纪念馆园在北京

高巍　朱文一

　　纪念馆与纪念园是为特定的纪念目的而专门建立的具有展示、陈列、教育功能的纪念场所。纪念馆全称纪念类博物馆，是我国三类博物馆中的一种❶，目前在北京有纪念馆、博物馆、陈列馆等多种名称。纪念园是城市开放空间中园林化的纪念场所，目前北京的纪念园主要有雕塑纪念园、遗址公园、纪念陵园等。

　　北京的纪念馆园主要形成于新中国成立后，新中国成立之初的纪念馆只有西城的鲁迅博物馆一处，纪念园也只有中山公园❷。目前北京共有纪念馆园 59 处，包括纪念馆 35 处，纪念园 24 处❸，其中既有中国人民抗日战争胜利纪念馆、新文化运动纪念馆、毛主席纪念堂等国家层面的国族纪念场所，也有具有北京地域特色的郭守敬纪念馆、徐悲鸿纪念馆、滦州起义烈士纪念园等城市纪念场所。纪念馆与纪念园在空间形态上有所不同，但在纪念功能的实现与纪念行为的组织上具有很多相似性，许多还相互结合或相互毗邻，共同完成同一主题的纪念，如抗日战争纪念馆与抗日战争纪念雕塑园、中山公园与中山堂、长城华人纪念馆与中华文化名人雕塑纪念园、平北抗日战争烈士纪念馆与平北抗日烈士纪念园等。本文主要从分布、类型与形态几个方面对北京的纪念馆园进行探讨。

---

❶ 纪念馆在博物馆中的地位和类型问题具有复杂性。我国统计部门把博物馆分为综合类、专门类、纪念类3类统计，与西方国家不同。近年来国际博物馆界对纪念馆日益重视，《联合国教科文组织统计年报》的博物馆分类已经体现出这种趋势。参见：《中国纪念馆概论》。

❷ 参见：《中国纪念馆概论》。

❸ 关于纪念馆园的数量统计主要依据以下参考文献：北京百科全书编辑委员会编，北京百科全书（共20卷）。北京：奥林匹克出版社,1991~2002；北京市地方志编纂委员会编著，《北京志·建筑卷·建筑志》，北京：北京出版社, 2003；北京市文物管理局编著，《北京名胜古迹辞典》，北京：燕山出版社；卢云亭等编著，《北京周边风光旅游科学指南》，北京：中国林业出版社, 1999.1；《北京市注册博物馆名单》与《北京市市级爱国主义教育基地名录》，参见北京文博网站http：//www.bjww.gov.cn/index.asp 。

图 3-1
北京市域纪念馆园分布

纪念馆园的分布

北京纪念馆园空间分布（图 3-1）呈现明显的区域差异，主要表现出三个特点。

第一个特点是三环分布。

北京地区纪念馆园的空间分布由城市中心向远郊区县呈现三个清晰的层次。城市中心区是纪念馆园分布的第一个层次，在这一范围内共有纪念馆园 17 处，是分布最为集中的地段。以二环路为边界的北京旧城是分布的主体，共有 16 处，构成纪念馆园宏观分布的内环。城市边缘区是纪念馆园分布的第二个层次，在这一范围内共有纪念馆园 12 处，城市边缘区的纪念馆园主要分布在北京城市五环路的周围，以此为界线构成纪念馆园宏观分布的中环。

城市远郊区是纪念馆园分布的第三个层次，在这一广大范围内共有纪念馆园 30 处，构成纪念馆园宏观分布的外环。外环范围内的纪念馆园分布密度不大，因为具有广阔的空间范围，所以数量最多。

在三个层次中，内环与中环共远郊区县的纪念馆园数量基本持平，分别为 29 处与 30 处。纪念馆园在城市内部呈现地域聚集特征，在城市外围则广泛分布在各区县。纪念馆园中的纪念馆主要分布在城市范围内，即内环与中环，包括 35 处纪念馆中的 25 处；纪念园则主要分布在郊区地带，24 处纪念园中只有中山公园、抗战雕塑园、圆明园与滦州起义烈士纪念园 4 处位于城市内部。

第二个特点是西多东少。

北京西部地区的纪念馆园数量明显高于东部。在中轴线以东共有纪念馆园 15 处，而中轴线以西的纪念馆园共计 43 处，约是东部的三倍。如果拉近视角，将图面放大到北京城市内部，这种西多东少的情况依然存在，并在一定程度上有所加强。纪念馆园的分布主要集中在西城、宣武、海淀与丰台区的西部，共计 22 处，占总数的七成以上；东城区虽然有一定数量的纪念馆园，但 7 处纪念馆园全部集中在中轴线附近，城市东部基本没有。

第三个特点是三点集中。

在北京城市内部，纪念馆园集中分布在三个地点：城市中心区中西部、香山周边地段与城市西南的卢沟桥地区（图 3-2），数量分别为 17 处、7 处与 4 处，涵盖了北京地区所有重要的纪念馆园。重要的国族性纪念馆园空间在三处地段都有分布，如城市中轴线的毛主席纪念堂、中山公园，香山周边的圆明园、中山堂，卢沟桥地区的抗日战争胜利纪念馆等。

这种情况既是历史发展的结果，也具有一定的偶然性。例

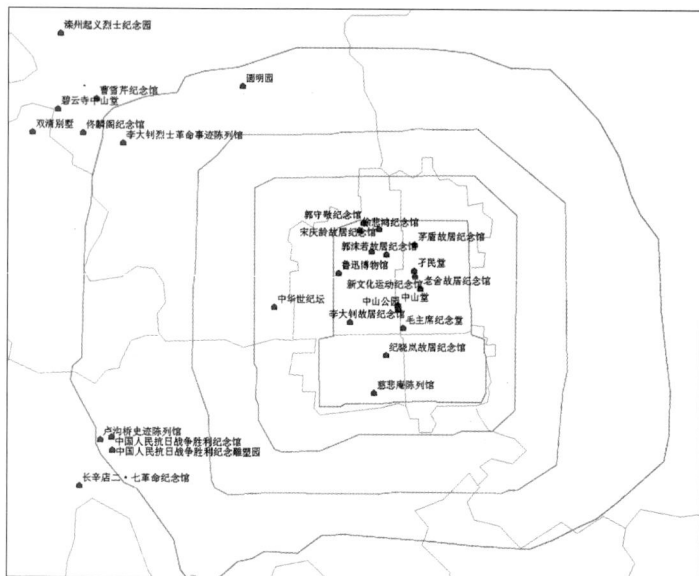

图 3-2
北京城市纪念馆园分布

如城市中心区中许多纪念馆是在名人故居的基础上形成的。名人的居所往往因为生活所需集中在城市中心区域，而位于城市中轴线上的毛主席纪念堂、中山公园，则是为了突出纪念馆园的国族纪念地位的需要；香山周边地段作为城市风水景观最为优越的区域，是理想的生活居所与长眠之处，这一范围内的纪念馆园基本上是由故居和陵墓演化形成的；卢沟桥地区纪念馆园的形成则是历史偶然性的反映，这一地区的纪念馆园主要围绕抗日战争与"二·七"革命的主题展开，卢沟桥事变与长辛店"二·七"工人大罢工的发生，都是历史上的偶然事件，其空间位置并不是确定因素的影响结果。

纪念馆园的特征

由于纪念对象的身份性质和所处时代的不同，纪念馆园表现出不同的特点。分析纪念馆园的特征，包括主题与年代特征两方面。

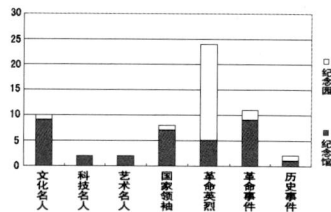

图 3-3
不同纪念主题纪念馆园数量

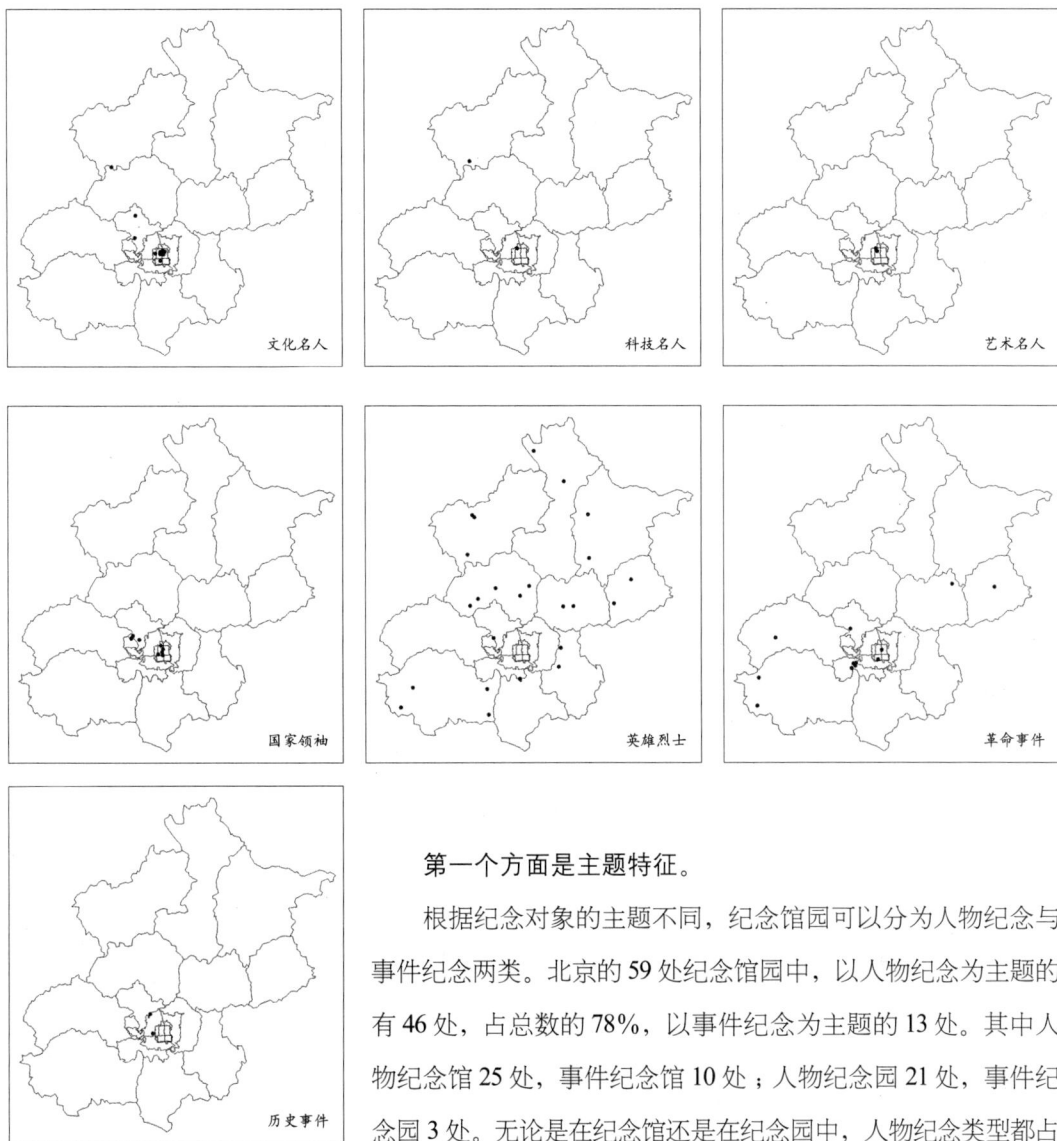

文化名人

科技名人

艺术名人

国家领袖

英雄烈士

革命事件

历史事件

图 3-4
不同纪念主题纪念馆园分布

第一个方面是主题特征。

根据纪念对象的主题不同，纪念馆园可以分为人物纪念与事件纪念两类。北京的 59 处纪念馆园中，以人物纪念为主题的有 46 处，占总数的 78%，以事件纪念为主题的 13 处。其中人物纪念馆 25 处，事件纪念馆 10 处；人物纪念园 21 处，事件纪念园 3 处。无论是在纪念馆还是在纪念园中，人物纪念类型都占据大多数，其中纪念园中的人物纪念园占总数的 87.5%。

根据纪念主题中人物身份和事件性质的不同，纪念馆园的类型可以划分为文化名人纪念、科技名人纪念、艺术名人纪念、党和国家领袖（简称国家领袖）纪念、革命英烈纪念、革命事件纪念和历史事件纪念七种，各类纪念馆园的数量关系情况如图 3-3、图 3-4

所示。

在所有类型的纪念馆园中，革命英烈纪念数量最多，有 24 处，约为 40%。其中大部分（19 处）为以革命英烈纪念为主题的纪念园，接近纪念园总数的八成，说明当前北京纪念园的主要类型是革命英烈纪念，包括众多的革命烈士陵园、革命烈士纪念园等，如滦州起义烈士纪念园、白乙化烈士陵园、潮白烈士陵园等。在纪念馆中各种类型的数量分布则相对均衡，文化名人、国家领袖与革命事件纪念馆的数量较多，均在 10 处左右，在纪念馆园中居于第二数量等级；科技名人、艺术名人与历史事件为主题的纪念馆园数量最少，各有 2 处。总体看来，在纪念馆园中对于革命爱国主题的纪念数量占据绝大多数，包括革命英烈纪念、革命事件纪念与党和国家领袖纪念，说明在北京各种类型的纪念空间中，纪念馆园的政治意义与意识形态的氛围更加浓厚，空间的宣传教育作用更为突出，因此形成了众多基于纪念馆园的爱国主义教育基地。

在空间分布上，革命英烈与革命事件相关的纪念馆园位于郊区的数量占据多数，而各类名人与领袖的纪念馆园大多数位于城市范围内。这种情况的形成有两个方面的原因。首先，北京郊区各区县在中国近代革命史上是著名的抗日与革命根据地，历史上产生了众多的革命英烈与事件，例如焦庄户地道战遗址纪念馆、白乙化烈士陵园等都位于原来的革命纪念地和烈士牺牲地。而且，这些纪念馆园通常规模有限，前来参观纪念的人数有限，因此距离城市较远。其次，各类名人与国家领袖的纪念馆园通常规模较大，参观纪念人数较多，在城市中具有重要的影响，因而通常位于开放性与可达性较佳的城市范围内，而且相关纪念馆园的分布和领袖与名人生活的空间范围也具有一定的对应，例如由名人故居形成的纪

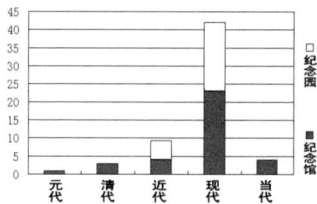

图 3-5
不同纪念时期纪念馆园数量

图 3-6
不同纪念时期纪念馆园分布图

图 3-7
不同纪念时期纪念馆园分布图

念馆，全部分布在城市范围内。

另一方面是年代特征。

依据纪念对象所处的年代不同以及各阶段数量差异，可将北京的纪念馆园分为元（1271—1368）、清（1644—1840）、近代（1840—1919）、现代（1919—1949）、现当代（1949 年以后）五个时期❶，各时期的纪念馆园数量与城市空间分布如图 3-5～图 3-7 所示。

无论是在纪念馆还是纪念园中，处于中国现代历史时期的数量都占据多数，分别为 23 处与 19 处，总计 42 处，占纪念馆园总数的七成。而在这一历史阶段中，对于抗日战争时期的相关纪念占据大多数，其中纪念园的表现最为突出。例如抗日战争纪念雕塑园、斋堂抗日纪念园、平西抗日烈士纪念园、平北抗日烈士纪念园等北京绝大多数的纪念园，都是对于抗日战争时期相关对象的纪念，还有大量的纪念园是对抗日战争、解放战争阶段烈士的纪念，如潮白烈士陵园、昌平区革命烈士陵园、延庆县革命烈士陵园等。在纪念馆中，关于抗日战争时期纪念的有平西人民抗日斗争纪念馆、鱼子山抗日战争纪念馆、焦庄户地道战遗址纪念馆、《没有共产党就没有新中国》词曲创作地纪念馆等。抗日战争之前的历史时期的相关纪念园数量相对较少，以纪念馆形式为主，主要集中在 20 世纪 20 年代，例如新文化运动纪念馆、长辛店"二·七"革命纪念馆等。在这一时期的纪念馆中，还有部分对于现代时期

---

❶ 各个历史阶段的确定依据历史学的划分标准；各历史名人的所处时代划分主要依据白寿彝主编《中国通史》第十卷（中古时代—清时期）第十二卷（近代后编 1919—1949)中名人传记的划分标准，对于书中未作记录的人物，以此标准作为参考进行分类。

郭守敬纪念馆　　　　鲁迅博物馆　　　　徐悲鸿纪念馆

新文化运动纪念馆　　李大钊革命事迹陈列馆　曹雪芹纪念馆

中山公园中山堂　　　中山公园　　　　碧云寺中山堂

中国人民抗日战争纪念馆　中国人民抗日战争纪念园雕塑　长辛店"二·七纪念馆"

图 3-8
文中出现的部分纪念馆与纪念园

国家领袖与文化、艺术名人的纪念，主要是各类故居纪念馆，
如宋庆龄（故居）纪念馆、茅盾（故居）纪念馆、梅兰芳（故居）
纪念馆等。

　　近代历史时期相关纪念的馆园数量居于第二等级，但与
现代纪念馆园的数量差距较大，共 9 处，主要是与辛亥革命
相关的纪念场所，例如中山公园、辛亥滦州起义烈士纪念园、
中山堂（图 3-8）。元代、清代与当代内容的纪念馆园数量较少，
低于 5 处。

　　在空间分布上，现代历史阶段相关内容的纪念馆园数量
较多，在城市与郊区均有一定数量分布，郊区分布的数量略多，
基本上各个区县都有 1 ~ 2 处的烈士纪念园或纪念馆。其他

图 3-9
中国人民抗日战争纪念馆平面
（图片来源于抗战纪念馆宣传资料）

图 3-9
中国人民抗日战争纪念馆平面
（图片来源于抗战纪念馆宣传资料）

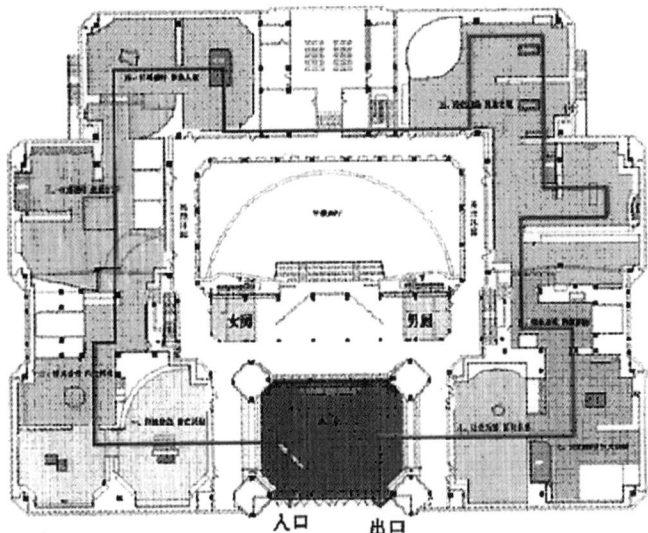

图 3-10
中国人民抗日战争纪念馆雕塑园
（图片来源于抗战雕塑园宣传资料）

各历史时期相关内容的纪念馆园在郊区的分布较少，大多位于城市内部或城市边缘地带。

纪念馆园的形态

纪念馆园的形态可以从功能构成和空间组织两个方面来阐述。

北京纪念馆园的功能构成一般包括与纪念行为相关的展示陈列、文物保管与宣传教育功能以及为其服务的附属管理功能，在具有一定规模的纪念馆园中还经常包括研究办公功能。其中展示陈列是纪念馆园的主要功能，常与文物保管、宣传教育功能结合共同成为纪念馆园的空间主体。而纪念、管理与研究功能之间通常为独立的建筑，在空间关系上相互分离独立，形成大院型的院落格局。

大多数的纪念馆园的空间主体是作为展示陈列的场所，有时也包括与展览功能直接相关的纪念品店等服务展卖功能，以空间作为载体，采取文字、图片、雕塑和各种媒体作为纪

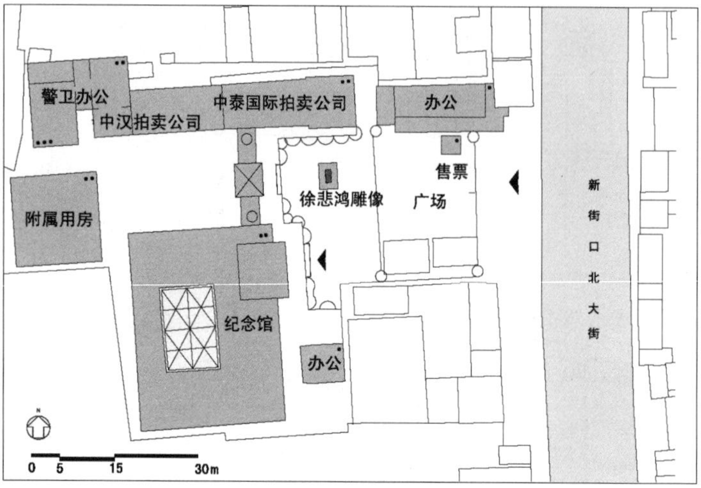

图 3-11
徐悲鸿纪念馆总平面

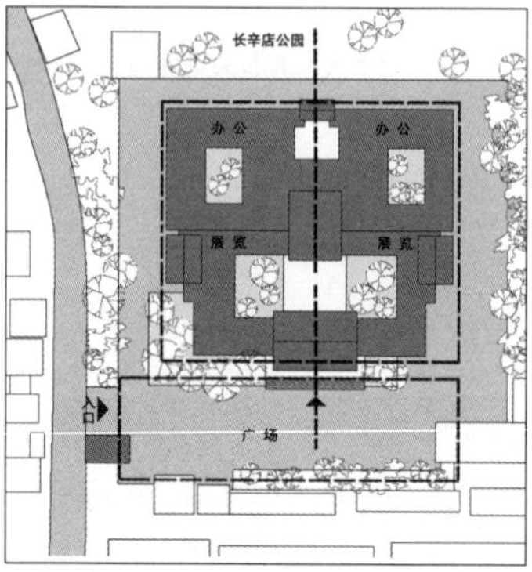

图 3-12
长辛店"二·七"革命纪念馆

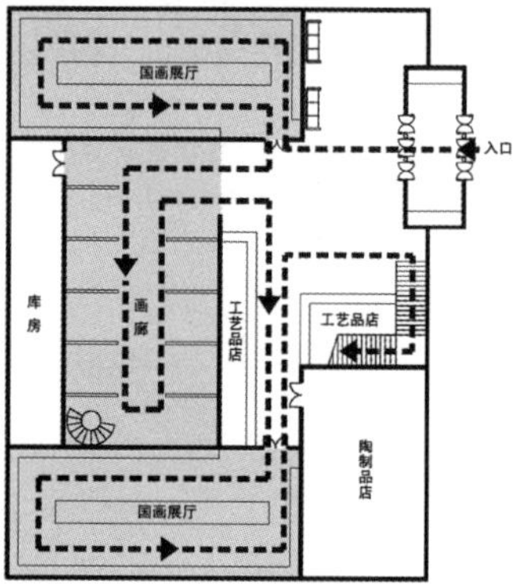

图 3-13
徐悲鸿纪念馆一层平面

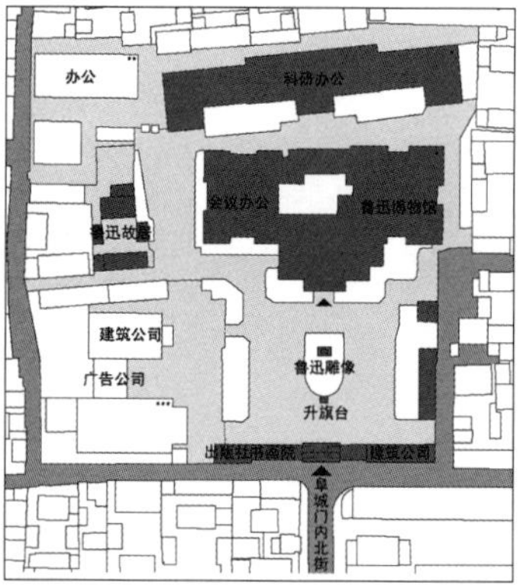

图 3-14
鲁迅博物馆总平面

念手段，功能形态比较单纯统一。这种功能的纯粹性在重要的国族纪念空间中十分典型，例如在中国人民抗日战争纪念馆与纪念雕塑园两处国族纪念空间中，其内部全部为展览与陈列场所（图 3-9、图 3-10）。在实际运营中也会出现其他功能侵入纪念馆园内部的现象，而且等级与影响力越低，这种情况出现的可能性越大，对于纪念馆园内部空间的侵占程度也就越强。例如在鲁迅博物馆中，一处多功能会议空间就与展览功能共同使用纪念馆建筑，"二·七"革命纪念馆的后部为二七车辆厂的办公单位占用，在徐悲鸿纪念馆中的序厅与临时展馆成为展卖工艺品的商铺（图 3-11、图 3-12、图 3-13）。侵入到纪念馆园内部的功能通常与纪念内容有一定的联系，是纪念馆园基于生存需要出让空间的结果。

纪念馆园的研究、管理功能中被其他功能侵入的现象也比较常见，这种侵入有的与纪念馆的内容由一定联系，如徐悲鸿纪念馆周边建筑中的艺术品拍卖公司，郭守敬纪念馆内的什

图 3-15
圆明园遗址公园
（底图图片来源于 google earth）

刹海学会等；有的则基本无关，仅仅是对于空间本身的一种占用关系，如鲁迅博物馆中的建筑设计公司、广告公司等（图3-14）。

　　从空间组织来看纪念馆园形态，其基本特点是线性组织模式，主要体现在纪念馆园的纪念功能部分，前提是依据一定的标准划分具有结构关系的空间与功能单元。各个空间单元按照彼此的先后顺序连接为一个整体，完成内部空间的组织，构成了单元式序列型的空间秩序。这种线性结构次序的安排通常依据时间的先后，也有按照各个部分在纪念结构中的位置与作用来划分的，如圆明园遗址公园中的各处建筑遗址（图3-15）。纪念馆园空间线性组织模式直接体现在参观线路图、游线图上，纪念行为的有效完成依赖于对线性秩序的充分遵守，脱离、违反纪念馆园的线性组织模式，往往带来认知上的模糊与错位。

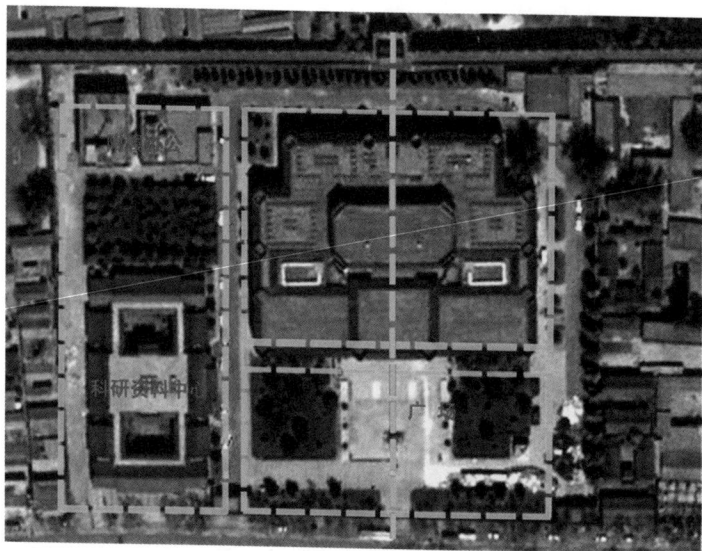

图 3-16
中国人民抗日战争纪念馆

　　也有很多纪念馆集纪念、研究与管理功能于一体，形成功能复合的大院，纪念馆建筑或者位于院落空间的中心，或者在体量与形式上作为空间的重点，馆前通常有一定规模的前广场或院落空间，既是集会疏散的要求，也是纪念性的需要。这种院落空间的标志性特征是对称形态与轴线结构，纪念馆的重要性越强，这种标志越突出。在最重要的纪念馆空间中，纪念馆建筑、建筑前广场庭院甚至辅助功能建筑全部为对称形态，占据院落的最重要部分，彼此衔接形成贯穿的中央轴线。纪念馆的主入口通常位于轴线前端，在广场与院落正中的轴线上，通常布置有纪念性雕像与升旗台，强化空间的序列（图3-16）。次一级的纪念馆即使难以实现建筑与广场的全部轴线对称，通常会有其中之一满足条件，或为纪念馆建筑，或为广场庭院，后者通常会有与纪念馆主题相关的纪念性雕塑位于广场的正中，成为室外空间的中心。如果说纪念馆的内部空间体现各个纪念馆的特色，那么外部空间结构就是纪念性对于室外空间的普遍要求，而轴线对称原则是纪念性空间的典型结构，这与纪念碑像、名人祠庙空间具有相似之处。

结语

纪念馆园是北京城市纪念场所中最具纪念功能的空间类型，也具有重要的城市宣传教育职能。目前北京的 59 处纪念馆园中，市级的爱国主义教育基地有 22 处，占总数的三分之一以上，其中包括国家级教育基地 5 处。在其余的 37 处纪念馆园中，也几乎全部为各种级别和类型的爱国主义活动基地。纪念馆园不仅是城市历史记忆的载体，也是城市文化的风景线，与城市精神、市民面貌息息相关。对于如何从建筑与城市的视角对其进行深入研究，从而更好地认识、建设与发展北京的纪念馆园，具有重要意义。■

（文中图片除标明外，均为高巍绘制拍摄）

（本文发表于《北京规划建设》，2008 年 1 月刊）

4

纪念空间在北京

高巍　朱文一

城市纪念空间是城市中具有纪念功能或行为的场所，对于纪念空间的探讨，关注的是纪念行为与空间诸要素的关系，而非单纯的建筑形式规律。作为城市历史文化的物质载体与城市集体记忆的空间体现，城市纪念空间可以是具有纪念功能的建筑与其所支配的城市空间所形成的整体，也可以是具有纪念性质的一块场地、一条街巷。

在当代北京城市空间中，纪念空间是一种重要类型和组成部分。古都北京历史悠久，人文荟萃，城市纪念空间不仅数量众多，遍布城市各处，而且许多是具有重要影响的城市象征，如人民英雄纪念碑、毛主席纪念堂、历代帝王庙、抗日战争胜利纪念馆等。根据目前已经出版的众多专著、文献记载以及相关的网络、电视等媒介资料统计，当前北京明确可考的名人墓空间总计超过1350处❶。这些纪念空间有的是在城市历史演化的过程中逐步获得了纪念性，有的是为了特定的纪念目的新建或改建而成。

---

❶ 关于北京纪念空间的数量统计主要依据以下参考文献: 北京百科全书编辑委员会编，《北京百科全书》(第2版，共20卷)，奥林匹克出版社，2002.10; 北京市地方志编纂委员会编著，《北京志·建筑卷·建筑志》，北京: 北京出版社，2003; 张宝章严宽著，《京西名墓》，北京: 燕山出版社，1994; 北京市文物管理局编著，《北京名胜古迹辞典》，北京: 燕山出版社，1989; 卢云亭等编著，《北京周边风光旅游科学指南》，北京: 中国林业出版社，1999.1; 冯小川主编，《北京名人故居》，北京: 人民日报出版社，2002.1; 顾军编著，《北京的四合院与名人故居》，光明日报出版社，2004.9; 陈光中著，《北京地理·名家宅院》，当代中国出版社，2005.11: 新世界出版社，《京城名人故居与轶事》，2002; 中国人民政治协商会议 北京市西城区委员会文史资料委员会编，《西城名人故居》，北京: 中国档案出版社，1997; 赵志忠著，《北京的王府与文化》，北京: 燕山出版社，1998.7; 首都城雕建设管理办公室编著，《雕塑北京》，中国旅游出版社，2005.3; 老北京网站http://www.obj.org.cn/article/index.shtml; 北京文博网站http://www.bjww.gov.cn/index.asp等。

从当前北京纪念空间的分布图（图 4-1）中可以发现，纪念空间在北京市域的总体分布既有集中又有分散（图 4-2）：在北京旧城中，纪念空间的数量最多，密度最大；在旧城以外，纪念空间的区位分布相对均匀，散居各处。在北京城市和郊区的各区县中，都有一定数量的纪念空间，其中海淀、东城、西城、宣武四区的纪念空间数量最多，顺义与大兴最少（图 4-3）。

根据功能与形态特征的不同，当代北京城市纪念空间可以划分为名人墓、名人祠庙、名人故居、纪念馆园、纪念碑像、纪念遗址、纪念街巷与学校七种类型，各类型纪念空间在城市的分布各具特点(图 4-4)。下面尝试从城市与空间形态入手，对北京纪念空间各类型的现状情况、形态特征、城市分布等进行梳理（图 4-5）。

名人墓

北京名人墓历史悠久，现存最为久远的名人墓是位于房山区良乡镇的战国名将乐毅墓，也是当前北京最早的纪念空间

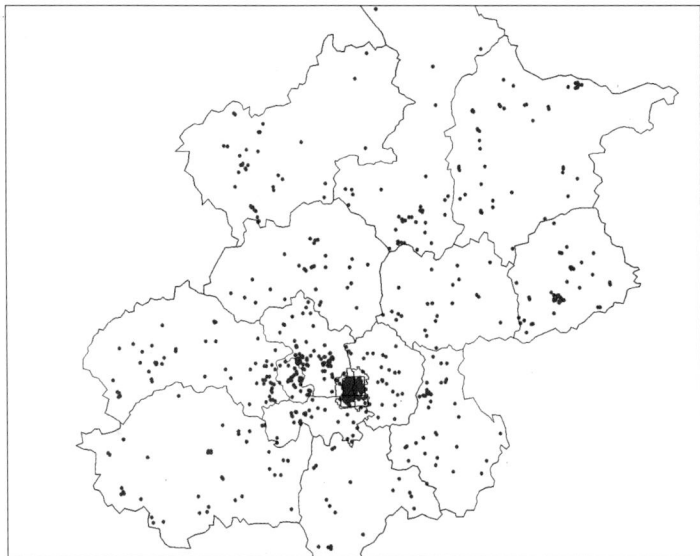

图 4-1
北京地区纪念空间分布

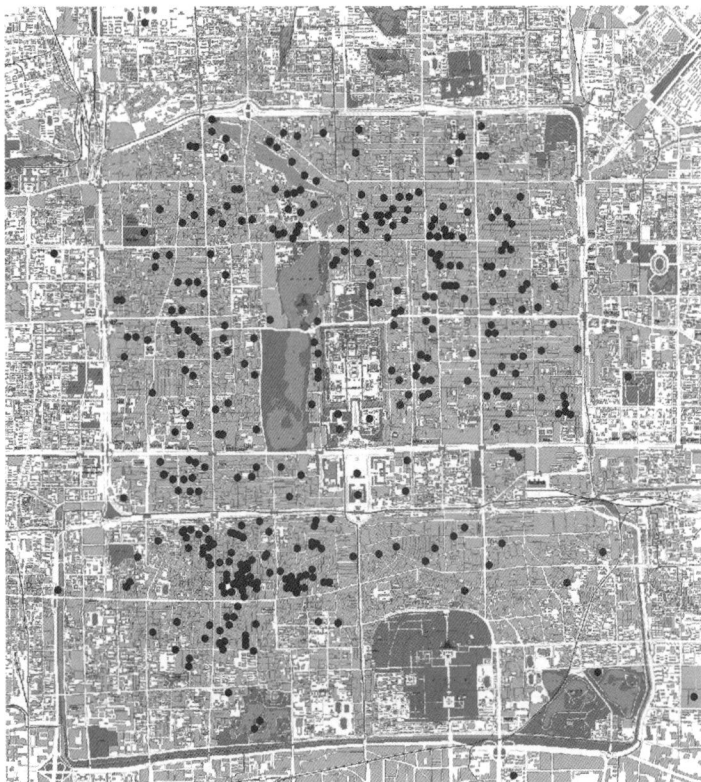

图 4-2
北京旧城纪念空间分布

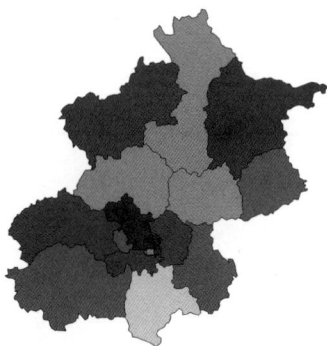

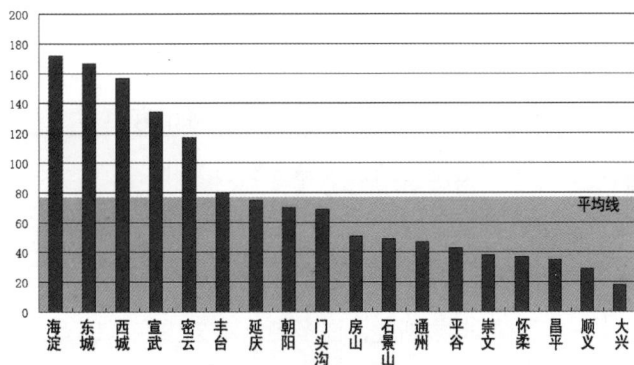

图 4-3
北京各区县纪念空间统计

实体。目前北京具有明确记载的名人墓总计约为 290 处，大多数为明清以后形成，清代留存的名人墓数量比重最大，约占名人墓总数的三分之一。

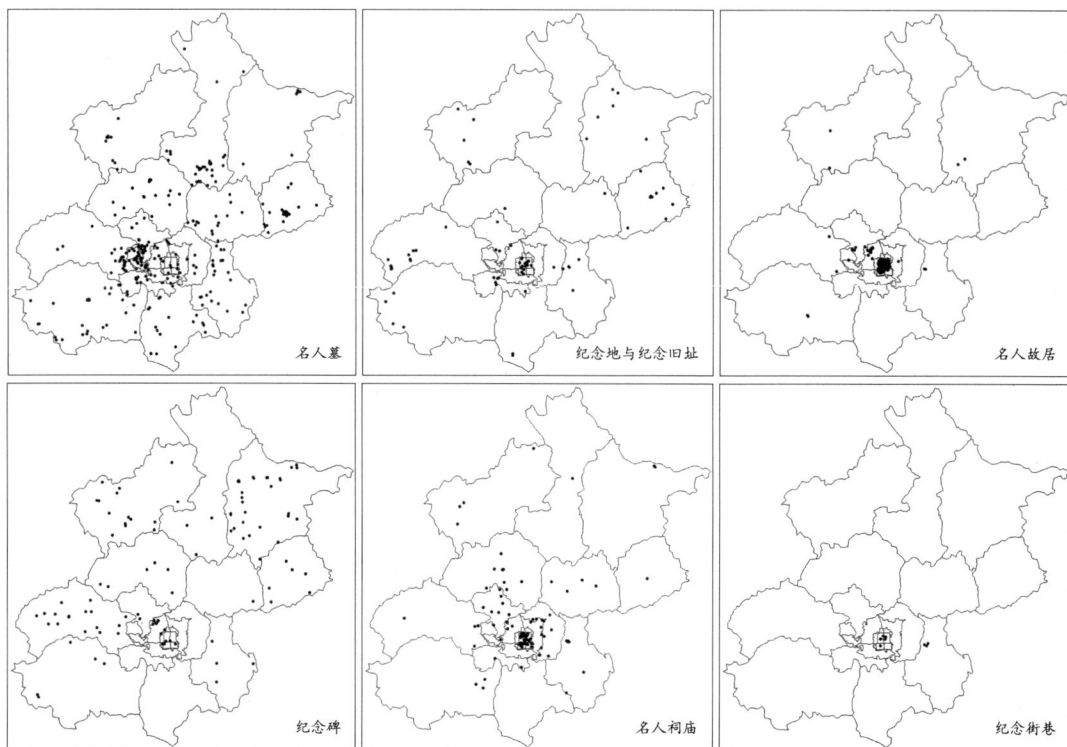

图 4-4
北京市域不同类型纪念空间分布

　　早期的名人墓以历史名人纪念为主，皇家与官方人物占
大多数，如历代的帝王妃嫔、皇亲国戚、将相官吏等。近现
代以来，名人墓的类型逐渐以革命先驱、文化、艺术与科技
名人为主，如梁启超墓、齐白石墓、赵登禹墓、梅兰芳墓等，
纪念内容更为广泛，各类型间的数量也日趋均衡。民国以后
北京开始实行新的丧葬制度，许多名人墓集中在了以万安公
墓、福田公墓、八宝山革命公墓为代表的公墓中。

　　最简单的名人墓仅由墓碑与坟丘构成，但很多名人墓的
规模通常较大，不仅墓体本身形制复杂，许多还附带甬道、石
碑与围墙，如梁启超墓、孙传芳墓等。如果将众多名人墓聚
集在一处，经过统一设计，构成有机整体，则形成名人墓群

图 4-5
部分北京城市纪念空间图片

与陵园,如八宝山公墓与各烈士陵园。名人墓的高级形态是
纪念堂与祠墓,是将陵墓与瞻仰陈列相结合的一种空间模式,
通常是国家领袖、伟人的纪念场所,如毛主席纪念堂、中山
堂等。

在城市各区县中,旧城四区的名人墓数量稀少,不足10处,
名人墓散布在五环路以外的广大区域,呈现离心分散形态。

这种情况与中国传统的文化观念有关：墓作为所谓的"阴宅"，应当远离日常生活起居之处，因而绝大多数的坟墓散布在城市周边的广大地区，名人墓亦然。同时，名人墓在北京西山地段分布又呈现明显的聚集现象。北京西部的香山海淀一带，向来是城市上风上水的"风水宝地"，多年以来就有"京西多名墓"、"一溜边山府，七十二座坟"的说法❶。明清以来已有众多帝王将相、文人名士的墓地，如景泰帝陵、醇亲王墓等。西山地带的名人墓在民国以后进一步增多，即使是后来形成的以万安公墓、八宝山国家公墓为代表的名人墓群，同样位于西山周边。

名人祠庙

名人祠庙是名人墓外的另一类北京传统纪念空间，在历史上曾经盛极一时，据1928年的记载，当时北京仅关帝庙有267座之多❷。早期的名人祠庙集祭祀崇拜等功能于一体，呈现出较强的宗教色彩。

目前北京保存最为久远的名人祠庙是昌平镇唐代狄梁公祠以及密云古北口镇辽代杨令公祠。城市内外具有明确记载的名人祠庙总计约100处，主要是元、明、清三代具有纪念性质的祠庙建筑与场所在当代的遗存。其中有专伺皇家纪念的场所如孔庙、太庙、历代帝王庙等皇室宗庙，有介于官方与民间之间的纪念场所如文天祥祠、袁崇焕庙等名人祠庙，也有来源于民间信仰的如关帝庙、药王庙、轩辕庙等。随着

❶ 参见.张宝章 严宽著.京西名墓.北京: 燕山出版社, 1994
❷ 北京市档案馆编.北京寺庙历史资料.北京: 中国档案出版社,1997

社会发展，这些祠庙空间逐渐褪去了宗教功能，成为人们重温历史、缅怀先贤的纪念场所。

名人祠庙受城市发展的影响较大，虽有建筑存留但被城市居住或行政单位占用的情况比较常见，如关岳庙、僧格林沁祠堂、顾炎武祠等，导致大量名人祠庙空间成为"闲人免进"的办公或居住场所，削弱了空间的纪念功能。近年还有一些名人祠庙因城市建设而遭到破坏或拆除，如西四双关帝庙等。

在空间分布上，北京旧城是名人祠庙集中的地带，有接近半数名人祠庙，尤其是其中规模较大、形制较高、影响广泛的著名祠庙都分布在北京旧城中。

名人故居

名人故居纳入到城市纪念空间系统中始于新中国成立后，标志是故居开始作为文保单位及故居纪念馆的设立。北京现有的名人故居总计约为310处，以现代、近代的历史名人故居占据多数，明代以前与当代的数量比较少，清代较多，集中在清中期、晚期。

从建筑形态看，北京名人故居的基本载体是用作民宅的四合院空间，其规模与形制随着时代与类型的差异而不同。明清时期有众多王府与贵族宅第，如淳亲王府、麟庆宅等，因而规模宏大、形态完整的故居所占比例比较高。近、现代的名人故居形式基本相似，既有高官宅第也有普通民宅，如袁世凯故居、黎元洪故居、齐白石故居等；当代名人故居则与当前住宅形态较为接近，如贾岛与冯亦代故居就位于西城区全国政协的一处宿舍内。

在众多名人故居中，宋庆龄故居、曹雪芹故居、老舍故居等10处由于保护良好、具有较大城市影响，已经开放为故居纪念馆。其余大量的故居空间如毛主席故居、康有为故居等仍在作为城市居住与办公等功能使用，开放性与可达性显著不足。许多名人故居还面临着城市建设带来的"威胁"，近年来已有朱彝尊故居、余叔岩故居等因为城市建设而被拆除。

与名人祠庙相似，北京旧城也是名人故居分布最为集中的场所，在这一占城市总面积不足 0.3% 的区域里，分布着北京名人故居总数的 95% 以上。在旧城内部，名人故居又大量集中在东城、西城、宣武三区，崇文区数量较少，低于 10 处。由于北京自元大都建成起至明清两代，城市的大部分职能集中在今天的旧城之内，关厢地区的发展十分缓慢，因而作为与城市生活密切联系的名人故居主要集中在历史久远的旧城之内。

纪念馆园

纪念馆与纪念园是为特定的纪念目的而专门建立的具有展示、陈列功能的纪念场所。目前北京的纪念馆园已经超过 50 处，大部分形成于建国后，以国家领袖、历史事件和革命烈士的纪念为主，如中国人民抗日战争胜利纪念馆、新文化运动纪念馆、中国抗日战争纪念雕塑园等。

纪念馆与纪念园通常规模较大，结构形态相对复杂，是北京纪念空间中纪念功能与纪念方式最为全面的一类。纪念馆园中不仅采取文字、图片、雕塑和各种媒体作为纪念手段，而且建筑本身多以原址兴建为主，既注重展览陈列功能，又注重历史场景重现。如中国人民抗日战争胜利纪念馆位于卢沟桥畔的宛平城中，新文化运动纪念馆由原来北大红楼改建而成，徐悲鸿纪念馆选址于原来的徐悲鸿故居。

纪念馆园的空间分布较为均匀，在城市内部与市郊区县

表4-1 北京各区县纪念性雕塑数量

区县	数量	区县	数量
东城区	47	房山区	10
西城区	38	昌平区	5
崇文区	23	门头沟	13
宣武区	10	大兴区	0
朝阳区	40	顺义区	7
海淀区	91	平谷区	1
丰台区	50	怀柔区	3
石景山	14	延庆县	38
通州区	5	密云县	69

都有一定数量，其中以烈士陵园为主体的纪念园多数位于远郊区县，纪念馆则以城市内部分布为主。

纪念碑像

北京的纪念碑与城市纪念性雕像是在西方现代文化影响下产生的城市纪念空间类型，大多出现于近现代以后。

纪念碑以人民英雄纪念碑为代表，包括诸如"三·一八"烈士纪念碑、六郎庄烈士纪念碑、"一二·九"纪念亭等总计约110座，内容以新民主主义革命、抗日战争、解放战争的革命烈士纪念为主，在城市中与各郊区县都有一定数量分布。

纪念性雕塑与此相似。根据相关资料显示，至2004年北京已建成城市纪念雕塑超过460座❶（见表4-1），散布于城市和郊区，以各类名人的纪念为主，也包括重大历史事件题材。很多雕像既具有纪念性质又有景观艺术功能，是城市纪念空间中数量最多、最为常见的形态。

纪念遗址

纪念遗址包括重大历史事件的发生地、革命与重要活动遗址、名人与烈士逝世地等。目前北京的遗址类纪念地超过50处，空间形态比较复杂，包括建筑、园林、场地、构筑物等各种遗址类型，如"二·七"革命遗址、圆明园遗址、卢沟桥遗址等。

纪念遗址大多位于北京的远郊区县，在市区范围内数量较少，而且多数与中心城区距离较远，呈现典型的分散格局。这是由于纪念遗址大多产生于近现代以来的中国革命和战争

---

❶ 资料来源：首都城市雕塑建设管理办公室

时期，是对革命烈士、革命遗址和历史事件的纪念。而在新民主主义革命、抗日战争、解放战争等历史时期，北京周边广大地区布满革命活动的足迹，先后成为丰滦密抗日根据地、平西及平北革命根据地、八路军挺进军司令部驻地等众多革命运动的所在地，革命遗址与烈士纪念地的形成遵循历史遗迹，遍布城市周边。

纪念街巷与学校

纪念街巷是以城市原有街巷、胡同空间为基础，通过以重要人物或事件命名的方式使空间获得纪念性质的类型，数量很少，如文丞相胡同、张自忠路、赵登禹路等，主要以人物命名，以事件命名的纪念街巷只有五四大街一处。与之相似，纪念学校是以学校为基础，通常以名人命名的方式使空间获得纪念性的类型，如徐悲鸿中学、自忠小学、雷锋小学等。二者的空间分布主要集中在北京旧城与通州城区两处。

纪念街巷与学校的形成有的具有偶然性，有的则具有一定的历史根源。例如西城区的赵登禹路与佟麟阁路，是两位抗日将领曾经生活过的地方，鲁迅中学的前身是"国立北平女子师范大学"，鲁迅曾经在其中授课。

结语

近年来，北京对历史文化建筑的保护、拯救工作进入了一个新的阶段，也促进了纪念空间的建设。2005年，被占用多年的北京历代帝王庙重新开放，李大钊故居的整修工作也即将完成，这些行动令人欣喜。

但是应当看到，当前北京城市纪念空间的保护与宣传工作还存在许多问题，许多纪念空间环境混乱，状态堪忧，在城市空间中处于边缘化的位置。目前城市文物、宣传、民政部门等都具有对纪念场所的部分管理权限，还有部分纪念场所隶属于国家博物馆、中国现代文学馆等行政单位。纪念空间隶属关系的复杂性体现在管理上缺乏明确的部门与制度与之对位，导致城市纪念空间之间缺乏联系，难以统一规划，互相促进。许多纪念场所由于规模、位置以及知名度的限制，缺乏人气，少有人至。如何从建筑与城市的视角对纪念空间进行深入研究，发挥其担负的城市记忆与教化职能，从而更好地认识、保护、建设城市纪念空间，具有重要意义。■

(文中图片除昌平烈士陵园图来自《北京百科全书·昌平卷》，均为高巍绘制拍摄)

(本文发表于《北京规划建设》，2007 年 6 月刊)

5

名人故居与北京城

高巍　朱文一

图 5-1
香山曹雪芹故居

图 5-2
沈家本故居

图 5-3
邵飘萍故居（画面右侧）

　　北京作为六朝古都，历来是人文荟萃、名家聚集之地，北京的名人故居以其数量众多、影响广泛而成为城市的特色之一。根据目前已经出版的众多专著、文献记载以及相关的网络、电视等媒介资料统计，当代北京城市范围内明确可考的名人故居空间总计约为 310 处[1]，其中既有大家耳熟能详的曹雪芹故居、郭沫若故居，也有众多鲜为人知的名人故居空间，如沈家本故居、邵飘萍故居等（图 5-1 ~ 图 5-3）。

　　从建筑形态上看，北京名人故居的基本载体是用作民宅的四合院空间。作为历史上重要人物曾经居住和生活的场所，名人故居原本往往是北京城市众多民居宅院中的普通一例，正是由于名人的入住，使其成为城市重要事件的发生地与历史发展的见证地。因此，名人故居的重要价值在于其作为城

---

[1] 北京远郊区县的名人故居约有10余处，考虑到这一范围内的名人故居数量较少，且与北京城市的空间关系较弱，因此本书对于北京城市名人故居空间的考察主要集中在原城八区（东城、西城、崇文、宣武、朝阳、海淀、丰台、石景山）范围内，面积约1370平方千米。
关于名人故居的数量统计主要依据以下参考文献：北京百科全书编辑委员会编.北京百科全书（第二版）.北京：奥林匹克出版社，1991–2002；北京市地方志编纂委员会编著.北京志•建筑卷•建筑志.北京：北京出版社，2003；北京市文物管理局编著.北京名胜古迹辞典.北京：北京燕山出版社，1989；冯小川主编.北京名人故居.北京：人民日报出版社，2002；顾军编著.北京的四合院与名人故居.北京：光明日报出版社，2004；陈光中著.新京报社编.北京地理之名家宅院.北京：当代中国出版社，2005；陈光中著.京城名人故居与轶事.北京：新世界出版社，2002；中国人民政治协商会议，北京市西城区委员会文史资料委员会编.西城名人故居.北京：中国档案出版社，1997；赵志忠著.北京的王府与文化.北京：北京燕山出版社，1998；卢云亭等编著.北京周边风光旅游科学指南.北京：中国林业出版社，1999；老北京网站http://www.obj.org.cn/article/index.shtml；北京文博网站http://www.bjww.gov.cn/index.asp等。

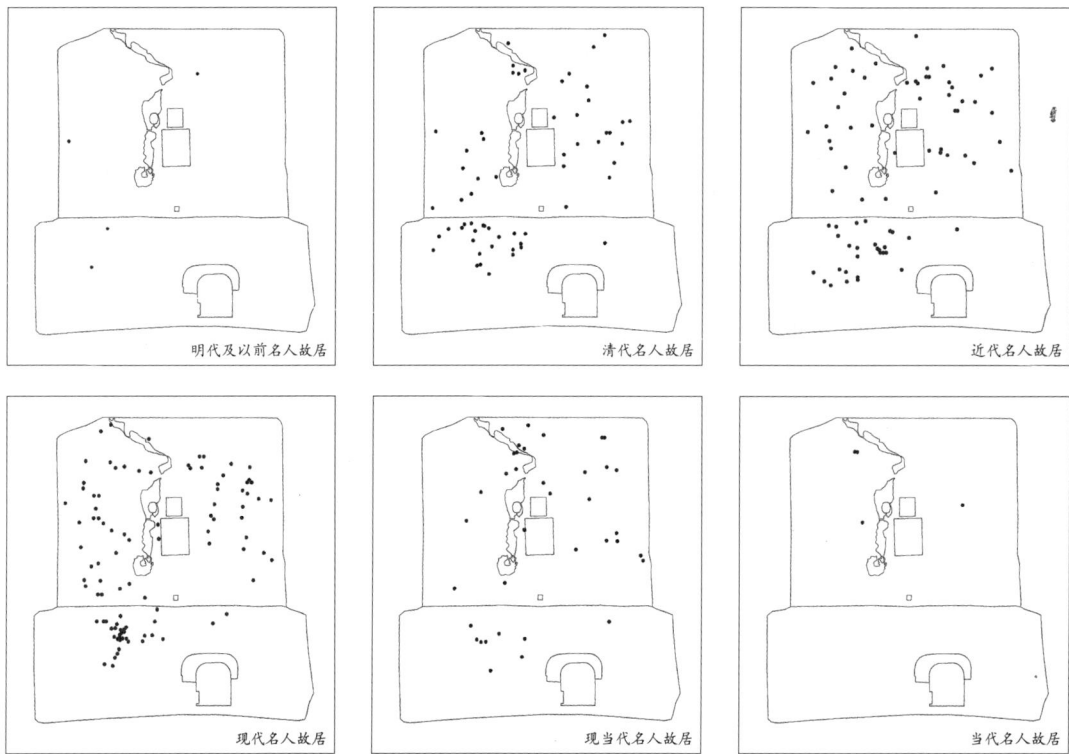

明代及以前名人故居

清代名人故居

近代名人故居

现代名人故居

现当代名人故居

当代名人故居

图 5-4
北京旧城不同年代名人故居分布

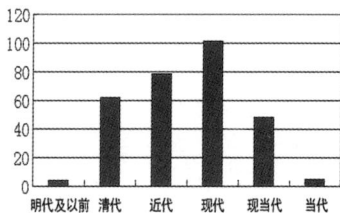

图 5-5
北京不同年代名人故居数量统计

市历史文化的物质载体与城市集体记忆的空间体现。

近年来，名人故居逐渐成为关注的热点，相关图书也陆续涌现。这些书籍主要从故居入手，记述名人的生平逸事与生活点滴，从空间视角与宏观层面对名人故居进行探讨与研究的书籍相对匮乏。本文尝试对北京城市名人故居的特征、现况以及分布等方面进行梳理。

名人故居的特征

名人是政治、文化、科技等各个领域内的知名人士，具有一定的知名度与影响力。名人故居是名人的居所，也是纪念名人、记录历史的场所。当代北京的名人故居大多对应历史上的各类名人，当前依然活跃的明星、名人居所虽然不时

图 5-6
杨椒山故居

图 5-7
淳亲王府

图 5-8
齐白石故居

见诸媒体，但基于生活需要、私密性等因素，尚未进入名人故居的范畴。

依据名人所处的时期不同以及各阶段名人故居的数量，可将北京的名人故居分为六个时期：明及以前（1644 年以前）、清（1644—1840）、近代（1840—1919）、现代（1919—1949）、现当代及当代（1949 年以后）❶，各时期的名人故居数量与城市空间分布如图（图 5-4、图 5-5）所示。

北京名人故居各时期的数量统计图整体呈现抛物线形状，以现代、近代的历史名人故居最多，明代以前与当代的数量最少。清代的名人故居较多，主要集中在清中期、晚期。各时期的名人故居在城市空间上基本成均布状态。可见，当前城市集体记忆中对于名人及其故居的时间关注范围主要集中在距今 250 年～ 50 年的 200 年内，对距今 100 年左右时段的名人记忆达到峰值，而从名人的出现到以故居的形态进入到集体记忆，最小的时间周期应当不少于 50 年。

明代名人故居由于时间久远，只有极少数规模不大的保存下来，如杨椒山故居（图 5-6），许多形制较高的名人故居由于位置优越，往往成为以后建筑选址的优选而难以保存；清代名人故居中规模宏大、形态完整的故居所占比例比较高，有众多王府与贵族宅第，如淳亲王府（图 5-7）、麟庆宅等；近、现代的名人故居形式基本相似，类型丰富多样，既有高官宅第也有普通的民宅，如袁世凯故居、黎元洪故居、齐白石故居（图 5-8）等；当代名人故居则与当前民宅形态较为接近，如贾岛与冯亦代故居就位于西城区全国政协的一处宿舍内。

❶ 各个历史阶段的确定依据历史学的划分标准；各历史名人的所处时代划分主要依据白寿彝主编《中国通史》第十卷（中古时代—清时期）~第十二卷（近代后编 1919—1949）中名人传记的划分标准，对于书中未作记录的人物，以此标准作为参考进行分类。

领袖故居

爱国名人故居

政治名人故居

历史名人故居

文化名人故居

科技名人故居

艺术名人故居

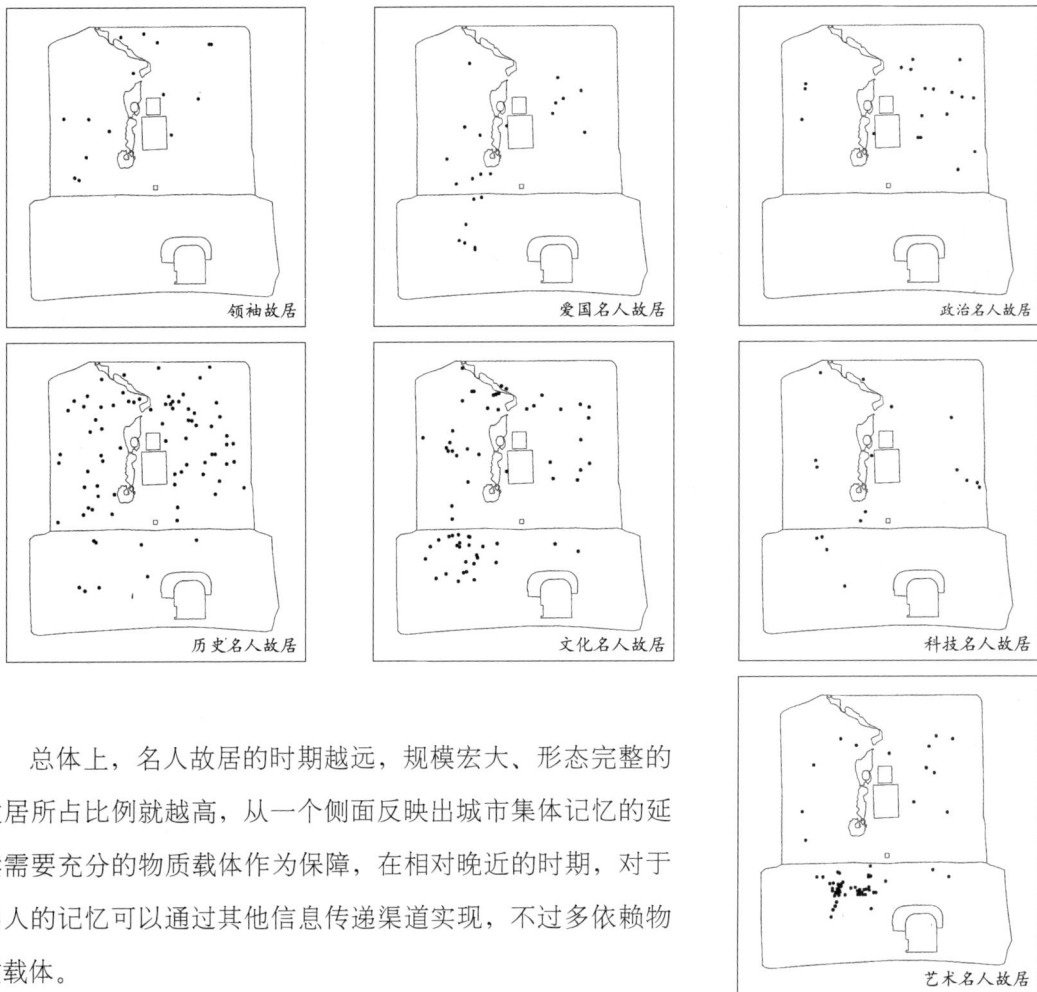

图 5-9
北京旧城不同身份名人故居分布

　　总体上，名人故居的时期越远，规模宏大、形态完整的故居所占比例就越高，从一个侧面反映出城市集体记忆的延续需要充分的物质载体作为保障，在相对晚近的时期，对于名人的记忆可以通过其他信息传递渠道实现，不过多依赖物质载体。

　　依据名人身份不同，可以将名人故居划分为国家领袖、著名爱国人士、政治名人、历史名人、文化名人、科技名人、艺术名人故居七类。其中国家领袖为党和国家的领导人，如毛泽东、陈毅等；著名爱国人士是为中国革命和发展作出重要贡献的人物如梁启超、章太炎等；政治名人为重要政治人物如袁世凯、段祺瑞等；历史名人为重要历史人物如溥仪、荣禄等；文化名人包括文学家、教育家如鲁迅、蔡元培等；科技名人包括经济、医学、建筑等领域专家如李四光、施今墨

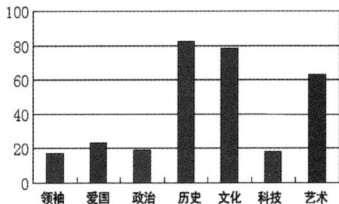

图 5-10
北京不同身份名人故居统计

等；艺术名人包括绘画、表演等艺术家如徐悲鸿、梅兰芳等。各类型的城市空间分布与数量如图5-9、图5-10所示。

图 5-11
豆腐池胡同毛泽东故居

图 5-12
香山双清别墅

不同名人故居在数量上分为两级：历史与文化名人故居数量最多，艺术类由于包括众多的京剧名伶也成为第一级；作为第二级的领袖、爱国、政治与科技名人故居数量持平。这说明当前城市记忆主要关注历史、文化与艺术领域，对与政治相关的领域次之，对科技领域人物的关注最低。

在空间分布上，领袖、政治与历史人物的故居分布主要集中在东城区、西城区，反映出这些领域的名人普遍占据着较高的社会地位；艺术名人则相反，大多居于宣武区；科技与文化名人故居分布较为均匀。

在建筑形态上，领袖故居中很多作为领袖人物早期的居所，规模有限，如位于豆腐池胡同的毛主席故居（图5-11），而晚期的住所的规模与等级明显提高，如双清别墅（图5-12）等；政治与历史名人故居普遍规模宏大，叠山堆石，雕梁画栋，如崇礼宅、段祺瑞故居、恭王府、袁世凯宅等；文化、科技与艺术名人故居较为接近，常常是普通规模，典型的小型四合院形态，如蔡元培故居、程砚秋故居、田汉故居等。

名人故居的现况

由于大多处于无人管理、无序管理的状态，当代北京名人故居的现况令人担忧。在众多的名人故居中，只有部分纳入到文保范畴，得到文物部门的管理与保护❶，大量的名人故居只是作为普通的民宅或办公建筑使用。目前北京名人故居

❶ 其中国家级文保有6处，北京市文保36处，各区级文保45处。文中北京文物保护单位的数量确定依据北京文物局网站公布的数据，参见北京文博网http://www.bjww.gov.cn/index.asp。

有专用、被占用及合用三种状况。

专用名人故居主要指专门开放为故居纪念馆的名人故居，包括宋庆龄故居、郭沫若故居、茅盾故居（图5-13）、老舍故居、梅兰芳故居（图5-14）等9处，新近开放的有李大钊故居等。专用的名人故居全部为文保单位，保存良好、规模较大、形制完整，故居的主人是具有重要影响与进步意义的名人，因而最为大众所熟知，是名人故居中的精品。

被占用名人故居是名人故居中"沉默"的大多数。名人故居中能够开放为故居纪念馆的只是其中很小的一部分，大多数名人故居仍然在作为民宅所使用，缺乏管理，空间杂乱，很多故居已经失去了原有的面貌（图5-15）。许多名人故居缺乏基本的标志说明，如果没有充分的准备与了解，难以发现其与普通民宅的差别。还有一些规模与形制较大的名人故居，为城市各部门和单位占用，如黎元洪故居、和敬公主府等，状况要好于作为民宅的名人故居。

被占用的名人故居成为保护的难点。对名人故居的保护来说，开放为故居纪念馆是最为理想的选择，但大量的名人故居全部开放为故居纪念馆在短期之内还难以实现。因此，对于条件允许的故居，可以逐步建设开放为故居纪念馆；对于大多数用作民宅的故居，应当做好基本的宣传保护工作，设置基本的标志与说明，绘制城市名人故居地图、导游图等；对于被单位占用的故居，应当尽量创造让大众可以进入参观的条件，例如利用周末或节假日对广大市民开放等。这样，才能够让人们具有更多的机会去接触、认识和了解北京的名人故居。

合用名人故居是名人故居中一种特殊情况，数量不多，

图 5-13
开放为纪念馆的茅盾故居

图 5-14
开放为纪念馆的老舍故居

图 5-15
谭嗣同故居内部

图 5-16
纪晓岚故居（前）与晋阳饭庄（后）

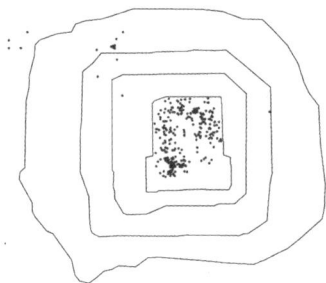

图 5-17
北京名人故居的城市分布

以纪晓岚故居为代表（图5-16）。故居位于宣武区珠市口西大街，隶属于比邻的晋阳饭庄，同时又是对外开放的故居纪念馆。故居的日常管理与维护由晋阳饭庄负责，在饭店内消费的顾客可以通过当日发票免费到故居内参观、休息，而普通市民也可以买票进入，既解决了管理与维护的资金问题，又扩大了名人故居的影响。目前，纪晓岚故居的维护良好，游人也远较一般的故居纪念馆多。合用名人故居是一种很好的可以推广的模式，只要相关部门给予适当的监管，应当会有很好的前景。

名人故居在北京城的分布

当代北京城市名人故居数量众多，但空间分布呈现明显的不均衡特性。从当前北京名人故居空间分布图（图5-17）中可以发现三个分布特征。

第一个分布特征体现为区域集中。

以二环路为边界的北京旧城是名人故居分布最为集中的场所，在这一占城市总面积不足0.3%的区域中，分布着名人故居295处，占北京名人故居总数的95%以上。在旧城内部，名人故居又大量集中在东城、西城、宣武三区，分别为95处、98处和105处，崇文区的数量较少，低于10处。在旧城以外，名人故居的密度大大降低，少数的故居空间主要分布在海淀区的香山地区与圆明园周边的清华、北大高校区的范围内，而朝阳、丰台、石景山三个地区的名人故居则数量很少。

这种情况是城市自身发展的结果。北京自元大都建成起至明清，城市的大部分职能集中在今天的旧城之内，关厢地区的发展十分缓慢，当前广至六环路的北京城区，主要是新中国成立后尤其是近几十年来城市快速发展的产物。名人故居作为历史名人的生活场所，自然集中在历史久远的旧城之内。

第二个分布特征体现为南北差异。

在旧城四区中，名人故居相对均匀分布又有区域差异，旧城北部的东城、西城情况较为相似，名人故居的分布相对均匀，并且建筑的规模较大，形制较高，形态多样。南城则恰好相反，崇文与宣武的名人故居呈现两极分布，崇文区密度最小，宣武区的名人故居数量最大，分布也最为集中，建筑规模相对较小。这与城市的历史积淀、政策因素有关。

在旧城内部，长期的历史发展形成了"东富西贵，穷文破武"的城市格局，东城与西城成为高官显贵、王府相邸的聚集之地，留存下来许多规模宏大的名人故居。而且，"名人"往往是身份、地位的象征，因而东城、西城成为名人故居的主要分布地带。清定都北京后，采取"满汉分治"的政策，八旗子弟居内城，汉人居外城。内城进一步演变为贵族官僚的聚集地，其中突出的特点是王府的兴建。明以前分封诸王要到所封之地就职，清朝实行"封而不建"，各封王均在京城建设王府。因而清代内城留存的名人故居中，王府与贵族宅第占据很大部分，建筑规模和等级也远非其他名人故居可比。现今的醇王府、恭王府、崇礼宅就是其中的代表。

至于崇文与宣武，为明嘉靖时期修建外城后将周边关厢地区围合进来形成，繁华程度与内城相比相差甚远，名人故居的分布自然较少。宣武区最终成为名人故居的聚集地，与清朝的治城之策直接相关。在"满汉分治"的条件下，外城地区成为汉人的聚集地，由于经常接纳全国各地的进京人士，在宣武门外地区形成了数量众多的会馆，进京科考、任职、经营的人士云集与此，可谓群贤毕至，逐步形成了以宣南（今

图 5-18
康有为故居（南海会馆）

图 5-19
荀慧生故居

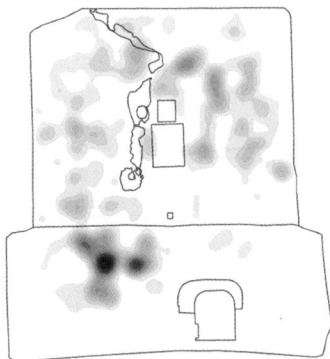

图 5-20
北京名人故居的分布密度分析。具体的计
算方法是：点密度图，图中每个像素的值
等于以该像素为中心，以 r 为半径的圆内
故居点的数目与该圆面积的比，此处取
r = 400m。

宣武区）会馆为依托的名人故居类型。清代四大徽班进京落
脚在宣南，是对宣武区名人故居的产生具有重要影响的事件，
宣南从此成为梨园之乡，形成了今天数量众多的京剧名伶居
所，而且分布非常集中（图 5-18、图 5-19）。

第三个分布特征体现为名人故居沿主要街道分布。

依据旧城内各个地区单位面积内所包含名人故居数量的
多少，可以得到北京旧城名人故居的密度分布图（图 5-20）。
从中发现，名人故居在内城的分布呈现出环状形态，确切地说，
是分布在环绕旧城的城市主要道路东四与王府井大街、地安
门大街、西四大街及宣武门大街一线的周边地带。

明清北京城中，由紫禁城、景山、太液池（今中南海）与
附属衙署组成的皇城位居城市中央，禁止百姓进入和道路穿
越，城市沿皇城与城墙之间的腹地发展。在这一范围内，东
四与王府井大街、西四大街、宣武门大街、地安门大街共同
形成了仅有的贯穿城市南北、东西的道路系统。这些道路不
仅是交通要道，道路周边更是城市最为繁荣的地段，这种情
况至今未变。

因此，这些街道的周边，长久以来就是名人名宅的聚集
之处。一方面，大量功成名就的人士将这一地带作为居住的
首选，清代的王府、北洋政府与民国时期的官员宅第，大多
集中在这一线。另一方面，由于城市的许多部门与机构也大
多分布在这一范围，许多名人为了生活与工作需要也趋向于
向这一范围聚集，进一步形成了名人故居沿城市主要街道布
局的形态。

结语

北京城中曾经留下无数名人的足迹，历史上的名人居所也远不止上述的 310 处，还有大量的名人居所尚未得到发掘、保护及记载。事实上，对于当代北京城市名人故居的认识是个动态变化的过程，一方面不断有新的名人故居被发现并进入到大众的视野，另一方面也有旧的名人故居在城市更新发展中湮没、消失。本文所统计的名人故居，只是在当代社会历史文化的背景下，进入到城市集体记忆中的部分。

由于名人故居更多地追逐城市的历史脉络与名人的生活脚步，因而与建筑的规模、形制以及文物价值并无必然的联系，也缺乏对应的管理部门与制度。目前北京已经公布的旧城 25 片历史保护街区中，涵盖的名人故居数量十分有限，一方面是大量名人故居由于缺乏必要的宣传保护而默默无闻，另一方面是许多具有重要历史文化价值的名人故居完全暴露在城市开发的洪流面前。以宣武门外地区为例，这一带是北京名人故居最为集中的区域，也是名人故居消失最为迅速的地区，近年来已经有如朱彝尊故居、余叔岩故居、尚小云故居、林白水故居等大量名人故居由于城市建设而拆除，而目前棉花头条等地区的大量名伶故居也岌岌可危。名人故居空间是独具特色的北京城市空间类型，如何更好地保护与利用名人故居，使其充分发挥作用，从建筑与城市的视角对其深入研究，应该成为城市发展不可或缺的一环。■

（本文发表于《建筑创作》2007 年 8 月刊）

6

CELEBRITIES' FORMER RESIDENCES IN BEIJING

By Gao Wei and Zhu Wenyi

As a historical capital city in dynastic China, Beijing is famous for many celebrities' former residences which have been—considered major attractions to tourists. Statistics indicate that there are so far 310 recognized former residences of celebrities in the city—Cao Xueqin, the author of the classical novel *A Dream of the Red Chamber*, Guo Moruo, a great writer and poet of modern China, and Shao Piaoping, a famous journalist in the early 20th century, to name a few.

Celebrities' former residences in Beijing are mostly courtyard houses, many of which are no different from houses of ordinary people from an architectural perspective. However, they were venues where important historical events took place and which witnessed historical evolution. Celebrities'former residences thus are regarded as valuable physical carriers of the city's history and culture as well as witnesses testifying to the city's collective memories.

Celebrities' former residences in different historical periods

Celebrities' former residences in Beijing primarily fall into five different historical periods: Ming Dynasty and pre-Ming period(prior to 1644), Qing Dynasty(1644-1840), the period between 1840 and 1919, the period between 1919 and 1949, and the period after 1949.

The modern—China period and the mid and late—Qing Dynasty see most former residences of historical figures. Few small-size former residences of Ming-Dynasty celebrities have been preserved because of wear and tear of the time. Many large-size,high-rank former residences of Ming Dynasty were demolished to give way to constructions of later periods, since they were mostly located in favorable locations.

Many large-scale former residences of Qing Dynasty celebrities have been well preserved, including quite a few prince and nobleman mansions such as Prince Chun's Mansion. Former residences of modern China celebrities feature diverse architectural styles, such as former residences of Yuan Shikai and Li Yuanhong both of whom served as president of the Republic of China as well as that of Qi Baishi who was a great painter in the history of modern China. Former residences of contemporary celebrities are virtually no different from ordinary people's residences. For example, former residences of poet Jia Dao and translator Feng Yidai were simply in an apartment building in West District.

Different types of celebrities' former residences

From the perspective of social identities, former residences of celebrities fall into seven major types, such as state leaders, famous patriotic figures, politicians, historical figures, cultural celebrities, scientists and artists.

Former residences of historical and cultural celebrities make up the largest scale such as Peking Opera masters, state leaders and politicians. This fact indicates that history, culture and arts are the focus of current urban memory.

In terms of geographic distribution, former residences of leaders, politicians and historical figures are mostly distributed in

West District and East District while those of artists are primarily located in Xuanwu District. Former residences of scientists and cultural celebrities are evenly located around the city.

From the perspective of architectural forms, former residences of political leaders in their early lifetime are usually small in size such as that of Chairman Mao in Doufu Chi Hutong. Residences that lived in their late period are large, such as Shuangqing Villa and Song Qinglin's former residence.

Former residences of political and historical figures are generally big in size, with rockery and painted corridors. Former residences of cultural celebrities, scientists and artists are mostly typical small-size courtyard houses.

Geographic distribution of celebrities' former residence

Celebrities' former residences are great in number but unevenly distributed around the city. 295 former residences of celebrities are located within the second ring road, an area only accounting for 0.3% of the city's total.

Large-size, high-rank residences are distributed in West District and East District. Chongwen District has the least number of former residences while Xuanwu District boasts the most number of former residences but they are relatively small in size.

Residences of senior imperial officials and prince mansions are primarily located in East District and West Distirct, such as Prince Chun's Mansion, Prince Gong's Mansion and Prince Chongli's Mansion. Since Chongwen District and Xuanwu District are located in the Outer City, few officials and princes built their residences there. However, these two districts gradually became the first stop for many people doing business or taking imperial examinations in the capital city of Beijing in the mid-Qing period. Many guild halls were built in Xuanwu and four Anhui workshops (forerunners of Peking opera) settled in Xuanwu when they first arrived in Beijing. That is why there are many former residences of Peking opera performers in Xuanwu.

Among the 25 historic quarters under the special protection of Beijing Municipality, only a few former residences of celebrities are on the protection list. Many former residences have been demolished or dilapidated in the massive construction wave of modern buildings. ∎

(Published in CULTURAL EXCHANGE,NOV.2007)

7

北京名人墓

高巍　朱文一

陵墓是出于对亲人、祖先或先贤的纪念而形成的纪念空间形态。如果墓主人具有足够的知名度与影响力，从而为整个城市乃至国家与国际所认同，那么其陵墓就作为名人墓而与一般的陵墓区别开来。在城市纪念空间的系统中，名人墓以缅怀名人、追忆历史的方式，成为城市历史文化的物质载体与城市集体记忆的空间体现。

北京的陵墓从皇家陵寝到市民墓难以计数，其中具有城市纪念功能的名人墓以其数量众多、形态多样而成为城市的特色之一。根据目前已经出版的众多专著、文献记载以及相关的网络、电视等媒介资料统计，当前北京明确可考的名人墓空间总计约为290处❶（图7-1）。然而作为城市记忆载体的名人墓在北京城市的影响相对有限，在城市的众多名人墓中，只有少数规模较大、形制较高的名人墓如明十三陵、毛主席纪念堂、中山堂等为大家所熟识，其余大量的名人墓如梅兰芳墓、马连良墓等均鲜为人知。同时，关于北京名人墓的相关专著与书籍不仅较少，而且基本是记述名人的生平逸事与生活点滴，从空间视角与宏观层面对名人墓进行探讨与研究就更为匮乏。本文尝试从城市与空间形态入手，对北京城市名人墓的现况、分布以及特征等方面进行梳理。

名人墓现况

名人墓大多规模较小，位置分散，虽然有部分纳入到文保

---

❶ 关于名人墓的数量统计主要依据以下参考文献：北京百科全书编辑委员会编.北京百科全书（第二版共20卷）.北京：奥林匹克出版社，1991-2002；北京市地方志编纂委员会编著.北京志·建筑卷·建筑志.北京：北京出版社，2003；张宝章，严宽著.京西名墓.北京燕山出版社，1994；北京市文物管理局编著.北京名胜古迹辞典.北京：北京燕山出版社；卢云亭等编著.北京周边风光旅游科学指南.北京：中国林业出版社，1999；老北京网站http://www.obj.org.cn/article/index.shtml；北京文博网站http://www.bjww.gov.cn/index.asp等。

图 7-1
北京名人墓分布

范畴❶，但许多名人墓环境混乱，状态堪忧，在城市空间中处于边缘化的位置。根据现状情况的不同，北京名人墓可以划分为作为专门纪念场所的名人墓、各类单位内部的名人墓以及独立的名人墓。

作为专门纪念场所的名人墓是名人墓中规模最大、等级最高、空间形态最为丰富的一类。这类名人墓数量不多，通常为独立的部门，配备管理人员，维护较好，前来悼念的人也较多。有两种形式较为常见：一是建筑形态的名人墓，专门用于国家领袖、民族英雄等伟人的纪念，空间表现为墓堂一体、墓祠一体，以墓作为空间的中心，集陵墓与陈列功能与一处，如毛主席纪念堂、中山堂、袁崇焕祠墓等（图 7-2、图 7-3）；二是园林形态的名人墓，通常是众多名人墓聚集而成的墓群，其空间表现为

图 7-2
袁崇焕墓

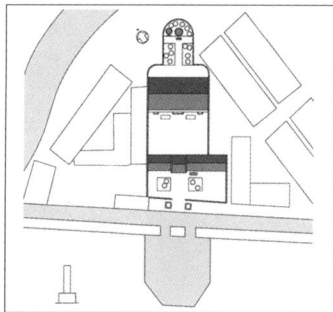

图 7-3
袁崇焕祠墓平面

❶ 共有56处，其中国家级文保5处，北京市文保10处，区级文保41处。文中文物保护单位的数量确定依据北京文物局网站公布数据，参见北京文博网http://www.bjww.gov.cn/index.asp。

图 7-4
北京植物园内梁启超墓

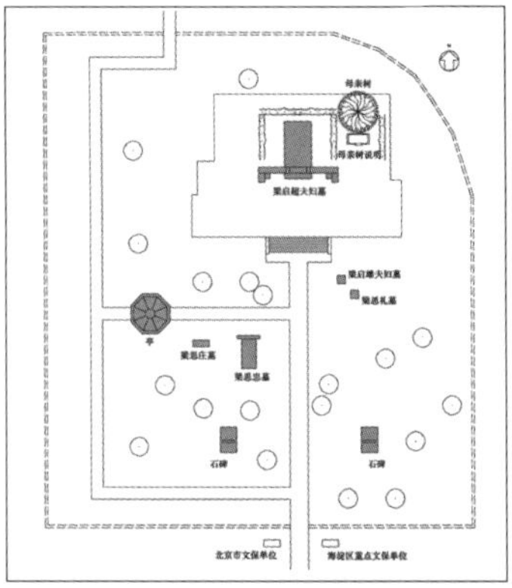

图 7-5
梁启超墓平面

图 7-6
北京市委党校内利玛窦及外国传教士墓

图 7-7
魏公村小区内齐白石墓

墓园一体，如福田公墓、八宝山公墓名人墓群、明十三陵、各地的烈士陵园等。

位于各类单位内部的名人墓通常规模较大，地理位置较为优越。由于这类名人墓大多位于城市周边，在城市拓展的过程中逐渐被包容围合，体现为三种形式：一是位于公园内的名人墓，这一类型数量较多，如孙传芳、梁启超墓等（图 7-4、图 7-5），通常作为公园的一部分，形制完整，环境优美，与其他景观共同构成公园的游览流线。公园管理部门的妥善维护和公园内部完善的导向标识系统，观者不断、游人如织，提升了名人墓的影响与作用。二是位于学校、机关等单位内的名人墓，如利玛窦墓等（图 7-6），这种环境中的名人墓通常维护较好，成为大院的内部景观，但其空间公共性及其与城市空间的联系相对较弱，影响了纪念功能的发挥。三是位于社区内的名人墓，如齐白石墓等（图 7-7）。这类名人墓虽然与人们的日常生活联系较为紧密，具有一定的开放性，但往往知名度不足，环境也较差。

独立的名人墓是名人墓中最为普遍的形态，主要包括两种形式：一是处于城市公共空间中的名人墓。由于位置的优势，通常修建维护的较好，悼念瞻仰的人较多，如丰台区西道口的赵登禹将军墓（图 7-8、图 7-9），面向城市干道，具有良好的公共性与可达性。二是位于郊野的名人墓。这类名人墓数量众多，如梅兰芳墓（图 7-10）、马连良墓、刘半农墓等，由于地处城市郊区，位置偏僻，大多不为人知，同时缺乏必要的维护管理，很少有前来纪念的游人。

名人墓分布

从北京名人墓空间分布图（图 7-1、图 7-11）中，可以发现北京名人墓的分布具有分散与集中两种趋势。

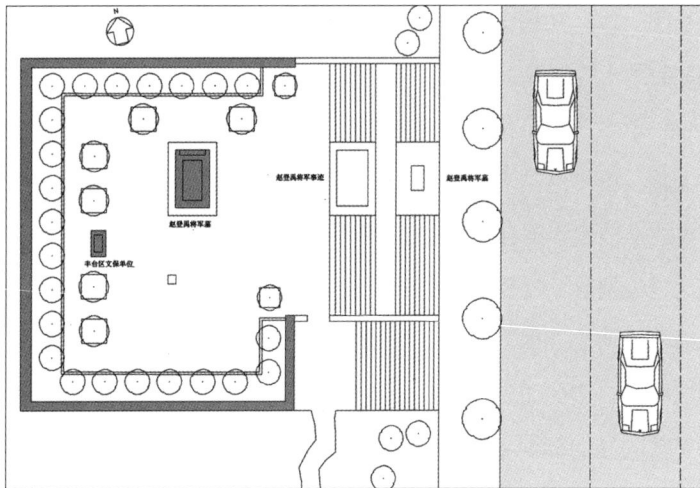

图 7-8
赵登禹将军墓

图 7-9
赵登禹将军墓平面

图 7-10
香山梅兰芳墓（资料来源：http://bbs.
oldbeijing.net/ dv_rss.asp）

　　北京名人墓的分布表现为离心分散式布局。在城市各区县
中，旧城的东城、西城、崇文、宣武四区的名人墓数量稀少，
少于 10 处，并且大多是祠墓结合、墓堂结合的形式，如毛主
席纪念堂、中山堂等。在旧城以外，名人墓主要分散在五环路
以外的广大区域，呈现离心形态。在郊区各区县中，都有一定
数量的名人墓分布，而且位置均匀散布，其中数量最多、密度
最大的是海淀与石景山区，各区县的名人墓数量差距不大（图
7-12）。

　　这种状况的形成有着深刻的文化与历史根源。首先，中国
传统的生死观认为，生死之间为阴阳两界，墓即是所谓的"阴宅"，
应当远离日常生活起居之处，因而绝大多数的坟墓散布在城市
周边的广大地区，名人墓亦然。尤其是明清时期，许多具有一
定地位的名人为了寻找合适的墓地建造"阴宅"，墓址往往距离
京城相当远。这与西方国家的陵墓位于教堂附近，与城市紧密
结合的情况截然不同。其次，从北京的历史发展来看，元代以
前的北京城因朝代的更替不断变化地理位置，因而早期名人墓
的分布也相应跟随城市变化在现今北京城的周边变换移动。近

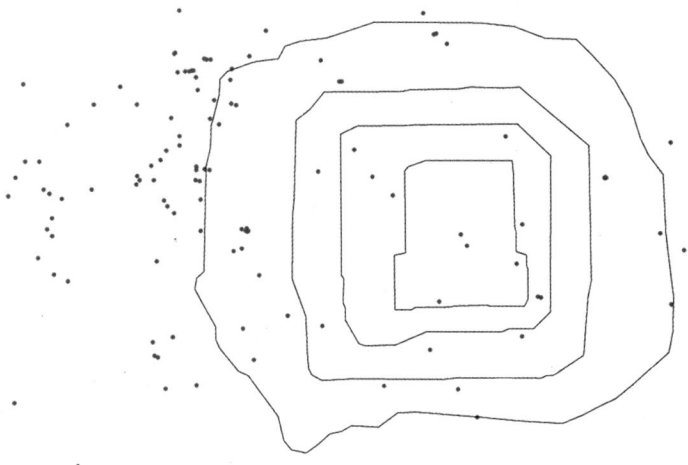

图 7-11
北京城市周边名人墓分布
（资料来源：北京百科全书编辑委员会
编.北京百科全书·昌平卷.北京：奥林匹
克出版社，2001.1）

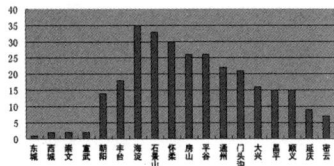

图 7-12
各区县名人墓数量统计

代以来的抗日战争和解放战争中，北京周边地区先后成为挺进军驻地，平西、平北等革命根据地所在地。为了纪念在北京周边的广大地区的革命与战斗中牺牲的众多革命烈士，先后在烈士牺牲地修建了大量的烈士墓、烈士陵园。这在一定程度上强化了名人墓的分散式格局。

在城市五环路的周边，名人墓呈现明显的区域集中现象，主要表现为在北京城西山地段的大量名人墓的聚集分布。

北京西部的香山海淀一带，向来是城市上风上水的"风水宝地"。明清以来，西山地区成为帝王妃嫔、皇亲国戚、太监官吏与文人名士的理想墓地。从玉泉山北之金山往西到香山，山脉连绵，名墓错落，多年以来就有"京西多名墓"、"一溜边山府，七十二座坟"的说法❶。根据明代《宛署杂记》记载，当时葬于此处的就有 1 位皇帝，4 位皇后，21 位王爷，2 位太子，15 位公主。至清代，许多声名显赫的王爷也都葬在西山脚下。这些名人墓中的多数保留至今，如景泰帝陵、醇亲王墓等（图 7-13）。民国以后，西山地带的名人墓进一步增多，涵盖了

❶ 京西名墓.张宝章，严宽.北京：北京燕山出版社，1994

政治、文化、艺术等各类名人，如碧云市孙中山墓、佟麟阁墓等。即使是后来形成的以万安公墓、福田公墓、八宝山国家公墓为代表的名人墓群，同样位于西山的周边地带。可以说，西山地区聚集的名人墓，是北京名人墓的代表。

图 7-13
景泰陵

名人墓特征

名人是政治、文化、科技等各个领域内的知名人士，具有一定的知名度与影响力。名人墓是名人的安息之所，也是纪念名人、重温历史的场所。当代北京的名人墓不仅对应历史上的各类名人，一些新近产生的名人墓，由于人们记忆和关注的延续性，也成为名人墓的重要组成部分。分析名人墓的特征，可以从时代特征与类型特征两方面入手。

唐及以前

图 7-14
不同年代的名人墓分布

宋元

明

清

近代

现代

现当代

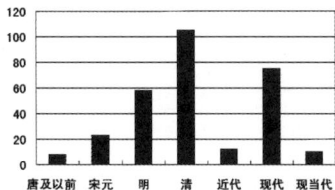

图 7-15
不同年代的名人墓统计

依据名人所处时代不同以及各阶段名人墓的数量，可将北京的名人墓分为七个时段：唐及以前（公元 907 年以前）、宋元时期（960—1368）、明（1368—1683）、清（1683—1840）、近代（1840—1919）、现代（1919—1949）、现当代（1949 年左右及以后）❶，各时代的名人墓城市空间分布与数量如图 7-14、图 7-15 所示。

从各时代名人墓的数量构成图可以看出，北京名人墓的历史源远流长，唐代以前就有一定数量的名人墓保存下来。由于名人墓规模较小而数量较多，分布在城市与关厢各处，因此许多历史名人墓在历代城市的兴衰中得以幸免，留存至今。北京现存最早的名人墓是位于房山区良乡镇的战国名将乐毅墓（图 7-16），现存墓碑为民国时期所立；其后还有西晋的华芳墓、唐代诗人贾岛墓、尚书高行晖墓等。至唐以后，名人墓的数量逐渐增多，由唐代经历宋、元、明至清，北京地区名人墓的数量呈现明显上升的趋势，在名人墓构成中的比例不断加大。清代留存的名人墓数量比重最大，约占名人墓总数的三分之一。近代以来名人墓的比重明显降低，主要是由于近代以来北京采取了新的丧葬制度，先后在城市周边建成了许多公墓，如万安公墓、福田公墓等，名人墓在公墓内大量聚集，形成了独特的名人墓群。名人墓在现代阶段数量的明显回升，是由于在新民主主义革命、抗日战争和解放战争时期产生了许多革命英雄与烈士，这个阶段的名人墓主要以烈士陵园与烈士墓为主（图 7-17）。

名人墓作为城市集体记忆的载体，其所能容纳的历史跨度大，内容丰富多样。当前城市集体记忆中对于名人及其陵墓的关注随着时间的接近不断加强，清代以后逐渐进入高峰期。从

图 7-16
乐毅墓

❶ 各个历史阶段的确定依据历史学的划分标准；各历史名人的所处时代划分主要依据白寿彝主编《中国通史》第十卷（中古时代至清时期）~第十二卷（近代后编 1919—1949）中名人传记的划分标准，对于书中未作记录的人物，以此标准作为参考进行分类。

名人的逝世到以名人墓的空间形式进入到城市的集体记忆这一
过程，可以在较短的时间内得以完成，如新产生的赵丽蓉墓、
马季墓等。

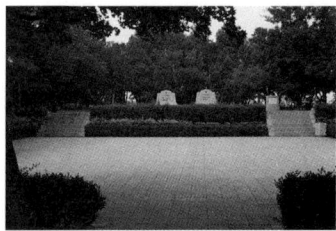

图 7-17
长辛店二·七烈士墓

在空间分布方面，元代以前的名人墓大多分布在北京的
远郊区县，这是由于这一历史阶段的北京城并不处于现在的位
置。在建筑形态上，名人墓的规模通常不大，结构简单，很多
名人墓历经长期的岁月洗礼，仅有墓碑或宝顶得以留存。元大
都建城以后，北京城的位置固定下来，名人墓逐渐产生了向城
市近郊区尤其是西山地区聚集的现象，形成了"京西一溜边山
府"的格局。这一时期的名人墓规模逐渐增大，等级不断提高，
尤其是明清两朝，在西山地区与昌平地区形成了包括黄陵、王
坟在内的众多历史名人墓，规模宏大，形制完整，属于典型的
北京传统陵墓形式。近现代的名人墓逐渐显现现代文化的影响，
采用中西结合或完全西方墓园风格的名人墓逐渐占据主流，出
现了纪念堂、陵园、公墓等形式。这一时期的名人墓分布大多
逐渐向城市靠拢，只是其中的烈士墓散布于郊县各处。

依据名人身份不同，可以将名人墓划分为历史名人、政治
名人、文艺名人、科技名人、革命烈士与综合名人墓六类，其
中历史名人为重要历史人物如溥仪、荣禄等；政治名人包括党
和国家的领导人，如毛泽东、陈毅等，为中国革命和发展作出
重要贡献的著名爱国人士如梁启超、章太炎等以及重要政治人
物如袁世凯、段祺瑞等；文艺名人主要包括诗人、文学家、教
育家如鲁迅、蔡元培等文化名人以及绘画、表演等艺术家如齐
白石、梅兰芳等艺术名人；科技名人包括经济、医学、建筑等
领域专家如李四光、施今墨等；综合名人主要是以公墓为代表
包括各类名人的名人墓群。各类型的城市空间分布与数量如图
（图 7-18、图 7-19）所示。

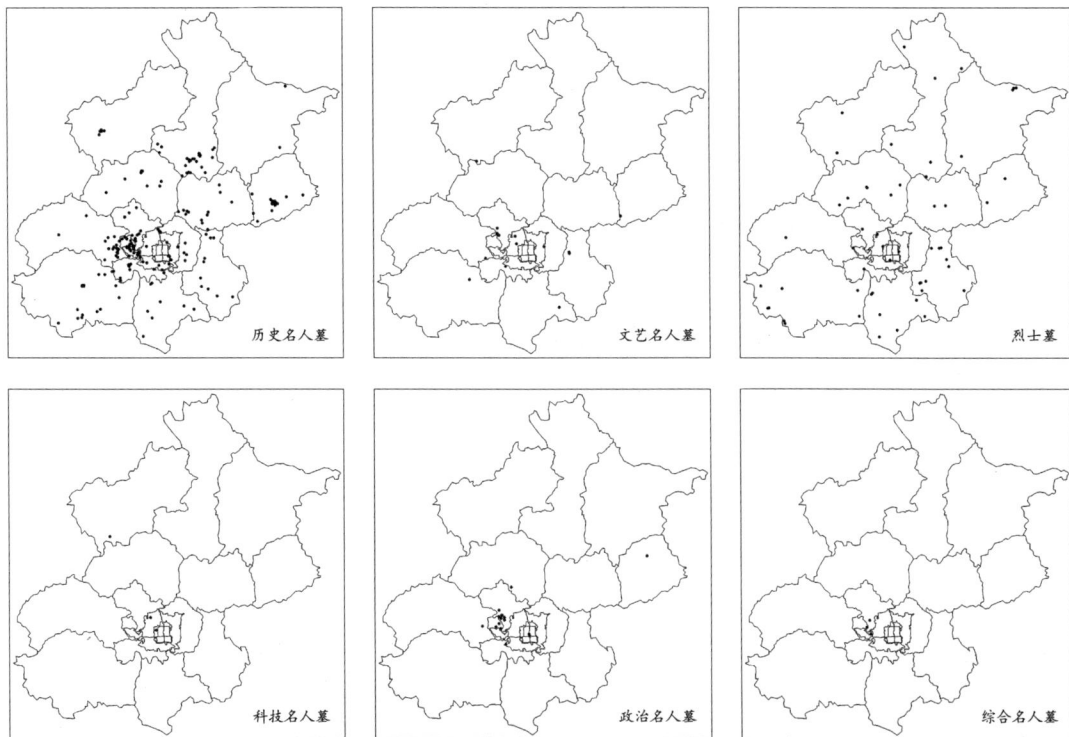

图 7-18
不同纪念对象名人墓
分布

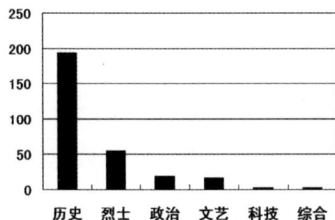

图 7-19
不同纪念对象名人墓统计

　　北京不同类型名人墓的数量级差明显，其中历史名人墓的数量占据绝对优势，接近总数的三分之二，其次为革命烈士墓，政治、文艺与科技名人墓的数量较少。作为城市纪念空间的名人墓，主要作为历史名人信息的载体，构成历史发展的坐标。名人墓也通过烈士纪念的形式，将声名不著却具有重要功绩和教育意义的人物引入到城市的集体记忆中来，使当前城市记忆的关注内容向这一领域集中。政治、文艺与科技名人墓的产生时代通常较晚，许多名人墓位于公墓中，形成综合性的名人墓群，因而在数量上处于弱势地位。

　　在空间分布上，政治名人墓的分布最为集中，与城市的关系也最为紧密。由于身份地位的因素，大多数政治名人墓集中在北京西山上风上水的地段，其中的毛主席纪念堂、中山堂甚至位于城市的中心。在建筑形态上，这一类名人墓的建筑规模普遍较大，形态庄重严整，大多数为形制较高的墓园或纪念堂，如孙传芳墓、熊希龄墓等。相反，烈士墓的空间分布最为分散，基本均布在各个区县，主要是由于陵墓的选址主要依据烈士牺牲的地点，而北京的革命遗迹遍布各处。烈士墓通常形态比较简单，规模有限，大多仅有坟丘与墓碑组成，与一般的坟墓相差不大。在烈士墓聚集之处，往往形成一定规模的烈士陵园。至于文艺与科技名人墓，在规模上介于上述两者之间，空间分布上基本位于西山的周边地段，具有一定的集中趋势。而作为名人墓主体的历史名人墓数量最多，建筑形态基本涵盖了上述的各种类型，既有规模宏大的陵园，如明十三陵、景泰陵等，也有简单的坟墓，如伯哈智墓等，在空间分布上分散与集中并存，分布密度最大的区域同样是西山。

结语

本文所统计的名人墓，是在当代历史文化背景下进入到城市集体记忆中的部分。随着时间的推移，不断会有新的名人墓进入到大众视野，为社会所认知。但是应当看到，目前对于北京城市名人墓维护利用还缺乏有效的措施，许多名人墓处于自生自灭、无人问津的状况。如果不能改变当前缺乏保护的现状，会有更多的名人墓在城市更新发展中湮没、消失。因此，应当重视名人墓的保护宣传，例如制定具体的保护措施，设置基本的标识与说明，绘制城市名人墓地图、导游图等，方便人们了解与到达，从而充分发挥名人墓作为城市纪念空间的职能。

名人墓是独具特色的北京城市空间类型，如何更好地保护与利用名人墓，使其充分发挥作用，从建筑与城市的视角对其深入研究，应该是不可或缺的一环。■

(本文发表于《建筑创作》，2007 年 11 月刊)

北京的名人祠庙

高巍　朱文一

北京的名人祠庙历史悠久，在历史上尤其是明、清时期曾经盛极一时，以后虽然逐渐衰落，但仍有很多存留。据1928年北平特别市的资料记载，当时北京留存的名人祠庙中仅关帝庙就有267座之多❶。

早期的名人祠庙集祭祀崇拜等功能于一体，呈现出较强的宗教色彩。目前北京保存最为久远的名人祠庙是昌平镇唐代狄梁公祠以及密云古北口镇宋代杨令公祠，城市内外具有明确记载的名人祠庙约为100处❷，主要是元明清三代以及民国时期具有纪念性质的祠庙建筑与场所在当代的遗存。其中既有广为人知的国族纪念场所，如太庙、历代帝王庙等，也有众多不被人们注意的名人祠庙，如袁崇焕祠庙、耶律楚材祠、旌勇祠等。新中国成立以后，北京只有名人祠庙的保护性恢复，未有新的名人祠庙空间生成，因此名人祠庙成为一种典型的传统北京城市纪念空间类型。随着社会发展，这些祠庙空间逐渐褪去了宗教功能，成为人们重温历史、缅怀先贤的纪念场所。

名人祠庙的分布

名人祠庙在北京的空间分布表现为两种向心性聚集特征，一是以旧城为主体的中心集中，二是沿着城市边缘区域的环

---

❶ 北京市档案馆编. 北京寺庙历史资料. 北京: 中国档案出版社. 1997
❷ 关于名人祠庙的数量统计主要依据以下参考文献:《北京百科全书》《北京百科全书》之《东城卷》.《西城卷》.《崇文卷》.《宣武卷》.《朝阳卷》.《海淀卷》.《丰台卷》.《石景山卷》.北京百科全书编辑委员会编.北京: 奥林匹克出版社,1991~2002;《北京志·建筑卷·建筑志》，北京市地方志编纂委员会编著.北京: 北京出版社.2003;《北京名胜古迹辞典》，北京市文物管理局编著.北京: 北京燕山出版社;《北京周边风光旅游科学指南》，卢云亭等编著.北京: 中国林业出版社, 1999.1;老北京网站http://www.obj.org.cn/article/index.shtml; 北京文博网站http://www.bjww.gov.cn/index.asp等。

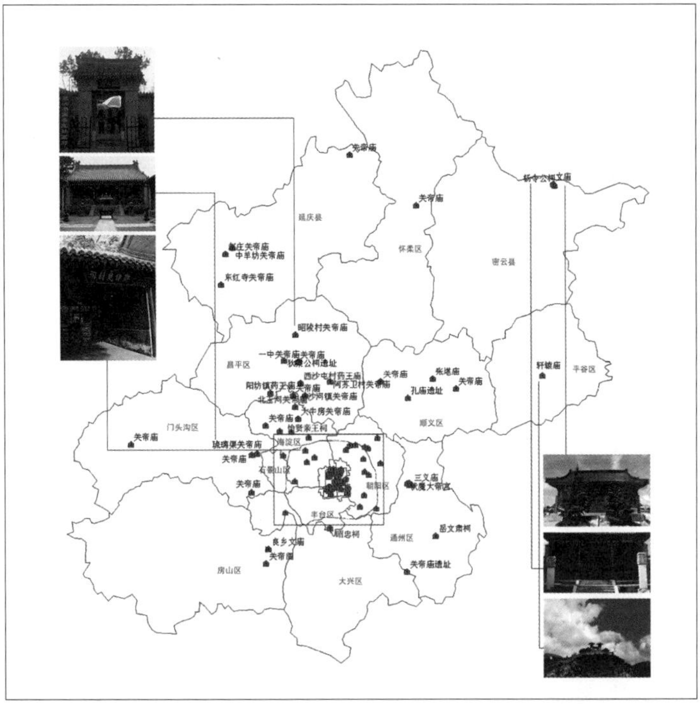

图 8-1(a)
北京市域名人祠庙分布

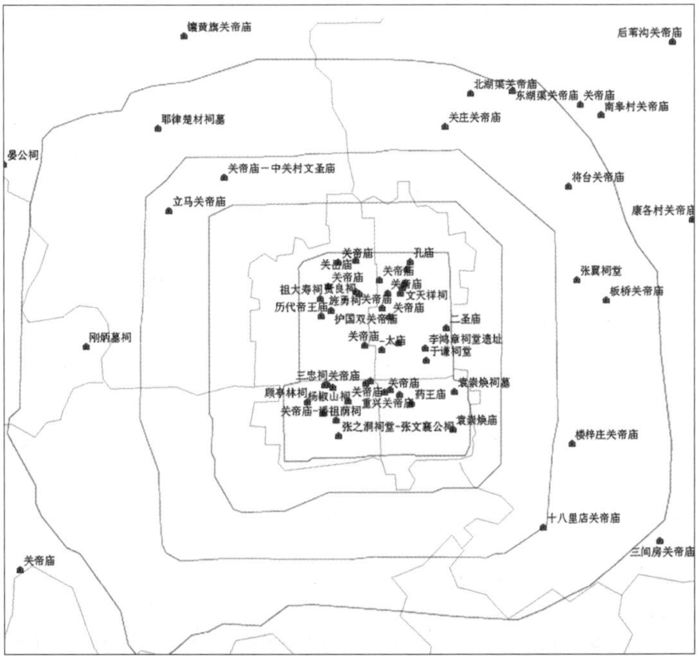

图 8-1(b)
北京城市名人祠庙分布

绕分布 (图 8-1) **❶** 。

　　旧城集中是名人祠庙在北京的空间分布的第一个特征。以二环路为边界的北京旧城是名人祠庙分布最为集中的场所。在目前确切记载的 97 处名人祠庙空间中，旧城四区中就有 38处，约占总数的 40%。城市内朝阳、海淀、丰台、石景山四区的名人祠庙数量为 27 处，八个远郊区县共有 32 处。旧城内的名人祠庙数量最多，在分布密度上远超其他地区，其中规模大、形制高、影响广的著名祠庙基本位于旧城，如其中的孔庙、太庙、历代帝王庙等。

　　名人祠庙在旧城内部呈现大致均匀分布的形态，东城、西城、崇文、宣武各区的名人祠庙数量分别为 13 处、9 处、6处、10 处，总体来看北京的名人祠庙在规模、形制与城市影响上都略高于南城。名人祠庙作为传统纪念空间形态，主要形成于民国前尤其是明清两代，而北京城自元大都建成起至明清，城市的大部分职能集中在今天的旧城之内，关厢地区的发展十分缓慢。名人祠庙作为官方与市民祭祀纪念的场所，自然集中在当时城市范围的旧城之内。

　　环绕城市边缘分布是名人祠庙在北京的空间分布的第二个特征。北京远郊区县范围的名人祠庙数量较少，怀柔、密云、平谷、大兴各区县只有一到两处。在旧城以外，名人祠庙主要分布在今天的四环路以外，城市二环路与四环路之间广大城市范围的名人祠庙数量稀少，大量名人祠庙聚集在城市边

宗庙

圣人庙

功臣祠庙

名士祠庙

图 8-2
不同纪念对象名人祠庙的分布

---

❶ 图中密云文庙杨令公祠、平谷轩辕庙图片来源于:《北京百科全书》(密云卷平谷卷).琉璃渠关帝庙图来源于http://www.mtgly.com /liuli.asp, 昭陵关帝庙图片来源于http://www.difang.com.cn/ m/wenjing/4234.html,耶律楚材祠图片来源于http://www.szbb.com/ywzy/webs/msgj/yiheyuan/yiheyuan/fengguang/dongdi/Ddb01.htm

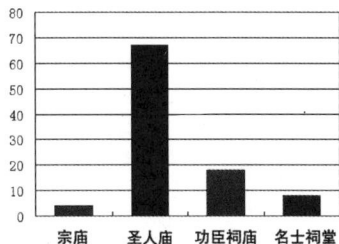

图 8-3
不同纪念对象名人祠庙数量统计

图 8-4
太庙

图 8-5
历代帝王庙

缘区与近郊区范围内。一方面是名人祠庙在郊区范围内具有向城市集中的趋势，另一方面是城市范围内旧城以外的名人祠庙向城市边缘趋近，使北京名人祠庙的分布呈现出既向内聚集又有一定离心趋势的现象。这种性质在海淀、朝阳、丰台区名人祠庙的分布中表现最为明显。

名人祠庙的特征

名人祠庙的类型特征根据纪念对象的身份不同，可以分为宗庙、圣人庙、功臣祠庙、名士祠堂四种类型（图8-2、图8-3）。

宗庙即祖庙，是对祖先的纪念场所。北京作为封建帝国的都城，城市中的祖庙或为国族性质的祖先纪念之地，或为皇家祖先纪念场所，如轩辕庙、历代帝王庙、太庙等（图8-4、图8-5）。而普通的氏族与家族宗祠在城市空间中缺乏生存空间。圣人庙主要有孔庙（文庙）、关帝庙（武庙）与药王庙。在这些庙宇中，纪念对象的身份已经由人而神，呈现明显的圣化与偶像崇拜色彩，这种色彩今天已经逐渐褪去。功臣祠庙是朝廷对具有重要贡献功臣的褒奖而兴建的纪念场所，如僧格林沁祠、于谦祠、旌勇祠、祖大寿祠等，通常由朝廷下令敕建，纪念对象主要是各个朝代的大臣将领。名士祠堂通常由民间人士自发兴建而成，具有非官方的色彩，与功臣祠庙相对，如顾亭林祠、杨椒山祠、昭忠祠等。

关帝庙在北京的名人祠庙中数量最多（图8-6），共有 59 处，占据总数的 60%，数量次之的是孔庙与药王庙，分别为 5 处与 3 处。圣人庙由于包括众多的关帝庙、孔庙，在数量上占总数的七成以上，构成名人祠庙的主体。功臣祠庙与名士祠庙分别为 18 处与 8 处。宗庙的数量最少，有 4 处。在空间分布方面各种类型名人祠庙基本上遵循着总体的中心集中与

图 8-6
北京城市中的部分关帝庙
第一列：东城区小厂胡同 18 号关帝庙、东城区地安门东大街 55 号关帝庙、
　　　　原崇文区得丰西巷 65 号关帝庙
第二列：东城区五四大街 35 号关帝庙、东城区景山东街 4 号关帝庙、
　　　　东城区交道口北三条 22 号关帝庙、原宣武区上斜街 111 号关帝庙（二庙）
第三列：西城区西海南沿 48 号关帝庙、西城区北帽胡同 15 号关帝庙、
　　　　原崇文区青云胡同 23 号关帝庙、原宣武区梁家园西胡同 19 号关帝庙
（图片来源：http://ourbj.blog.hexun.com/9341629_d.html）

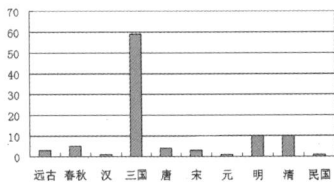

图 8-7
北京不同年代名人祠庙统计

环绕城市边缘分布相结合的规律，在城市内外都有一定数量。例如圣人庙中数量最多的关帝庙城市内有 39 处，包括旧城内 18 处，郊区有 20 处，各类型之间没有表现出明显的特点。总体上看，宗庙在城市中的地位与重要性最为突出，由宗庙到名士祠堂的重要性有逐步降低的趋势。其中名人庙相对于名人祠堂来讲，具有更为浓厚的神化与圣化色彩。

名人祠庙的年代特征体现在纪念对象所处的年代不同以及各阶段数量的差异方面（图 8-7）。名人祠庙的纪念对象基本上涵盖了 1949 年以前中国历史上各个重要时期的人物。对远古时期人物纪念的名人祠庙主要是宗庙空间，其中有专门的轩辕庙，也有从远古延续至明清时期的历代帝王庙、道统庙。春秋与三国时期的名人祠庙主要是孔庙与关帝庙，其他各个时期中明、清由于时间距离较近，北京也已经成为首都，因此对这一时期人物纪念的名人祠庙数量相对较多。

名人祠庙的等级与现况

在传统北京城市中名人祠庙的形成具有不同的政治背景，很多祠庙由于地位的不同还具有不同的服务对象。根据形成背景与重要性的不同，北京的名人祠庙可以分为皇家宗庙、官方祠庙与民间祠庙三个等级。各种等级的名人祠庙在规模、形制、形成过程等方面具有各自的特点。这种等级的影响延续到今天，在当前北京城市空间中的现状使用情况中表现出不同的特征。

皇家宗庙产生于元、明时期，是北京历史上专伺皇家纪念的祠庙空间，主要包括孔庙、太庙、历代帝王庙三大皇室宗庙，它们是北京城市名人祠庙空间的最杰出代表，不仅规模宏大，空间形态复杂多样，具有最高的建筑等级，而且每

图 8-8
鼓楼西大街关帝庙

个祠庙都对应着一整套的祭祀与纪念礼仪。历史上的皇家宗庙并不对外开放，只在每年的特定时日由帝王或专门人员进行拜祭活动。今天，三大皇家宗庙已经成为城市纪念与观光场所，每年接待众多游人，是当前北京名人祠庙中最具开放性、影响最大的类型。

官方祠庙是为了树立社会榜样或褒奖有功之臣，由官方主持建设形成的名人祠庙空间。其典型特点是由朝廷下昭敕建或由地方政府主持建设。历史上大多数的功臣祠庙都属于官方祠庙之列，各区县的孔庙、很多具有一定规模的关帝庙也属于官方祠庙（图8-8）。

官方祠庙通常规模比较大，空间完整而且数量众多，构成了北京名人祠庙的主体。北京名人祠庙受城市发展的影响较大，虽有建筑存留，但被城市居住或行政单位占用的情况比较常见。目前北京城中原有的官方祠庙大多处于被城市功能占用的状态。由于官方祠庙的规模较大，因而为各种单位占用的情况相对较多，如僧格林沁祠为东城区教育委员会房管所占用、贤良祠为同仁堂药店占用、旌勇祠由中国人民解放军某部工程处使用等（图8-9、图8-10）。官方祠庙中只有文天祥祠与耶律楚材祠由于本身的重要影响与独特的地理位置开放为城市纪念空间（图8-11、图8-12）。

民间祠庙是由民间人士组织、出资建设的名人祠庙空间，包括普通的民间名士祠堂，也包括大多数由民间建设形成的、表达民间信仰的关帝庙、药王庙。民间祠庙通常规模有限、影响较小，有些是在祠庙主人原有居所的基础上直接更名形成，如潘祖荫祠、杨椒山祠、顾亭林祠（图8-13、图8-14）。目前北京开放的民间祠庙空间有两处，分别是袁崇焕祠墓与袁崇焕庙。由于规模与影响有限，民间祠庙在城市发展中受到的

图 8-9
僧格林沁祠堂

图 8-10
现为同仁堂药店的贤良祠

图 8-11
文天祥祠

图 8-12
颐和园内耶律楚材祠
（图片来源 http://www.52593.com/places_
gallery/placesimageid/29037）

图 8-13
杨椒山祠

图 8-14
包裹寺内顾亭林祠（现为古玩市场）

影响与破坏最为明显，其中不少成为城市居住场所。

名人祠庙的形态

名人祠庙的形态可以从现存空间状况、传统院落空间及空间布局模式三个方面来阐述。

名人祠庙是在传统祭祀性纪念空间基础上形成的当代北京城市纪念空间类型，既具有传统纪念空间的形式和内涵，又结合了现代城市纪念空间的功能和手段，是北京城市各种纪念空间类型中最具历史与文化内涵、纪念手段最为丰富、空间形态最为多样的类型。

开放的名人祠庙由仪式纪念、展示纪念与场景纪念三种纪念功能以及为纪念功能服务的附属管理功能组成。作为对原有祭祀功能的继承和发展，仪式场景观览纪念功能涵盖了构成名人祠庙的所有建筑与空间场景，通过历史情境的保留、再现，使人们对名人祠庙空间纪念性有一种整体性的认识。

对于大多数被用作城市其他功能的名人祠庙，虽然建筑本身有所保留或者完整保存下来，但是空间并未继承传统的祭祀性质，不具备现代名人祠庙的仪式纪念功能。当然，这些名人祠庙的纪念性并未消失，作为场景纪念的功能依然存在，而且在一定的条件下空间的仪式纪念功能能够恢复，它们作为北京城市名人祠庙空间的主体，具有巨大的潜在纪念功能。

目前北京名人祠庙空间全部为城市传统的院落空间形态。这种院落格局与北京民居四合院的院落形态不同，名人祠庙的院落空间规模大，形制高，空间构成复杂多样。其中的皇家祠庙在院落规模、建筑形制、建造等级各方面均处于城市中的最高级。即使是普通名人祠庙，由于其祭祀建筑的功能要求，也会形成比一般名人故居更高规格的四合院空间。名人祠庙通常为轴线对称的院落格局，院落内的建筑包括两类：一类是处于中轴线上，规模宏大的仪式纪念建筑；另一类是位于两侧作为补充、服务功能的陈列与场景纪念建筑、附属建筑。院落中的建筑具有严格的位置与形制，如神厨、神库、致斋所、焚帛炉等的设置，都具有明确的规定，与普通的四合院形态具有明显差异。

名人祠庙的空间布局模式具有纵向贯穿的空间中轴线，大多为南北方向，坐北朝南，由中轴线上一系列主体建筑形成祠庙空间的骨架。这些建筑并非简单的前后并列承接关系，而是由祠庙的中心建筑以及为中心建筑提供指引与强化的建筑组成。

在名人祠庙中，中心建筑通常位于轴线空间序列的后部或末端，即原来的祭坛，现在或者可以称为纪坛，在名人祠堂中则为享堂。由于名人祠庙脱胎于传统的城市祭祀性空间，因此空间中还保留着原有偶像崇拜的成分，在纪坛或享堂的中心是纪念对象的雕像或牌位，立于神案之后，处于被供奉膜拜的地位，作为名人祠庙举行纪念仪式的场所，这里是整个祠庙的中心，也是人们心理感受的制高点。被供奉的雕像或牌位与包容它们的建筑一起成为祠庙的核心空间。其名称最为显赫尊贵，体量规模在整个祠庙中最大、建筑形制最高而且大多建在高大的月台上，从空间视觉上确立了其空间地位与中心统治性。如孔庙的大成殿、历代帝王庙的景德崇圣殿都为规模宏大的黄琉璃筒瓦重檐庑殿顶，殿前月台三出陛（图 8-15 ～图 8-18）。

名人祠庙具有明确的中心，但并非中心对称与各向同性结构，而是具有清晰的方向性，这种方向沿着中轴线由入口

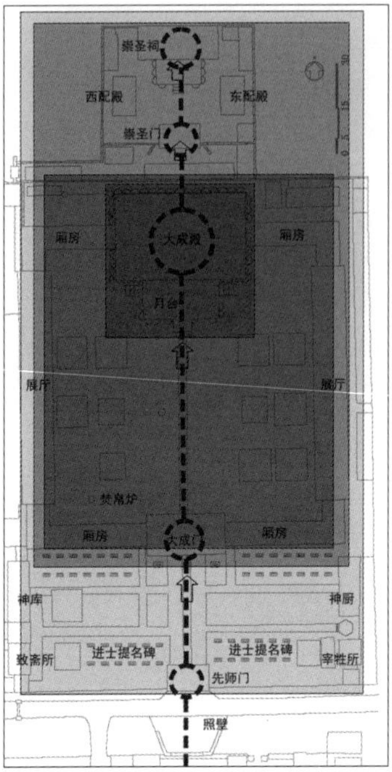

图 8-15
北京孔庙平面

图 8-16
北京孔庙鸟瞰
（图片来源于孔庙宣传资料）

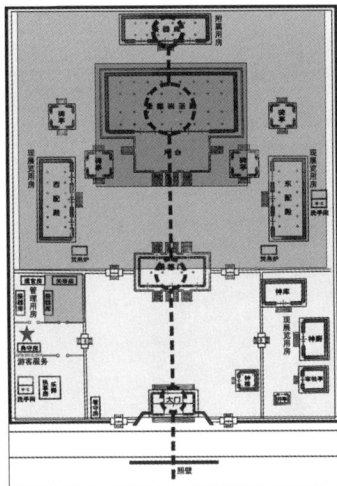

图 8-17
历代帝王庙平面格局
（底图来源于历代帝王庙宣传资料）

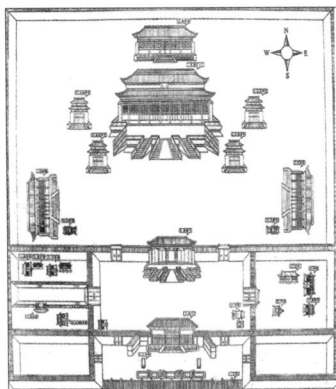

图 8-18
北京历代帝王庙
（底图来源于历代帝王庙宣传资料）

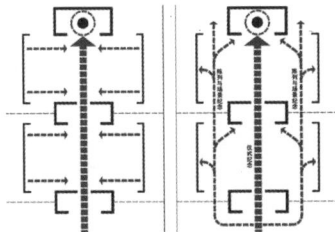

图 8-19
北京名人祠庙的空间模式图
左图为空间结构；右图为纪念行为。

指向核心建筑与纪念对象。从祠庙入口到纪坛、享堂中的纪念对象，在空间上要经过若干院落空间以及轴线上的主体建筑，这一序列强化了名人祠庙核心建筑的等级与地位，实现了空间统治性、仪式性。前后的院落与建筑之间是空间递进与加强的关系，每经过一进院落或轴线上的一座建筑进入到新的院落空间中，都是对前一处空间在感受上的加强与等级上的提升，如此递进，在到达轴线末端的纪坛与享堂时达到祠庙空间的制高点。在名人祠庙中轴线两侧的建筑服从和服务于由轴线上一系列主体建筑形成的空间骨架，空间的等级较低，在空间结构上处于从属地位，具有向中轴线倾斜聚集的趋势。在中轴线上，全部院落与建筑服从和服务于轴线末端的纪坛或享堂，具有明确的指向中心的趋势（图 8-19）。

结语

名人祠庙是北京城市重要的纪念空间类型，然而目前北京大量的名人祠庙已经成为"闲人免进"的办公、商业或居住场所，开放的名人祠庙空间总计只有 7 处，不足总数的 l/10，严重削弱了人们对于城市名人祠庙空间的认识与纪念功能的发挥。更为严峻的是，在城市快速发展而对名人祠庙保护力度有限的情况下，很多名人祠庙已经因城市建设而淹没消失，如西四双关帝庙、京轰先哲祠等，未来还会有更多的名人祠庙面临着同样的威胁。因此从建筑与城市的视角对北京名人祠庙进行深入研究，从而对其更加深刻地了解、更加合理地保护，迫在眉睫。■

（本文发表于《建筑创作》，2008 年 02 月刊）

9

北京的爱国纪念街巷

高巍　朱文一

  爱国纪念街巷是以北京城市已经存在的街道、胡同空间为基础，通过以重要爱国人物或重大爱国事件命名的方式使空间获得纪念性质的空间形态。

  在北京市域尤其是城区范围，以人物或事件命名街巷胡同的现象非常普遍，其中以人物命名更是北京街巷胡同名称来源的主要类型之一，●如因高官显贵居住而命名的石大人胡同、以姓氏命名的史家胡同、以生意人物居住命名的赵锥子胡同等，数量众多，不一而足。但是，这些街巷大多是出于空间定位与环境记忆的需要，纪念功能有限，只有其中以爱国人物或事件为主题命名的纪念街巷空间具有广泛的城市认同度与影响力。根据现有《北京街巷名称史话》、《北京的胡同》等相关书籍与资料的记录，❷目前北京的爱国纪念街巷空间共有 8 处，它们是文丞相胡同、张自忠路、赵登禹路、佟麟阁路、五四大街、赵登禹大街、佟麟阁街以及中山街。其中前五处位于北京旧城中的内城，除文丞相胡同外全部是城市的交通干道，后三处位于通州区的通州镇（图 9-1）。

  北京的爱国纪念街巷数量不多，而且大多形成于民国及以前，这与建国后的政策规定有关。1949 年北平和平解放之后，中共七届二中全会在西柏坡召开。当时的全会有一项重要的决议，就是中央领导机关迁入北京之后，不要用中央领袖的名字命名街道地名。这项政策的制定导致建国后北京再未有

---

❶ 根据翁立著《北京的胡同》(北京:北京图书馆出版社,2003)所述,北京的胡同名称大致分为四大类：1.以人名命名,2.以市场商品命名,3.以建筑物命名,4.以地形景物命名。其中以人物名称命名的街巷胡同是一种重要类型。
❷ 参照张清常著《北京街巷名称史话》(北京: 北京语言大学出版社, 2004)、翁立著《北京的胡同》(北京: 北京图书馆出版社, 2003)以及其他相关著作。

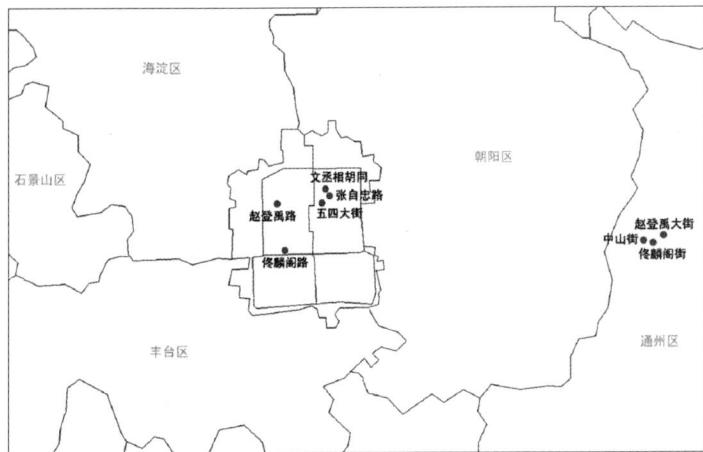

图 9-1
北京爱国纪念街巷的分布

以人物命名的纪念街巷出现。目前北京的爱国纪念街巷数量
虽少，但由于其功能形态、行为模式与城市其他空间相比具
有很大差异，因而成为一种独具特色的城市纪念空间类型。

　　具体来看，在北京现有爱国纪念街巷中，出现最早的是
位于东城区西北部府学胡同路北的文丞相胡同。这是明朝政
府为了纪念元初（1283 年）逝世于此的文天祥，于洪武九年
（1376 年）而命名的。出现最晚的五四大街毗邻原北京大学红
楼，形成于 20 世纪 70 年代的文革时期，是北京唯一一处以
事件命名的纪念街巷。其余 6 处纪念街巷全部形成于民国时期，
其中张自忠、赵登禹、佟麟阁是在抗日战争中牺牲的爱国高
级将领，他们都曾经在北京参加过对日作战，赵登禹与佟麟
阁将军就牺牲在 1937 年 "七·七" 事变的北平战场中。抗日
战争胜利后，北平临时参议会在 1946 年 11 月通过决议，将
当时的铁狮子胡同改称张自忠路，北沟沿大街改称佟麟阁路，
南沟沿大街改称赵登禹路，以资纪念。当时的北平市长何思

源签署发布了更名命令，与此同时，通州城内的赵登禹大街、佟麟阁街也相继命名，形成了今天北京纪念街巷的主体。

北京的爱国纪念街巷原本是城市公共空间的组成部分，主要用作城市交通、商业、集散等功能使用，最初与纪念功能无关。纪念街巷正是通过命名的方式获得了纪念意义，从而成为城市纪念空间的组成部分。具体来讲，北京爱国纪念街巷的功能、行为以及城市职能特征主要体现在街巷命名、语义想象与城市文本三个方面。

街巷命名赋予纪念功能

以命名为手段赋予纪念功能，是爱国纪念街巷独具特色的功能机制，具体表现在超越物质形态的纪念、语义替换与政府主导及赋予纪念与社会主流意识形态三个方面。

超越物质形态的纪念是指纪念街巷的纪念功能与其物质形态没有必然联系。爱国纪念街巷是纪念功能的物质载体，但纪念功能的实现与街巷本身的建筑形式、空间结构等具体的物质形态没有必然联系，街巷道路在城市中的位置、道路本身的宽度、长度、形状以及周边的环境等具体情况都不对纪念功能的发挥产生明显的影响。

从这种角度来看，爱国纪念街巷纪念功能的实现超越了街巷本身的具体物质形态。在这里，街巷本身仅仅是纪念功能的一个空间附着物，它们提供了一种容器或者说一种定位，将与街巷空间本身联系不大的纪念功能引入到城市具体的空间中来。因此，街巷空间主要是一种空间的存在，街巷的物质形态也许对纪念功能实现的效率、强度等在一定程度上具有影响，但只要街巷命名的赋予过程一经完成，街巷空间的功能性质就发生了根本性的改变，由城市的交通空间转化为城市纪念空间的组成部分，而且只要这种赋予状态不变，空间的纪念功能就不会发生根本性的变化。

　　前文中所述的张自忠路、五四大街、文丞相胡同等纪念街巷，它们与城市中的其他街巷并非存在本质性的差异，但却区别于其他街巷道路成为城市纪念空间的一种。而在爱国纪念街巷之间，街巷个体在空间形态的各个方面都有所不同，但发挥着同样的城市纪念功能，这都是爱国纪念街巷的纪念功能超越具体的空间形态的体现。在纪念街巷空间中，纪念功能与身份的最主要代表就是立于街巷两端的路牌与道路两端的各个沿街建筑的门牌，它们分别表明了纪念街巷的空间范围以及空间纪念性质的连续性，成为纪念街巷空间最主要的空间标识和功能提示。

　　爱国纪念街巷的命名是一种语义上的替换。传统街道的命名是经过长期的历史阶段逐步演化形成，本身也包含了一定的地理与环境信息，或者与当地的地理位置、方向、城市功能有关，或者与独特的地形、历史有关。如张自忠路原称铁狮子胡同，佟麟阁路原称北沟沿大街，赵登禹路原称南沟沿大街。经过命名以后，普通的街巷转化为爱国纪念街巷，街巷空间由原来的一处地理位置转化为具有纪念意义的空间场所，街巷名称的内涵发生了重要变化。但是，新的场所信息的移植，伴随着原有空间信息链接的断裂，虽然这并不是爱国纪念街巷命名的目的，而且经过命名的纪念街巷具有包含着相应的地理位置的更为丰富的信息，但语义替换已经完成，结果是新的非当地性的纪念功能与信息的植入。

　　爱国纪念街巷的命名以及相应的语义替换，是在政府的主导下完成的。例如北京旧城与通州城内的张自忠路、赵登禹路、佟麟阁路以及赵登禹大街、佟麟阁街、中山街（图9-2~图9-6），

图 9-2
文丞相胡同

图 9-3
五四大街

图 9-4
张自忠路

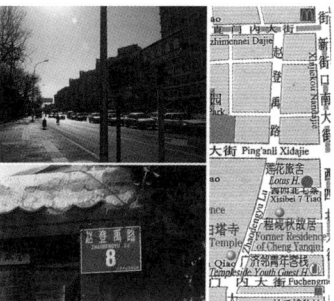

图 9-5
赵登禹路

图 9-6
佟麟阁路

都是由当时的北平政府直接颁布命令命名的，体现出强烈的政府主导性质。明代形成的文丞相胡同，也是当时明朝中央朝廷为了纪念文天祥并教化世人而命名的。

在北京各个历史时期，政府都具有专门的地名管理机构，负责包括街巷命名在内的各种地名管理。不仅街巷的命名，而且历史上已经采用的街巷名称的沿用与否，都要经过相应政府机构的审核。因此，纪念街巷的名称历来就受到政府的监管，体现着官方的意志。目前北京相应的官方机构是首都规划委员会下属的地名办，城市纪念街巷的名称必须符合地名办的相关规定与标准，才能够得以采用和沿用。例如民国时期形成的张自忠路、赵登禹路与佟麟阁路，由于三位英烈的抗日功绩而得到新中国官方的认可，1952 年毛主席还亲自为三位抗日英烈签发了烈士证书，这也是解放前由国民党北平政府命名的三条街道得以在新中国继续沿用的原因。

爱国纪念街巷的命名与当时的社会环境及主流意识形态密切相关。只有纪念的主题和内容与当时社会的主流意识形态相符，才能够得到官方的认可，纪念街巷的功能才能够保留和实现。例如文天祥就义于元朝至元十九年（1283 年），但是直到九十多年以后的明朝洪武九年（1376 年），文丞相胡同才得以产生。到了清代，文天祥的身份为同为入主中原的少数民族政府所忌，文丞相胡同被改称为巴儿胡同，乾隆时又改成靶儿胡同，这就是不同社会主流意识形态统治下的不同结果。新中国成立后，文丞相胡同恢复原名，这是社会主流意识形态对于文天祥精神的认同结果。

北京爱国纪念街巷空间受社会主流意识形态的影响最为显著的是"文革"时期。当时曾经认为北京的很多地名包括街巷名带有"封、资、修"的色彩，应重新命名，并将相当一部分街道、胡同改为具有"革命色彩"的名称，例如张自忠路一度改称张思德路，马家堡路改为秋收起义路，王府井大街改成革命大街，地安门西大街改成工农兵西大街等。❶"文革"后期，那些被更改的街巷名又逐步恢复了原来的名称。

语义想象引导纪念行为

爱国纪念街巷的纪念性通过命名的方式获得，其本身仍是城市道路系统的一部分。因此纪念街巷中的纪念行为与城市其他纪念空间中的纪念行为表现出显著的差异。首先，纪念街巷中的纪念行为是在无意识与重复刺激的情况下完成和得到强化的；其次，纪念行为的发生和纪念功能的实现是通过符号记号的提示与主观想象完成的。

大多数情况下，交通功能仍然是纪念街巷的首要职能，空间本身也不具有城市其他纪念空间类型中的仪式性、序列性等空间品质。因此，纪念街巷空间中的人们在很大程度上并未意识到空间的纪念性质，而仅仅将其当作一处地理位置，忽略了纪念街巷承载的历史信息，这是纪念街巷在纪念功能的发挥上相对弱势的一面。

但是爱国纪念街巷的纪念功能又有其强势的一面。纪念街巷不同于一般的纪念碑等城市纪念空间，也不同于纪念书籍等同样以文字为主的纪念模式，爱国纪念街巷的功能行使具有一定程度上的强制性。人们可以选择是否去一处纪念空间，读一本纪念书籍，但作为城市道路系统的一部分，人们

---

❶ 参见：张清常著，《北京街巷名称史话》，北京：北京语言大学出版社，2004

也许每天都要在纪念街巷中通过。也许人们在纪念空间中对于道路名称的关注只是一种无意识行为，但是爱国纪念街巷将纪念功能融入到了人们的日常生活中，成为生活的一个部分。即使是一种无意识的行为，但经过日常生活的重复刺激，爱国纪念街巷的名称与形态已经深深进入人们的记忆系统。当人们在某一条件下意识到纪念街巷名称背后所承载的历史信息，那么纪念街巷所具有的纪念功能将被全面激发和释放出来。由于日常生活的重复刺激，人们往往对于纪念街巷纪念功能的认识更加深刻难忘。爱国纪念街巷每天容纳的行人难以计数，在较低的社会成本下实现了影响的最大化，这是其他纪念空间类型所无法比拟的。

由于爱国纪念街巷的空间形态与纪念功能没有直接联系，人们感受空间的纪念性质是通过代表街巷名称的文字标识而非具体的空间形态来实现。相对于名人墓、纪念碑像、名人祠庙等纪念空间类型，在北京城市爱国纪念街巷空间中，文字成为空间功能的代言，在纪念行为中人们对于街巷纪念空间性质的认知转化为对于标识文字的认知，纪念功能的实现表现出从空间到文字的转化过程。

另一方面，爱国纪念街巷中的文字标识又不同于一般纪念馆中用来组织空间序列的文字内容。街巷中的文字只是作为一种空间标识，并不叙述具体的内容，此时爱国纪念街巷的文字标识从普通的语言记录、记述上升抽象为一种代表特殊信息的记号符号，人们对于文字标识的理解来源于自身的背景知识，人们读取到这些记号符号的同时将意识到城市纪念空间的性质。

这一过程实际上是通过记号符号对于集体记忆的唤醒过程。爱国纪念街巷的命名和对应的文字记号符号代表一种标记和界定，通过纪念空间中人们的背景知识引发人们对于历史记忆的追溯，由于文字记号并不记述更多的内容，因此这种追溯和唤起是依靠人们在文字触发下的自我想象来完成的。文字记号是一种标记，也是一种价值标准，通过纪念空间中众多纪念个体对于历史记忆的追溯，共同完成了集体记忆的建构过程，从而实现纪念空间的城市教化功能。

简而言之，爱国纪念街巷中纪念行为的实质是文字记号对于集体记忆的唤醒，这种唤醒是以人们的背景知识为基础，通过激发个体的想象来实现。个体想象的汇集，达到集体记忆的建构，也实现了空间的教化功能，此时街巷空间中的纪念行为全部完成。这与北京城市纪念空间的其他类型中纪念行为的发生过程有很大的差异。

城市文本激发城市职能

爱国纪念街巷空间不仅成为城市历史信息与地理信息相互交融的载体，而且为城市主流意识形态与官方意志直接介入到城市公共空间与市民的日常生活提供了一种可能。爱国纪念街巷空间的独特性使其成为记录城市集体记忆与意识形态等众多信息的城市文本空间，与城市的历史叙述密切相关，同时也为城市历史分析提供了一种衡量方法。

爱国纪念街巷不是为了表达崇高或永恒的空间感觉或者实现空间的仪式性，而是通过承载的历史信息的传递，完成集体记忆的建构。作为历史信息的载体，爱国纪念街巷实际上成为记录城市历史的一种文本，一种空间化的城市文本。无论是文丞相胡同、五四大街，还是张自忠路，纪念街巷的存在使爱国英雄成为北京城市历史叙述中最重要的组成部分，他们的历史功绩和地位得到了人们的肯定与纪念，每一个北京人都将他们与北京的历史密切联系起来。

　　当然，这种城市空间文本与其他文字媒介不同，爱国纪念街巷在城市空间中的主要价值是通过历史叙述，将官方制定的历史价值标准和政治纪念版本植入到城市公共空间与人们的日常生活中。命名是一种占有，而街巷的命名是官方的特权。这种命名通过空间的手段，不仅为城市的历史叙述制定了权威的标准，而且将这种标准以城市空间文本的形态表现出来。

　　爱国纪念街巷同时也是分析历史的一种方法，街巷的命名与更改，都体现了城市历史演化的轨迹。北京的爱国纪念街巷虽然数量不多，但其在城市中的不同位置、环境状况等特征在一定程度上也反映了街巷纪念人物与事件在历史上的地位与作用。北京历史上曾经出现过许多爱国纪念街巷，它们曾经承载着不同的历史信息，虽然今天很多已经消失或者重新命名，但它们都为城市历史的研究提供了一种衡量方法。

结语

　　北京自古以来就有以人物命名街巷胡同的传统，这为城市纪念街巷的形成奠定了基础。但正如文中所述，目前北京的爱国纪念街巷数量很少，纪念的对象与内容有限，难以满足其作为城市纪念空间与历史文化载体的需要。爱国纪念街巷是北京城市历史文化的重要载体，不仅可以在较低的社会成本下实现突出的纪念功能，而且能够将城市历史文化与市民日常生活紧密结合在一起，对于营造首都良好的城市精神风貌与城市特色文化都具有重要意义。因此，充分利用北京街巷命名的良好传统条件，结合城市历史文化的需要，进行相关纪念街巷的命名，是一项积极有益的工作。当然，爱国纪念街巷的命名要充分考虑到城市地域的文脉环境与地段特色，既不能采取简单生硬的手段，也不能割裂现有地段的相关信息链接，例如可以考虑尽量在新建的街巷中进行纪念街巷的命名，以历史名人命名历史地段街巷，以科技名人命名科技场所街巷等，既能够实现积极有效的纪念与文化功能，又能够强化城市不同地段的特色。■

(本文发表于《建筑创作》，2008 年 4 月刊)

10

私人博物馆在北京

秦臻　朱文一

　　在北京，民间收藏自古有之，开始于金元，发展于明清，民国时为盛，由于历史和现实的原因，如今的北京在中国的收藏领域具有独一无二的地位。20 世纪 80 年代以来，随着人民物质和精神文明的提高，收藏成为大众的共同爱好，所谓"盛世话收藏"。正是在这种背景下，许多收藏者希望将私藏公之于众，让更多的人了解收藏文化，并得到社会的肯定和认可。于是在北京个人开办博物馆、收藏馆应运而生，并逐渐成为一种新的社会时尚。

　　本文所指的私人博物馆，是指由个人或者私人企业在政府部门登记创办的博物馆。1996 年，北京市文物局批准了四家私人博物馆的筹建资格，在社会上引起强烈反响。2001 年，北京颁布了《北京市博物馆条例》，这一条例是中国首次以法规形式鼓励和提倡社会、公民个人开办博物馆。京城更是掀起了私人兴办博物馆的热潮。2002 年，新的《中华人民共和国文物保护法》获得通过，明确了民间收藏文物的合法地位，为私人博物馆的创立提供了法律保障。2006 年 1 月 1 日，文化部颁布的《博物馆管理办法》正式实施，其中明确规定"国家扶持和发展博物馆事业，鼓励个人、法人和其他组织设立博物馆"。

　　目前，设立博物馆需要在北京文物局进行免费的博物馆核准登记，其对象范围是享有独立法人资格的任何单位、个人，同时文物局规定了设立博物馆的办理条件，这也就为私人博物馆的创办敞开了大门。据统计，从 1996 年第一座私人博物馆开办至今，北京正式注册的博物馆已有 20 座左右，其中正式注册并对外开放的私人博物馆数目达到了 16 座❶，这 16 座

---

❶ 数据来源于北京文物局网站http://www.bjww.gov.cn的13家私人博物馆数据，以及2007年新登记注册并向社会开放的胡同张博物馆、科举牌匾博物馆、百年老电话博物馆。共计16家。

图 10-1
私人博物馆纵览

注册开放的私人博物馆可以看成是北京众多私人藏馆的代表，是北京民间收藏文化的缩影（图 10-1、表 10-1）。尽管北京私人博物馆目前在规模及数量上仍然不能与国有博物馆相比，仍然处于新生和起步阶段，但是私人博物馆具有鲜明的特色，它的发展代表了未来北京博物馆发展的重要方向。

近年来，有关北京私人博物馆的研究逐渐增多，但是这些研究基本上都是从新闻和纪实角度，散见于各种报纸和杂志，而从城市建筑空间角度来研究则几乎没有。建设人文北京的时代要求使私人博物馆这一文化现象浮出水面。本文尝试以城市空间角度，从藏品类型、分布特征、空间形态、功能构成以及建筑造型方面，对北京私人博物馆进行初步的探索研究。

表10-1 私人博物馆名录

博物馆名称	地理位置	成立时间	馆长	建筑面积	藏品类型及数量	镇馆之宝
北京中华民族博物馆	朝阳区民族园路2号	1996	王平	占地50公顷	各类民族文物10万件	不详
老甲艺术馆	昌平区霍营乡	1997	贾浩义	900平方米	个人画作	不详
北京金台艺术馆	朝阳区朝阳宫公园西门内	1997	袁熙坤	3500平方米	个人画作及古代艺术品	明代紫檀座檀香木雕花屏风
何扬 吴茜 现代绘画馆	朝阳区金盏乡长店村1128号	1997	何扬	400余平方米	个人画作	不详
观复古典艺术博物馆	朝阳区大山子金南路18号	1997	马未都	3500余平方米	瓷器、玉器、窗扇、绘画等	清代"御制嵌鎏金铜描金加漆木雕佛塔"
古陶文明博物馆	宣武区南菜园西街12号	1997	路东之	600余平方米	古代陶类3000余件	汉代金乌瓦当
北京 御生堂中医药博物馆	昌平区北七家镇王府街1号	1999	孙柏杨	6800平方米	中医药文物	复原清代御生堂老药店
北京中国紫檀博物馆	朝阳区兴隆西街9号	1999	陈丽华	9569平方米	紫檀雕刻艺术品	仿故宫金屏风宝座
北京 睦明堂古瓷标本博物馆	崇文区东花市北里东区1号	2001	白明	428平方米	古代瓷片标本5000余件	元代枢府窑"福禄铭文"磁碟残件
北京 松堂斋民间雕刻博物馆	宣武区琉璃厂东街14号	2007	李松堂	254平方米	古代雕刻、建筑构件5000余件	宋代"皇帝巡游图"石雕梁
中国马文化博物馆	延庆八达岭镇阳光路8号	2003	赵成民	2700多平方米	马文化相关艺术品3000余件	汉代骏马图案陶砖
北京 崔永平皮影艺术博物馆	通州区马驹桥金桥花园16楼	2004	崔永平	4000余平方米	皮影艺术品30000件	"十八层地狱"皮影、华县皮影画件
北京老爷车博物馆	怀柔区杨宋镇杨雁路	2006	雒文有	4000余平方米	各类老爷车80余辆	不详
北京百年老电话博物馆	西城区德外大街乙十号太富大厦	2006	车志红	300余平方米	各类老电话3000多件	产于20世纪70年代的红色老电话
北京科举牌匾博物馆	朝阳区高碑店古文化街	2007	姚远利	3000余平方米	各类古代牌匾500余件	元代科举门
胡同张老 北京民俗艺术博物馆	丰台区宛平城西门路南	2007	张毓隽	580平方米	老北京传统手工艺品	百米"北平味道"展

藏品类型

由于个人收藏的能力和渠道有限、兴趣爱好不同等多方面因素，私人博物馆收藏多侧重于个性化的专题收藏，往往是国有博物馆缺少关注的角落。其中专题文化类博物馆占有很大比重，从名称中就可以看出其文化特色，例如：古陶文明博物馆、北京科举牌匾博物馆、北京松堂斋民间雕刻博物馆等；还有些是艺术家展出个人画作的博物馆，例如北京金台艺术馆、老甲艺术馆等。个别博物馆收集类型相对齐全、规模较大，如中国紫檀博物馆、中华民族博物院等。这些私人博物馆通常是由馆长自己出资、自己收藏、自己建馆，他们多为业余收藏爱好者，在从事正式工作的同时兼顾收藏，如睦明堂古瓷标本博物馆馆长白明是某出版社副主编，古陶文明博物馆馆长路东之是作家。总体来说，私人博物馆的出现对于国有博物馆是一种重要的补充，填补了一些艺术品收藏领域的空白，对于弘扬中华民族文化具有重要作用。

分布特征

北京私人博物馆从空间分布中表现为随机性、自发性（图10-2），这与收藏者经济实力相关，与所处文化区域为依托相关，同时也与靠近收藏者工作或居住地相关。

不少私人博物馆因为经济实力的约束，只能选择租金较低的场所作为博物馆馆址，如胡同张老北京民俗艺术博物馆原计划在内城选址，后因内城租金过高，只好转向郊区。而少数私人博物馆由于经济实力雄厚，位于城市较重要位置，如中国紫檀博物馆位于长安街东段，中华民族博物馆位于北京中轴线北段。从规模上来看，私人博物馆差异很大，其中最大的是中华民族博物院，占地面积为50公顷，最小的是松堂斋民间雕刻博物馆，面积只有250平方米。这一特点反映了收藏者的经济水平差异直接影响到馆址的区位和面积。

收藏者往往会考虑在具有一定文化景观特色的区域兴建博物馆，使得博物馆获得较好的外部环境。如观复古典艺术博物馆位于朝阳区大山子艺术区；科举牌匾博物馆位于高碑

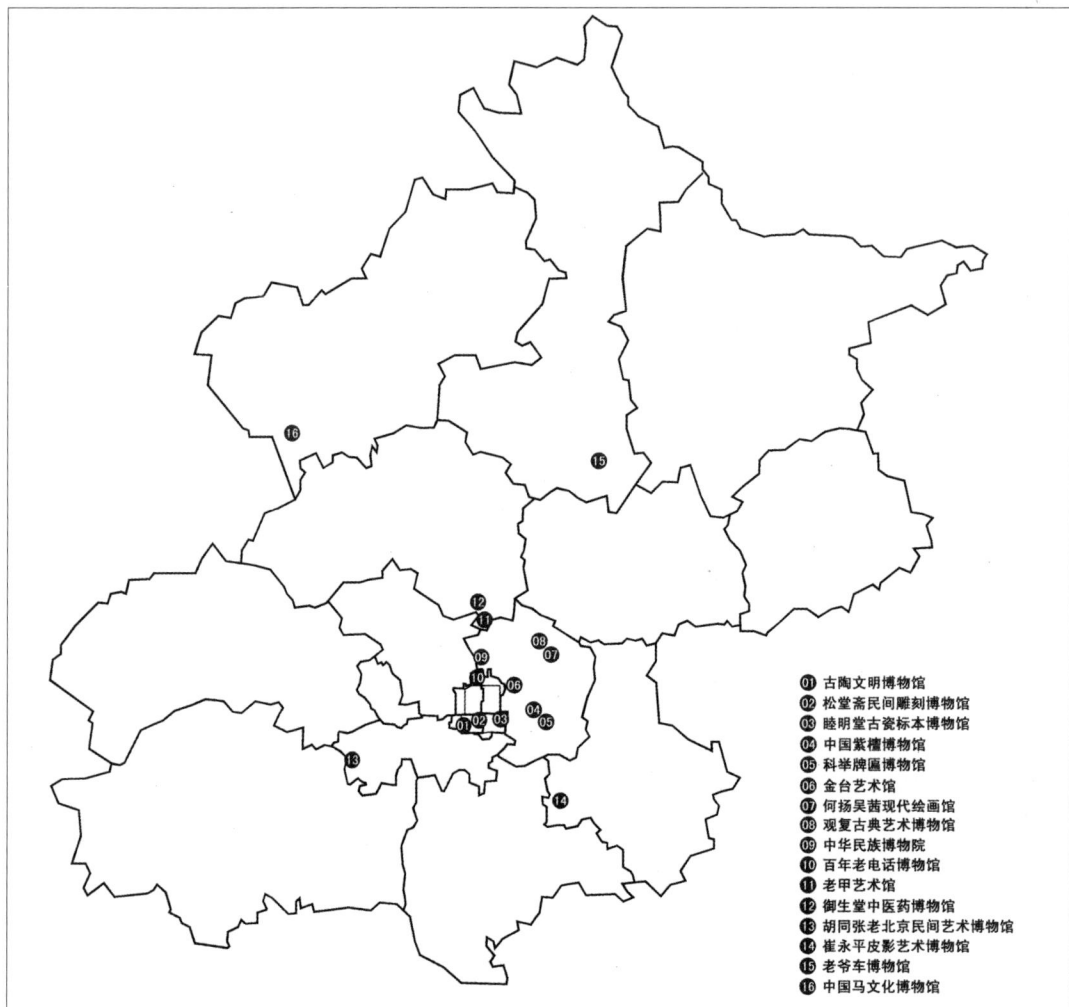

01 古陶文明博物馆
02 松堂斋民间雕刻博物馆
03 睦明堂古瓷标本博物馆
04 中国紫檀博物馆
05 科举牌匾博物馆
06 金台艺术馆
07 何扬吴茜现代绘画馆
08 观复古典艺术博物馆
09 中华民族博物院
10 百年老电话博物馆
11 老甲艺术馆
12 御生堂中医药博物馆
13 胡同张老北京民间艺术博物馆
14 崔永平皮影艺术博物馆
15 老爷车博物馆
16 中国马文化博物馆

图 10-2
私人博物馆市域分布图

店古典文化区；古陶文明博物馆位于大观园；胡同张老北京
民俗艺术博物馆位于宛平旧城古街；松堂斋民间雕刻博物馆
位于琉璃厂文化街；金台艺术馆位于朝阳公园等。

　　为便于博物馆的日常管理和维护，收藏者往往将博物馆
设在自己的居住地或办公地点附近。如何扬吴茜艺术馆、老
甲艺术馆、金台艺术馆与收藏者工作室比邻而建；崔永平则
在住家隔壁设立皮影艺术博物馆等。

空间形态

从空间形态上可以将私人博物馆分为独立型和附属型两种类型。

独立型私人博物馆具有单独的建筑意象并且直接面向城市公共空间，具备良好的公共性，具体又可分为独幢型和独院型两种。独幢型是由街道直接进入建筑内部，如胡同张老北京民俗博物馆。独院型则是通过街道进入前院或内部广场，既而进入建筑，具有一定的群体组合序列，如中国紫檀博物馆、科举牌匾博物馆等。

附属型博物馆在空间上隶属于其他单位，具体分为外部附属型和内部附属型。外部附属型往往依附于某建筑内，但其有独立的出入口面向城市空间，公共性较强。如睦明堂古瓷标本博物馆和古陶文明博物馆等。内部附属型则在空间上位于单位或住区的内部，须先进入单位或住区的入口，才能到达博物馆，因此公共性较弱，如崔永平皮影艺术博物馆位于金桥花园小区内、御生堂中医药博物馆位于王府公寓小区内等（图10-3）。

功能构成

博物馆作为面向社会大众的公共文化场所，是非营利的公益机构。而对于私人博物馆来说，国家目前并没有提供经济支持，博物馆的生存面临较为严峻的形势。博物馆单纯依靠门票收入，很难维持下去，个别私人博物馆甚至因此关门歇业。正如北京市文物局局长舒晓峰所说的那样："北京市博物馆没有一家赢利，即使是观众人数较多的故宫博物院，如果把藏品维护和文物修缮所需资金计算在内的话，最终也要由国家来投入大笔资金。更不用说缺少政府财政拨款的民办

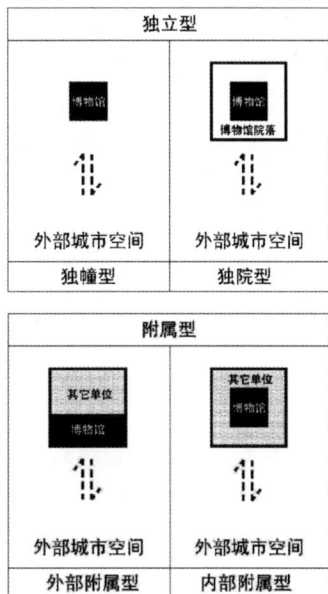

独立型	
博物馆	博物馆 博物馆院落
⇅	⇅
外部城市空间	外部城市空间
独幢型	独院型

附属型	
其它单位 博物馆	其它单位 博物馆
⇅	⇅
外部城市空间	外部城市空间
外部附属型	内部附属型

图 10-3
私人博物馆城市空间属性

博物馆，它们有的已经朝不保夕"。

面对这样的形势，许多私人博物馆想出各种办法来拓展经营。私人博物馆除了传统的展示空间外，往往具备了其他附加功能空间，体现了较为鲜明的功能特色。由此可以在功能构成上，将私人博物馆分为展示空间＋工作室、展示空间＋商业服务空间及展示空间＋非固定空间三种模式。

展示空间＋工作室模式往往是收藏者将自己的工作室与展示功能结合，博物馆既是收藏者创作的平台，也是展示的窗口。如老甲艺术馆在功能上分为画家贾浩义的画室和展厅两个区域，贾浩义的画作可以放到展厅展出；崔永平皮影艺术博物馆则包括了皮影艺术品的展示和皮影小剧场，崔永平夫妇在此可定期举办皮影戏创作表演，在弘扬传统皮影文化的同时，也可依靠收费弥补开销的不足（图10-4）。

展示空间＋商业服务空间模式较为普遍，但是其中的商业模式又各有不同，一种是和相关商业服务空间相结合的博物馆，例如睦明堂古瓷标本博物馆在陈列区旁开辟了品茶空间和售茶空间，使得人们既可以品茶又可以参观（图10-5）；中华民族博物馆则利用沿街空间修建综合建筑设施，出租给商场和饭店经营（图10-6）；御生堂中医药博物馆在博物馆楼上二三层空间设计了中医养生馆用于有偿服务；紫檀博物馆在其后院修建了紫檀家具加工区和紫檀文化交流区；观复古典艺术博物馆则实行会员制度，在博物馆一侧特地为会员开辟了专属区域用于座谈、休闲。入会者每人每年缴纳一定会费，可定期举办沙龙和鉴定会等，此外还将为家具馆陈列空间的冠名权有偿给予了外资公司。另一种是和私人的相关公司开办在一起的博物馆，这类博物馆一般紧邻公司办公空间，公司经营内容与博物馆收藏主题相关，两者相得益彰。如北京

图 10-4
崔永平皮影艺术馆室内小剧场

图 10-5
睦明堂古瓷标本博物馆室内开辟品茶空间

图 10-6
中华民族博物馆沿街作为商场出租

图 10-7
百年老电话博物馆与某通信公司开办在一起

百年老电话博物馆（图 10-7）和某通信公司两者合用在一办公楼中，通信公司主要经营销售电话业务，同时通过博物馆提升了自己的企业知名度，同时靠回收各类老电话获得了博物馆藏品。

展示空间＋非固定空间模式包括网站、报刊、巡展等。在当今信息社会中，私人博物馆不满足于实体的物质展示，逐渐开始利用网络来宣传介绍自己，扩大自身的影响力。随着互联网的普及，人们足不出户就可以了解到私人博物馆的收藏内容。在目前的私人博物馆中，有 11 家设立了网站进行对外宣传，取得了良好的效果。如紫檀博物馆在网站上推出了虚拟博物馆"360°三维全景虚拟游览"等。各博物馆还积极利用报刊新闻、电视采访等多媒体空间的作用，广泛进行宣传，扩大自身的社会影响力。

此外，部分私人博物馆还定期举行巡展，如观复古典艺术博物馆在杭州和厦门设有分馆，藏品定期举行巡展；崔永平皮影艺术博物馆的馆长夫妇则亲自到国外举办过多场皮影艺术展示及表演，深受国外参观者好评，起到了弘扬民族文化的作用。

建筑造型

北京的国有博物馆往往体现了国家的意志和城市的形象，因此在建筑造型上往往追求形式的艺术表现力，不少国内外知名建筑师担纲设计。与此相对应的是，北京私人博物馆在建筑设计中往往缺少建筑师的参与，基本由收藏者本人设计，因此收藏者的艺术审美水准直接反映到建筑形象上来。在 16 座博物馆中，明清式仿古建筑风格成为了建筑审美的主流。设计师运用了垂花门、花窗、彩绘、天井等古典元素。这些博物馆包括紫檀博物馆、胡同张老北京民俗博物馆、科举牌匾博物馆、松堂斋民间雕刻博物馆、古陶文明博物馆等。现代简洁风格的博物馆有老甲艺术馆、金台艺术馆、观复古典艺术博物馆。其余的博物馆限于选址或审美的限制，建筑造型相对较弱，风格含混。总之，目前的北京私人博物馆在设计审美上还处于萌芽阶段，水平有待进一步提高。

结语

总体来说，北京的私人博物馆在空间分布上体现出随机性的特点，建筑造型特色还不够突出。尽管如此，私人博物馆已经显示出了较强的活力，体现在灵活的内部功能类型以及个性化的收藏品种等方面。今天，北京的私人博物馆已经登上了历史舞台,成为博物馆大家族中的重要一员。可以预见，私人博物馆将在北京城市空间中扮演越来越重要的角色。■

（本文中中国马文化博物馆图片来源于 news.xinhuanet.com/.../28/content_889988.htm，北京老爷车博物馆图片来源于 auto.qq.com/a/20060530/000107.htm，其余均为秦臻绘制或拍摄。）

（本文发表于《建筑创作》，2007 年 12 月刊）

11

PRIVATELY-OWNED MUSEUMS IN BEIJING

By Qin Zhen and Zhu Wenyi

Private collection in Beijing dates back to 800 years and saw its heydays in the 20th century. The long history of private collection has enabled the city to take the leading place in China's collection field. Over the past two decades in particular collection has gained increasing popularity among ordinary people in Beijing and some have even run privately-owned museums.

In China, privately-owned museums refer to museums founded by individuals or private businesses and licensed by the government. In 1996 four privately-owned museums obtained licenses from Beijing Municipal Bureau for Cultural Heritage becoming the first privately-owned museums since the founding of new China in 1949. In 2001 the Regulations of Beijing Municipality on Museums was promulgated the first law of new China encouraging individuals to found museums. In 2002 the PRC Law on the Protection of Cultural Relics was endorsed which defines the legal status of private collection of cultural relics and thus provided legal guarantee for the establishment of privately-owned museums. On January 2006 the Rules on the Administration of Museum was proclaimed by the Ministry of Culture and came into effect which prescribes. "The state supports and develops museum, undertakes and encourages individuals, legal persons and other organizations to establish museums."

According to statistics, there are so far 20 officially registered privately-owned museums in Beijing since the first one was approved in 1996, among which 16 are open to public. These privately-owned museums epitomize development of private collection in Beijing. They are still in their initial stage in terms of scale and number, but they represent the direction of museum development of Beijing.

Privately-owned museums in Beijing focus more on personalized collections which are complementary to collection scopes of state-owned museums—the ancient ceramics museum, the museum on imperial examination boards and the museum on folk carvings, to name a few. There are also museums that display artists' works, such as Jin Tai Art Museum and Lao Jia Art Museum. Some privately-owned museums have relatively large scale and complete scope of collection for they are sponsored and founded by the museum directors themselves who are particularly interested in a special subject, such as China Red Sandalwood Museum and Chinese Ethnicity Museum.

As public venues to provide cultural service to ordinary people, museums are not-for-profit organizations. But privately-owned museums have no access to financial support of the government and can hardly survive only on ticket incomes. Some privately-owned museums have even been closed. "No museums in Beijing have ever gained profit, even for the Palace Museum which have much more visitors, expenses on collection maintenance and heritage restoration are several times as much as its ticket incomes. The state earmarked huge funds to the Palace Museum every year. Privately-owned museums, since they have no government grants, are really in hard conditions," said Shu Xiaofeng, Director-General of Beiiing Municipal Bureau for Cultural Heritage.

Faced with financial straits, many Privately-Owned museums

tried to find ways out to expand their business scopes. In addition to their routine exhibition spaces, supplementary functions are offered to attract more visitors and clients.

Exhibition space plus studio: museums provide not only venues to display but space to create. For example, Lao Jia Art Museum consists of two sections: artist Jia Shaoy's studio and the exhibition hall. The shadow play museum founded by Cui Yongping includes both the exhibition on shadow play-related exhibits and a mini theatre to present shadow plays on a regular basis.

Exhibition space plus commercial space: Many privately-owned museums tend to adopt this approach. For example, Mumingtang Porcelain Samples Museum puts aside a special section for tea sales and tea drinking. Chinese Ethnicity Museum leases its buildings facing the street to shops and restaurants. Yushengtang Chinese Traditional Medicine Museum offers charged healthcare service on its second and third floors. China Red Sandalwood Museum sets up a furniture processing area and a special space for cultural exchange on red sandalwood. Guanfu Classical Art Museum provides membership service. Museum members pay annual membership fees and have rights to attend saloons and appraisal meetings on a regular basis. In addition, some privately-owned museums are founded in partnership with private enterprises and their exhibition subjects are relevant to the enterprise's products. For instance, Beijing Centennial Old Telephone Museum is located in a telecom company's office building. The company thus can promote its brand name through the museum and obtain collections for the museum by recycling old telephone machines.

Exhibition space plus non-fixed space (the Internet, press and traveling exhibition): 11 privately-owned museums in Beijing have launched their websites and China Red Sandalwood Museum even released three-dimension visual tours of the museum. Privately-owned museum also tried to expand their social impacts by means of press and TV. In addition, Guanfu Art Museum sets up branch museums in Hangzhou and Xiamen and organizes traveling exhibitions on a reguarl basis. Cui Yongping Shadow Play Museum even run exhibition abroad, which have attracted praises and applauses.

(Published in CULTURAL EXCHANGE,FEB.2008)

12

古玩市场与北京城

秦臻　朱文一

概述

北京作为六朝古都，具有悠久的历史文化，一直是北方乃至全国的政治经济文化中心，大量的达官显贵、文人墨客聚居于此。丰厚的历史人文积淀为北京的民间收藏奠定了坚实的基础。如今，北京拥有全国数量最多、规模最大的古玩艺术品市场（图 12-1、图 12-2）。古玩市场吸引了全国各地的收藏爱好者和海外人士前来光顾，同时很多人将北京的古玩市场看作是了解中国以及京城历史文化的窗口。北京《"十一五"时期文物、博物馆事业规划》明确指出："实现首都北京不仅具备适应国际艺术品交易的顶级高端市场，同时也有满足各类爱好者和收藏者需要的大众市场的发展目标。活跃和繁荣古玩艺术品流通市场。到 2010 年，争取将北京建设成国际古玩艺术品交易中心之一"。

古玩是指"古代流传下来的可供玩赏的器物"（《现代汉语辞典》）。民国赵汝珍《古玩指南》中说："古玩者，古人遗留器物，可为文人之珍玩者。按字面言之，似有轻忽之义，宛如古代玩物也。其实并非玩物，乃历代宝物也。玩者，乃保有者自谦之意耳。明乎此，则知古玩之所包括矣。凡古代遗存之宝贵珍奇，均属之。"市场是指"把货物的买主和卖主集中组织在一起进行交易的地方"（《现代汉语辞典》）。按照字面意思解释，古玩市场即是"古玩交易的场所"。

而事实上，当代北京古玩市场这一概念并非如此简单。这其中有两点，其一是古玩经营与文物管理之间的矛盾。2002 年新颁布的《中华人民共和国文物法》明确规定："除经批准的文物商店、经营文物拍卖的拍卖企业外，其他单位或者个人不得从事文物的商业经营活动"，文物属于不可以在古玩市场交易的物品。但是由于文物认定的复杂性和相对不确定性，

潘家园旧货市场　　　　　北京古玩城　　　　　天雅古玩城

报国寺收藏品市场　　　　亮马收藏品市场　　　　海王村古玩市场

程田古玩城　　　　　博古艺苑古玩工艺品市场　　中古商国际收藏品俱乐部

图 12-1　综合古玩市场纵览

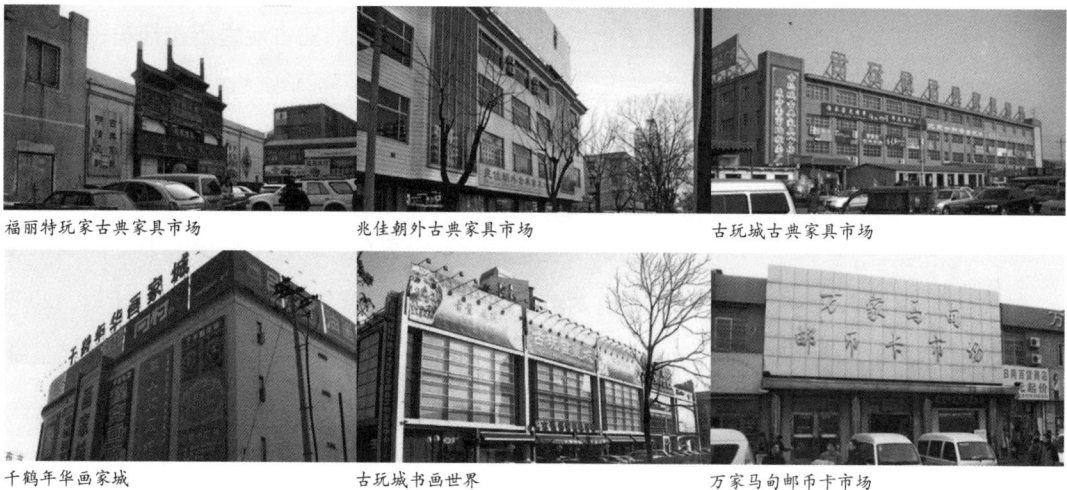

福丽特玩家古典家具市场　　兆佳朝外古典家具市场　　古玩城古典家具市场

千鹤年华画家城　　　　　古玩城书画世界　　　　万家马甸邮币卡市场

图 12-2　专业古玩市场纵览

古玩市场中的古玩到底有多少属于文物以及属于哪一等级的文物，至今仍有争议。其二是古玩类型的多样化。在古玩市场可以看到，其经营的种类除了古旧艺术品以外，也有现代工艺品、字画、古典家具、邮币卡、各类仿制品等，涵盖了各种收藏品的范畴。市场名称也五花八门，有称为"古玩市场"的，也有称为"旧货市场"的，还有称为"收藏品市场"的。因此，有鉴于此，当代古玩市场可以定义为：经营出售除国家文物❶之外的各类古玩收藏品的市场。

北京的古玩市场历史悠久，旧京时代以琉璃厂海王村、大栅栏、天桥、隆福寺等地区最富盛名，其最突出的特色就是民间力量的主导作用。早在明代，古玩业已经形成了独立的行业。1909年，北京成立了古玩行商会，1931年古玩行商会改名古玩业同业工会。1949年以后，随着私营经济的消失，以及文物禁止在民间流通的法令颁布，古玩市场逐渐萎缩，并为国营文物商店所取代，其功能也在于为国家收购文物。进入20世纪80年代以后，随着改革开放和人民生活水平的提高，人们对精神生活就有了更高的要求，"盛世话收藏"，民间收藏事业开始复苏，新的文物法肯定了民间收藏文物的合法性，这为民间收藏市场的发展打开了大门。收藏者和古玩拥有者都迫切需要一个平台来流通收藏品。于是，古玩市场又如雨后春笋般地在北京发展起来，经过十余年的发展，形成了较大

---

❶ 《中华人民共和国文物保护法》第一章第二条规定，在中华人民共和国境内，下列文物受国家保护：（一）具有历史、艺术、科学价值的古文化遗址、古墓葬、古建筑、石窟寺和石刻、壁画；（二）与重大历史事件、革命运动或者著名人物有关的以及具有重要纪念意义、教育意义或者史料价值的近代现代重要史迹、实物、代表性建筑；（三）历史上各时代珍贵的艺术品、工艺美术品；（四）历史上各时代重要的文献资料以及具有历史、艺术、科学价值的手稿和图书资料等；（五）反映历史上各时代、各民族社会制度、社会生产、社会生活的代表性实物。

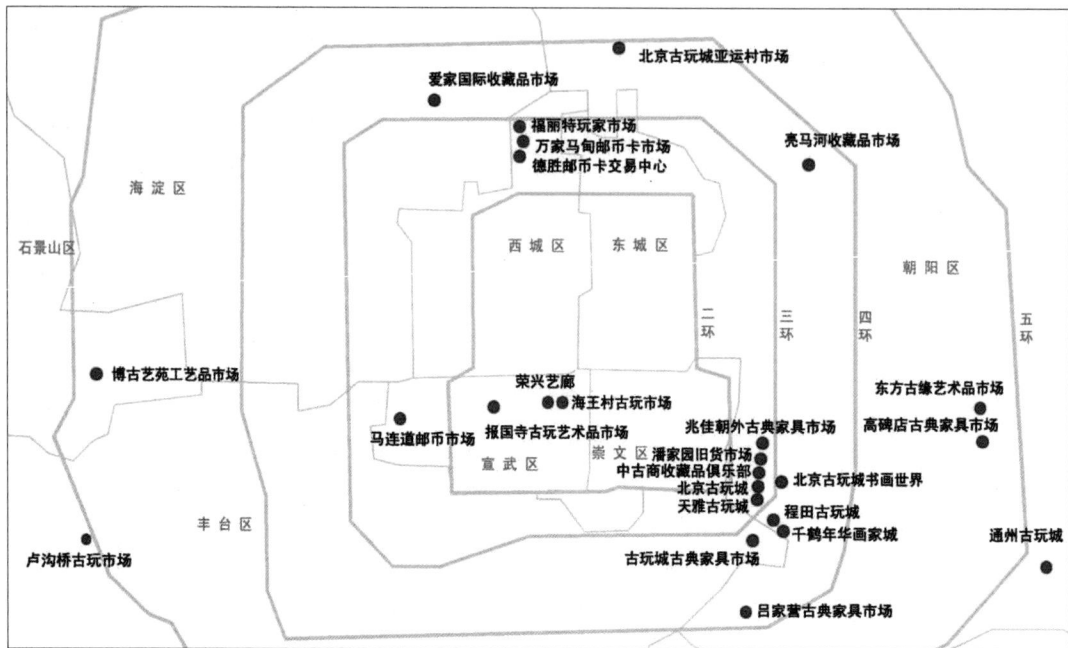

北京古玩城亚运村市场
爱家国际收藏品市场
福丽特玩家市场
万家马甸邮币卡市场
德胜邮币卡交易中心
亮马河收藏品市场
海淀区
石景山区
西城区　东城区
朝阳区
二环
三环
四环
五环
博古艺苑工艺品市场
荣兴艺廊
海王村古玩市场
东方古缘艺术品市场
马连道邮币市场
报国寺古玩艺术品市场
兆佳朝外古典家具市场
高碑店古典家具市场
宣武区
崇文区
潘家园旧货市场
北京古玩城书画世界
中古商收藏品俱乐部
北京古玩城
丰台区
天雅古玩城
程田古玩城
通州古玩城
卢沟桥古玩市场
千鹤年华画家城
古玩城古典家具市场
吕家营古典家具市场

图 12-3
市域分布图

的市场规模。据统计，目前北京各类古玩市场共有 25 个。❶

分布特征

北京的古玩市场大多数位于五环内，在总体布局中显示出市场与城市经济生活的密切关系，同时都具有较为便利的交通（图 12-3）。其中朝阳区最多，其次是宣武区。古玩市场同时在局部又显示出区域集中的特点。从分布上主要集中分布在几个重要区域，分别是潘家园地区、宣南文化地区、北三环地区。

潘家园地区位于北京城东南区域，狭义上是指潘家园街

❶ 古玩市场名录依据工商企业信息查询系统——名索网www.mingsuo.com登记的市场名称，并结合北京市文物局网站所登记的文物监管市场，以及《北京文物志》相关记载，共计25个。

道所辖的 2.3 平方公里区域，广义上是指包括潘家园地区和十里河地区所涵盖的范围。这里的古玩市场有：潘家园旧货市场、北京古玩城、天雅古玩城、程田古玩城等。目前以潘家园旧货市场为区域龙头。该地区历史上处于城乡结合部，城市管理较为疏松、交通方便。由自发市场逐渐走向正规管理，最后形成文化产业园区。

宣南文化地区位于内城南城区域，其范围主要沿两广路分布。这里的古玩市场有：报国寺古玩艺术市场、海王村古玩市场等。该地区历史上是著名的宣南文化区域。琉璃厂早在明清时期就已颇具规模，随着时代发展，琉璃厂文化街的城市功能得到发展。报国寺收藏品市场则是在 1997 年正式开始营业，该市场利用报国寺寺庙作为收藏市场，定期举办各种收藏交流活动，具有很强的民俗性特征。

北三环地区主要沿京城北三环一带分布。这里的古玩市场有：爱家国际收藏品市场、北京古玩城亚运村市场、福丽特玩家市场、亮马河收藏品市场等，出现在 20 世纪 90 年代中后期至今。该地区为新兴的古玩市场，多为某些私人公司或集团斥资专门建造。

从古玩市场经营的收藏品类型可将北京古玩市场分为综合市场和专业市场。其中综合市场经营种类众多，专业市场以某类收藏品为主要经营内容，如古典家具、邮币卡、字画等。

综合古玩市场经营种类齐全，不仅仅包括传统的古玩类型如书画、瓷器、铜器等，[1]而且还有新的收藏种类，如徽章、票证、扑克、电话卡等。综合市场在古玩市场中占有很大比例，

---

[1] 民国赵汝珍《古玩指南》将古玩分为"书画、瓷器、铜器、古钱、宣炉、古铜镜、玉器、砚、古墨、古书、碑帖、各代名纸、古代砖瓦、偶像、印章、丝绣、景泰蓝、漆器、宜兴壶、珐琅、料器、法花、牙器、彩墨、笔格、竹刻、扇、木器、名石等"数十类。

在 25 个古玩市场中有 16 个。其中较为著名的有潘家园旧货市场、北京古玩城、报国寺古玩艺术品市场等。如潘家园旧货市场经营包括仿古家具、文房四宝、古籍、字画、旧书刊、玛瑙玉翠、陶瓷、中外钱币、竹木牙雕、佛教信物、民族服装、服饰、文革遗物及生活用品等。在功能上，综合市场体现出功能的多样性，包括定期举办各种收藏讲座、展览，开展拍卖会等（图 12-4）。

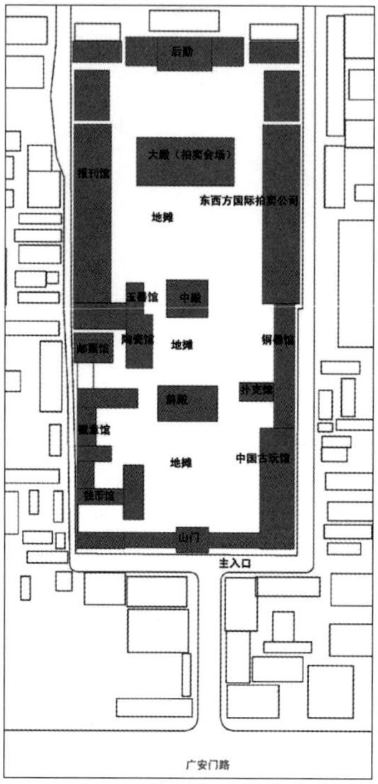

对于某种需求量较大的收藏类型，经营者单独开辟形成专业市场。目前北京的专业市场共有 9 个，可以分为三种：古典家具市场、邮币卡收藏市场、书画市场。这些市场的特征就是主要以经营某一两类型的收藏品为主，功能相对单一。

古典家具市场：古典家具的特殊性在于它既可收藏也可使用，近年来受到人们的青睐。这类市场的特点在于商家利用市场空间作为展示销售藏品的平台，而在市场外则有专门的加工厂收购站负责收购、加工各类古旧家具。古典家具市场重要的有吕家营古典家具市场、高碑店古典家具市场、分钟寺古玩城古典家具市场。

邮币卡市场：邮票、钱币、各种卡类既有实用性又有观赏性，同时也便捷携带。其中最早兴起的是邮市，在 20 世纪 80 年代末期，京城曾盛行过集邮热。当时最为著名的市场莫过于月坛邮市。20 世纪 90 年代以后，集邮热有所消退，邮市逐渐演变成为邮币卡市场。邮币卡市场的摊位空间一般都很小，只有 3 平方米至 10 平方米。目前北京共有 3 个专业邮币卡市场，其中重要的有万家马甸邮币卡市场、德胜邮币卡交易中心、马连道邮币市场等。

书画市场：书画市场经营古旧书画或当代书画，在书画市场中，商家往往利用店铺空间一角设置画室或工作室，或

图 12-4
报国寺古玩艺术品市场平面图

请来一些艺术家前来作画,给人以较强的现场感。重要的有古玩城书画世界、琉璃厂书画市场等。

空间形态

古玩市场从城市空间角度可分为独立型和嵌入型两类。

独立型古玩市场具有独立的城市空间形态并直接面向城市公共空间,具体可以分为独院型和独栋型。独院型通常对外较封闭,对外形象较为单一,在四周有围墙相隔,通过大门入口与外界联系,而内部空间较为丰富和复杂。此种形式体现了京城传统的大院特征。其中的建筑内设置为固定店铺,建筑围合的室外院落则通常为地摊所占据,室内外空间连为整体,如潘家园旧货市场、报国寺古玩艺术品市场等。独栋型则直接由城市公共空间进入,具有独立的建筑空间意象,建筑立面往往贴有大幅的收藏品广告,配以霓虹灯,在名称上经常冠以"古玩城"的字样,如北京古玩城、天雅古玩城等。

嵌入型古玩市场在空间上嵌入到其他类型的建筑中。一种是嵌入到某一街道,与其他沿街的文化建筑比邻而建,共同形成线性系统。其建筑意象表现为朝向商业文化街的沿街立面,如海王村市场与荣兴艺廊等古玩市场与琉璃厂文化街的书店、画廊、古玩店等共同构成整体系统。另一种是嵌入到某一建筑物中,如德胜邮币交易中心租用某商住楼裙房作为市场用地。

建筑造型

古玩市场从自发形成到初具规模,其建筑造型也经历了从无设计到有设计的阶段。自发形成时期仅仅满足市场的功能需要,租用临时场地、利用简易货棚,缺乏建筑师的参与。

随着古玩市场的发展，古玩市场逐渐在造型上开始有所设计，主要以明清北方仿古建筑风格为主，如琉璃厂古玩市场、潘家园旧货市场、博古艺苑工艺品市场等都采用了这类风格。琉璃瓦屋顶、垂花门等元素的使用，在一定程度上体现出传统的京味文化。

近年来，随着设计观念的多元化，古玩市场逐步出现了将收藏文化元素抽象化、与建筑形态相融合的新式造型，如2007年落成的天雅古玩城，立面采用特殊的象形文字作为装饰外墙。在建筑沿街立面顶部则采用了各类收藏品造型，产生了独特的城市意向。北京古玩城立面改造，拆除了原有的普通玻璃幕墙，设置了带有传统文化符号样式的幕墙，突出了古玩市场的文化特色。古玩市场建筑造型的突破，为古玩市场的建筑空间特色开创了新的局面（图12-5、图12-6）。

图 12-5
北京古玩城立面意象

图 12-6
天雅古玩城立面意象

结语

通过对北京古玩市场的调查分析，可以发现古玩市场从一开始的自发形成状态发展成为民间与政府共同参与的状态，并形成了数个聚集区域，在北京城市中已经具备了一席之地，藏品种类也日趋丰富，功能各具特色，逐渐满足了大众收藏队伍的不同层次、不同需要的收藏需求。同时，古玩市场也存在着不少问题，如整体格调不够高、与城市的关系较为生硬、管理水平较低等，都有待于进一步改善提高。

北京《"十一五"时期文物、博物馆事业规划》指出："拟订《北京市文物（古玩）流通管理办法》。深入研究对文物艺术品交易市场和拍卖企业的扶持政策，扭转单纯靠'管'的行政意识，将为市场服务作为第一要务，促进古玩艺术品交易业主体的发展，整顿和规范文物流通秩序，完善文物鉴定、登记和行政许可制度和工作程序，规范古玩艺术品流通市场和经营主体的业务活动。"这标志着古玩市场进入了新的发展时期。随着文化品位的不断提升，古玩市场将成为北京城的新名片。■

（本文发表于《建筑创作》，2008 年 3 月刊）

13

CURIO MARKETS IN BEIJING

By Qin Zhen and Zhu Wenyi

Beijing enjoys a long history as the capital of six dynasties in ancient China. Historical and cultural legacies accumulated over the sweep of history have made it possible to develop a booming private collection market. So far the city sees the largest number of curio and antique markets in China, attracting numerous curio patrons from home and broad. From these curio markets, visitors can have a better understanding of the city's history and culture.

Beijing's curio market dates back to the Ming Dynasty (1368—1644) when the curio industry was already an independent business sector. Liulichang, Dashilan, Tianqiao and Longfusi were the most famous curio markets in old Beijing. In 1909 a chamber of commerce for the curio business was established in Beijing and it was renamed into the trade union for the curio business in 1931.

Private collection revived in the 1980s as China opened its door to the outside world and people's living standards saw uplift. Curio markets thus burgeoned in every corner of Beijing and witnessed a rapid growth. According to statistics, there are 25 curio and antique markets in Beijing now.

Most of curio markets in Beijing are located within the 5th loop road, with convenient traffic offered and being distributed in three major areas, namely Panjiayuan, Xuannan and the north 3rd loop road.

Panjiayuan is located in the southeast part of Beijing. Within the area there are Panjiayuan Secondhand Market, Beijing Curio City, Tianya Curio City and Chengtian Antiques City. The most famous is Panjiayuan Secondhand Market where secondhand goods, handicrafts, collections and ornaments are traded. The area has now developed into a landmark district for the curio industry.

Xuannan is located in the southern part of Beijing, with most curio markets distributed along Liangguang Road such as Baoguo Temple Collection Market and Haiwang Village Market. The area used to be a famous cultural district in old Beijing. For example, Liulichang was a famous antiques street as early as in the Ming and Qing dynasties. Baoguo Temple Collection Market, officially opened in 1997, launched a variety of collection events on a regular basis.

Curio markets along the north 3rd loop road primarily include Aijia Collection Market, the Asia Games Village Market of Beijing Curio City, Fulite Antiques Market and Liangmahe Collection Market. This area is a new destination for curio patrons, with most markets founded by private companies in the late 1990s or the early 21st century.

Curio markets fall into two major categories: the comprehensive and the professional. And professional markets can be divided into three subtypes targeting classical furniture, stamps, coins and cards, and calligraphies and paintings respectively.

Comprehensive market covers a complete scope of items, including not only curios such as calligraphic and painting works, porcelains and bronzes, but also modern items like badges, tokens and tickets, pokers and telephone cards. Out of the 25 curios markets in Beijing, 16 are comprehensive ones, the most famous of which include Panjiayuan Secondhand Market, Beijing Curio City and Baoguo Temple Collection Market. For example, items traded in Baoguo Temple include study treasures, ancient books, calligraphic and painting works, old publications, ceramics, badges, stamps, remaining objects from the Cultural Revolutions and coins. In addition, various types of lectures, exhibitions and auction fairs take place on a regular basis.

Professional market caters to the need for a particular type of collected objects. So far there are 9 professional markets in Beijing, which can be divided into three subtypes targeting classical furniture, stamps, coins and cards, and calligraphies and paintings respectively.

Market on Classical furniture can be used for both private collection and home decoration purposes. It is gaining growing popularity in recent years. Booth clients display and sell their furniture in the market while they have their own processing factories and purchase outlets to be responsible for furniture purchasing and processing. Major markets in this kind include Lujiaying, Gaobeidian and Fenzhongsi.

Market on stamps, coins and cards have both practical and artistic values and are portable. Stamp market boomed in the 1980s when stamp collection fever prevailed the whole city. The most famous market then was in Yuetan (Moon Altar). The stamp collection fever receded in the 1990s and coin and card collection joined. A booth in this kind of market is usually only 3 to $10m^2$. There are so far three major markets on stamp, coin and card collection, located in Madian, Deshengmen and Maliandao respectively.

Market on calligraphies and paintings as studios are often set up within booths where artists are invited to make creations on the spot.

The major markets of this kind include the calligraphy and painting world in Beijing Curio City and the calligraphy and painting market in Liulichang.□

(Published in CULTURAL EXCHANGE,MAR.2008)

14

北京潘家园旧货市场考察

秦臻 朱文一

一提到北京的古玩艺术品市场，人们首先就会想到潘家园旧货市场。在目前北京众多的古玩艺术品市场中，潘家园旧货市场无疑是北京乃至全国最重要的古玩市场之一。潘家园旧货市场的兴盛，与北京作为中国文化中心的地位是休戚相关的。作为六朝古都的北京，拥有丰富的文化遗产和文物宝藏。北京的城市特点，决定了北京作为全国古玩艺术品中心不可取代的地位，潘家园旧货市场正是在这样的背景下走向繁荣的。而在十余年以前，潘家园地区还非常荒凉，经过这些年的发展，潘家园旧货市场已经发展成为综合的古玩艺术品市场，拥有古玩商铺3000余家，从业人员近万人，双休日交易额达到百万元，每年的营业额达数亿元之巨，并于2004年被北京商务局命名为北京首个"特色市场"。潘家园旧货市场业已成为北京的城市新名片，成为新北京文化特色的载体。民间甚至还有"登长城、吃烤鸭、游故宫、逛潘家园"的说法。这里吸引了数万的顾客及游客，其中有许多来自海外。笔者曾于2007年12月8日对进入市场的人数进行了统计，在10:30～11:00这半小时内共有1647人进入市场，其中国外游客约160人。

4.3平方公里的潘家园地区拥有潘家园旧货市场、北京古玩城、古玩城书画世界、天雅古玩城等八个较具规模的古玩市场，成为北京文化创意产业园区之一。随着人文奥运的深入进行，以及北京"十一五"规划中提出将北京建成"中国古玩艺术品交易中心"的目标，潘家园旧货市场赢得了宝贵的时代机遇。本文正是在这样的时代背景下，力图通过城市和建筑的视角，从分布特征、演变轨迹、空间形态、功能构成、存在问题等方面考察北京潘家园旧货市场，分析其形成和发展的空间规律（图14-1）。

图 14-1
潘家园旧货市场平面图
(根据 Google Earth 卫星地图改绘)

区位特征

潘家园旧货市场所在的区位有几种特征，这些特征成为潘家园能够在短短十余年间自发产生并发展的重要条件。

首先，潘家园旧货市场地处北京旧城的南部区域。历史上北京城南部民间收藏业十分繁荣，如琉璃厂、大栅栏、天桥等地在清代民初就成为了北京民间收藏地的代表，丰厚的文化积淀与文化传统为北京南城的民间收藏发展提供了历史渊源和孕育的土壤。

其次，潘家园旧货市场的前身是明清时期的窑场"潘家窑"，位于旧城左安门外约 2 公里。由于在历史上位于城乡结合部，人口混杂，管理也相对滞后，而且 20 世纪 80 年代以前该地区城市建设相对北京其他地方要落后得多，仍有大量的空置土地。既紧邻旧城，又有大块空地，管理相对宽松的区位条件，为潘家园旧货市场的出现提供了契机。

再次，潘家园旧货市场坐落在北京东南二环和东南三环之间，距离北京站约 4 公里，距京津塘高速公路约 1 公里，具有非常便利的交通条件。京津塘高速公路为来自天津、河北的商贩提供了便捷的交通，而火车站则为外地的摊商和收藏者提供了顺畅的流线。另外一部分摊商和外地收藏者下火车后也能很方便的到达此处，此外周边的行车交通也十分便利，由二环和三环都可以很顺畅的到达。

最后，潘家园旧货市场处在朝阳区（图 14-2）。一个自发产生的市场仅仅依靠市场本身还是不够的，政府的态度也是很关键的。政府提供相对宽松的政策，对旧货市场的健康发展起到了重要作用。相比较而言，朝阳区在引导民间文化发展方面是走在北京前列的，从一开始的默许发展到现在的鼓励和积极策划。至 2008 年，朝阳区已拥有北京 18 个文化创意产业聚居区中的 5 个，这 5 个园区之中多是由民间力量自发形成、政府合理引导发展的，如 798 艺术区等。

演变轨迹

潘家园旧货市场可以说是在民间自发和政府引导的共同作用下发展起来的，其演变轨迹可分为三个阶段（图 14-3）。

自发地摊时期从 20 世纪 80 年代中期至 20 世纪 90 年代初期。这一时期北京涌现出了一批民间自发形成的地摊式的古玩市场，如荷花市场、月坛市场等。而潘家园地区的华威路两侧也自发出现了地摊式经营的商户，并且规模也不断扩大。

退街进场时期从 20 世纪 90 年代初期至 20 世纪 90 年代后期。由于自发地摊一度成为脏乱差、文物贩卖的问题地区，

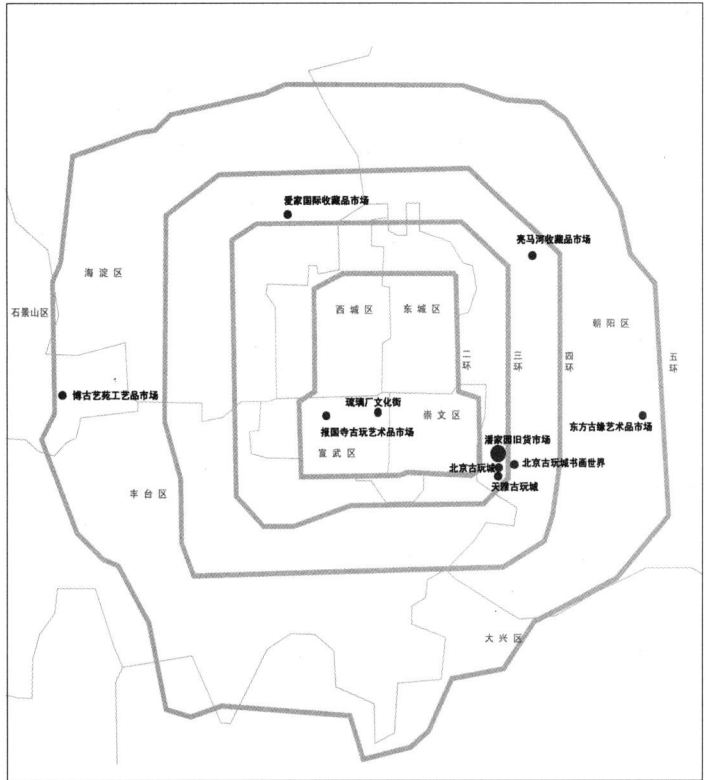

图 14-2
潘家园旧货市场城市区位图

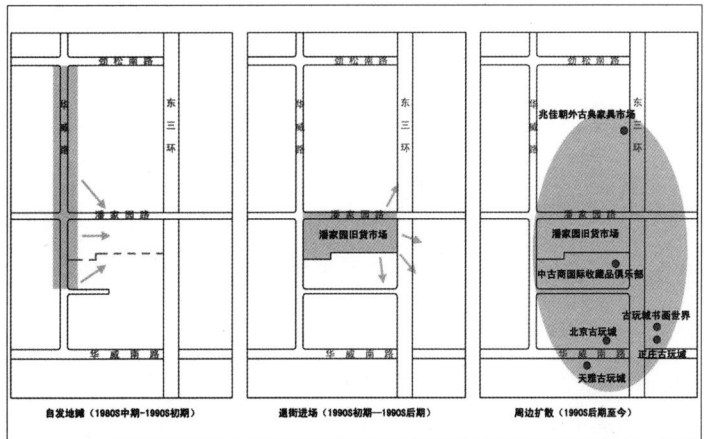

图 14-3
潘家园旧货市场演变轨迹图

在朝阳区政府的管理规划下，古玩商户开始被引导进入华威路东侧一开阔空地中；1995 年修建了围墙和简易的水泥货摊；1999 年，重新规划了 252 间仿古建筑，四个露天大棚，一个收藏展览大厅，形成了现在的格局。

随着周边地区收藏市场的发展，一些有实力的组织开始在周边修建古玩市场。政府借势将其定位为北京创意文化园区，形成了颇具规模的潘家园旧货市场。短短十余年间，北京古玩城、古玩城书画世界、天雅古玩城、正庄古玩城等数个古玩市场也先后形成规模。

空间类型

从潘家园旧货市场民间收藏的类型，可将其分为地摊型和店铺型两类，这两类空间共同构成市场空间，其中地摊型处于主要地位，店铺型处于次要地位。

地摊型空间形成于潘家园旧货市场初期。商摊主要依靠地摊型经营。一般来说，摊商划定空间领域的方法是在地面上铺一块布，将古玩展于其上。摊商席地而坐，收藏者往往会弯下腰来或蹲下身去"寻宝"。这种简单快捷，便于"游击"的经营方式在当时十分有利于古玩艺术品商摊的生存。从收藏者选古玩的心理上讲，从地摊上更容易发现惊喜，地摊形式也更民俗化、更亲切。

地摊型空间被纳入市场的规范化发展中，一直处于空间主导地位。至 2008 年，市场共有地摊 2500 余个，其构成模式可以划分为三种：大棚地摊、广场地摊、街巷地摊（图 14-4）。需要指出的是，地摊型空间有很强的时间性，仅存在于周末。

店铺型空间具有固定的铺面和独立的室内经营场所，并且可以利用室外窗台和地面摆起货摊作为室内空间的延伸

实景照片

立面示意图

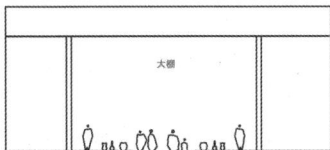 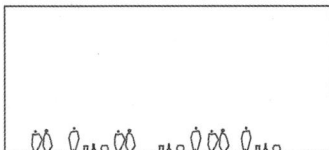 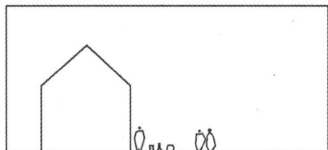

平面示意图

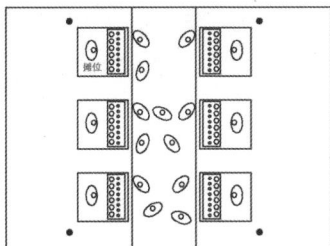 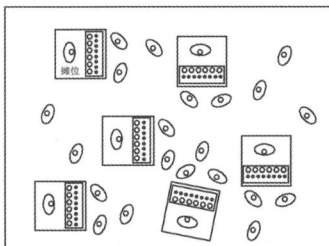 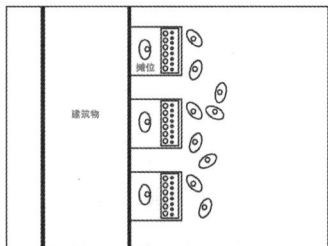

模式1：大棚地摊　　　　模式2：广场地摊　　　　模式3：街巷地摊

图 14-4
潘家园旧货市场地摊型空间模式

图 14-5
店铺型空间

（图 14-5）。相比地摊型空间，店铺型空间显得更为正式和专业，但在潘家园旧货市场中并不占主导地位，反而是依附于地摊型空间而存在。潘家园旧货市场发展的实际状况也是先有地摊型空间，后有店铺型空间。至 2008 年共有店铺约 500 余户。店铺型空间在平日的时间里经营状况一般，但在周末，随着地摊的大量进场，人气大增，同时带活了店铺型空间。

空间特色

潘家园旧货市场呈现出假日经济的特征。尽管市场全年营业，但在平时则显得较为冷清，大棚及广场上鲜有商摊，建筑内部也少有人光顾，每天只有千余人。而到了周末则完全是另外一番景象。周六周日两天中，潘家园旧货市场人山人海，非常热闹，几乎每处角落都挤满了人。摊商见缝插针摆摊，收藏爱好者也喜爱四处搜寻（图14-6）。这种现象和文化市场的特性有关：古玩艺术品市场属于收藏爱好者及旅游者爱好的场所，收藏家大都是业余爱好者，平时没有时间，而周末正值休息，是淘宝的最佳时间。潘家园旧货市场迎合了消费者的需求，在20世纪90年代曾一度被命名为"星期天市场"。

"鬼市"，又称"晓市"，是指人们利用早晨天还未亮之时进行交易的市场。早在宋代，中国就有鬼市，据宋代《东京梦华录》记载：又东十字大街，曰从行裹角，茶坊每五更点灯，博易买卖衣物、图画、花环、领抹之类，至晓即散，谓之"鬼市子"。北京的鬼市在清末民初时以宣武门鬼市和德胜门鬼市最为有名。"鬼市"这一现象在1949年以后逐渐消失，直至20世纪80年代以后才又开始出现。潘家园旧货市场从开市之初就具备了这种特点，并延续至今，成为了市场正常营业时间的一部分。在潘家园旧货市场门口的牌子上赫然写着"周末营业时间4:30~17:00"。在周末，早晨4点半时，市场大棚中就已经灯火通明，摊商开始陆陆续续的进场占位，收藏者也逐渐走进市场来"捡漏"，到6点多钟时已经呈现出熙熙攘攘的景象。不少人还拿着手电筒在仔细端详手中的"宝贝"（图14-7）。

潘家园旧货市场已经形成了复合空间。作为综合型古玩旧货市场，其经营内容非常多而杂，是一座典型的收藏文化"大

图 14-6
平时与周末人流对比鲜明

图 14-7
"鬼市"
（摄于 2007 年 11 月 18 日早 6：00）

观园"。从收藏品类型上可以分为：仿古家具、文房四宝、古籍、字画、旧书刊、玛瑙玉翠、陶瓷、中外钱币、竹木牙雕、佛教信物、民族服装、服饰、文革遗物及生活用品等。经营者也来自五湖四海，主要有北京、天津、河北、河南、广西、江西等 24 个省、市、自治区，涉及汉族、回族、满族、苗族、侗族、维吾尔族、蒙古族等十几个民族。从建筑功能上说，潘家园旧货市场可以分为古玩店、画廊、拍卖所、收藏馆等几种类型。

潘家园旧货市场还经常面向社会定期举办各种临时展览、讲座和收藏博览会。如在 2007 年举办的第三届连环画交易会、民间瓷器收藏精品展、连环画交易会等会展以及中国瓷器的收藏与鉴赏、艺术品的收藏与投资等讲座（图 14-8），为收藏爱好者提供了交流展示交易的机会，提高了市场的文化品味。

存在的问题

界面单一（图 14-9）是潘家园旧货市场存在的问题之一。潘家园旧货市场的城市形象并不突出，与城市的关系也显得较为生硬。人们从周边道路到达潘家园地段时，看不到突出的

图 14-8
潘家园民间收藏展卖会

图 14-9
市场与街道关系生硬

建筑意象，只有隐藏在树后的灰色的、没有装饰的砖墙，砖墙将市场与街道生硬的阻隔开来。其外部形象只有通过北侧和东侧的大门有所反映，但与其突出的文化特色显得不般配。这道灰色的砖墙仅仅为了便于市场的管理，从美学意义上讲却是失败的。建议将砖墙变为反映潘家园古玩艺术品文化的镂空栏杆，使得内外有所沟通联系。

车行拥堵（图 14-10、图 14-11）是潘家园旧货市场面临的又一个问题。潘家园旧货市场附近在周末经常会出现交通拥堵的状况。这其中有多种原因。其一，潘家园市场只有北侧和东侧两座大门，且在人流高峰期的周末只开放北侧门，所有人流包括商贩与收藏者都需经过此门进出，因此特别容易出现拥挤。其二，北侧门与城市道路之间没有过渡广场，进出车辆人流根本没有缓冲的余地。其三，潘家园路较为狭窄，只有双向四车道，而路边往往还有各种卸货车辆，阻碍了其他车辆的行驶。另外，潘家园旧货市场一侧人行道上停放大量自行车，使得人行道狭窄，阻碍了行人的通行。其四，由于潘家园路人行横道较少，人流量较大，潘家园桥行人翻越栏杆横过马路现象严重，导致车行缓慢。

潘家园旧货市场特色鲜明，然而人性化设施还显得相对落后。首先，缺乏无障碍设施，没有无障碍步行道和无障碍厕所；其次，缺少休闲设施、绿化及小品，收藏爱好者来到市场找不到可以休息的地方，另外市场在饮食、厕所卫生等方面还有待完善。可以适当考虑增加休闲座椅、茶吧、咖啡吧、快餐店等供人们休息，为收藏爱好者提供更为人性化的服务。

图 14-10
车行交通经常被运货车辆阻塞

图 14-11
人行道拥堵

结语

经过二十余年的发展，潘家园旧货市场从"草根阶层"发展成为全国乃至国际型的古玩市场，成为北京新文化的缩影。潘家园古玩艺术区的形成，证明其强大的生命力。不断改造中的潘家园旧货市场，其公共服务设施不断完善，市场的空间品质不断提高，为北京城市多元化的特色空间添上浓重的一笔。■

(文中图片除注明外，均由秦臻拍摄或绘制)

参考文献
1. 周俪. 古玩市场今昔考. 北京：中国文联出版社，2000
2. 郑理. 城南古玩市场与北京文化中心. 北京社会科学，2004，1

(本文发表于《北京规划建设》，2008 年 1 月刊)

15

艺术品拍卖与北京城

秦臻　朱文一

概述

北京作为六朝古都，具有丰厚的文化遗产和历史积淀，同时又是当代中国的文化中心，历史与现实的特点决定了北京占据中国收藏业独一无二的地位。近年来，随着广大民众愈演愈烈的"收藏热"，艺术品拍卖●这一新兴事物也逐渐登上了历史舞台，它为广大民众收藏艺术品提供了一种全新的平台。

艺术品拍卖这一形式引入中国的时间不算长，而北京则正是中国艺术品拍卖的发源地。1992 年，在北京 21 世纪饭店世纪剧场举办了中国文物艺术品国际拍卖会，此举轰动海内外，成为中国艺术品拍卖的里程碑式的标志。1996 年全国人大通过了《中华人民共和国拍卖法》，为艺术品拍卖的展开奠定了法律基础。

尽管艺术品拍卖引入时间很短，但经过十几年的发展，北京的艺术品拍卖市场已经颇具规模。在文物收藏热潮推动下，北京已成为全国文物艺术品拍卖市场的龙头●。

目前，在相关行政管理部门已注册的拍卖公司有 83 家，数量在全国各省、市、自治区中居于首位。每年总的文物拍卖场次、成交率、经营额等单项指标目前亦居于全国首位。北京成为中国名副其实的艺术品拍卖中心。

● 拍卖是指以公开竞价的形式，将特定物品或者财产权利转让给最高应价者的买卖方式。《中华人民共和国拍卖法》指出：艺术品在当代中国特指民间收藏的、不在国家法律禁止买卖之列的文物及各类艺术品。北京目前的拍卖市场大体可分为艺术品拍卖、房地产拍卖、股权拍卖，其中艺术品拍卖占主要份额。在拍卖活动中，委托人和竞买人并不谋面，而是由拍卖公司主持，充当了艺术品买卖的中间人，并收取一定的佣金。每场拍卖会都要在文物局进行申报。

● 据市文物局统计，2006年，北京拍卖成交额为185.4亿元，其中文化艺术品拍卖成交额达88.9亿元，居各类拍卖之首。2007年北京文物艺术品拍卖市场首次突破100亿元，达到104.39亿元，比2006年增长25%。全年新增文物拍卖企业12家，总数达83家。全年北京市共举办各种类型文物艺术品拍卖会171场次，审核拍卖标的超过11万件(套)，规模超过全国总量的七成。

在北京的文化产业中，艺术品拍卖具有无可替代的重要作用。艺术品拍卖不仅仅有商业的功能，更具有文化的功能，艺术品拍卖促进了民间收藏的发展，也促进了北京文化产业的大发展。随着人文奥运和建设新北京的时代要求，艺术品拍卖这一文化现象及其规律得到了更多的关注。由于艺术品拍卖涉及的主要领域是艺术品和经济本身，而往往忽略了其对应的空间。本文力图从城市与空间角度入手，以 2007 年北京举办的拍卖会及其对应的空间为主要研究对象，对当代北京艺术品拍卖空间进行初步的探索研究。

分布特征

根据目前已经出版的专著、报刊杂志以及相关的网络、电视等媒介资料统计，2007 年北京举办的各类拍卖会❶共 171 场次，这些拍卖会分布在 34 个城市空间场所举行❷（图 15-1、表 15-1）。

拍卖空间主要分布在四环以内，四环外只有一个。在 34 个拍卖空间中，只有 8 个位于北京城市中轴线以西，26 个位于中轴线以东，显现出东多西少的特征。而从区域分布上看，朝阳区有 15 个，东城区有 10 个，西城区有 3 个，宣武区有 2 个，海淀区有 2 个，丰台区有 2 个。另外，拍卖空间往往紧邻城市干道分布，在总体布局中显示出与城市经济生活有着密切的关联。

---

❶ 拍卖会按照规模与时间可分为大拍（春、秋拍）与小拍。其中较为著名的有嘉德、保利、瀚海等拍卖公司举办的拍卖会。大拍：又可分为春、秋拍，每年分春、秋两季举办。大拍成交量巨大，藏品品质较高，费用高昂，主要面向高端收藏者。小拍则是相对于每年举办的春秋两季拍卖会而言，一般是在每月的第一个周末举行。小拍的门槛较低，但成交量却不小，由于价格相对低廉，主要面向中低端收藏者。

❷ 关于2007年艺术品拍卖空间的数量统计主要来源于以下文献及网站：《北京文博》、《艺术市场》、北京文物局网站、雅昌艺术网、卓克网等。

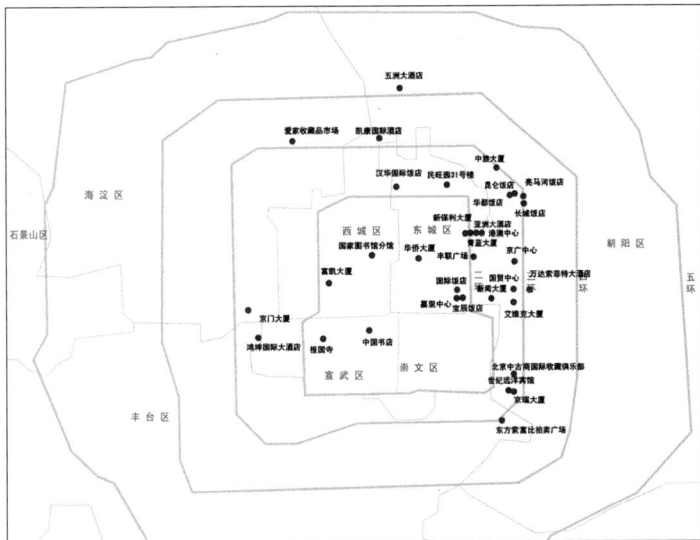

图 15-1
市域分布图

　　拍卖空间的分布以东二环至东三环之间最为集中。这与北京城近年发展直接相关。该地区自 20 世纪 80 年代以来发展非常迅速，已经成为北京重要的经济发展区域。大量的海外人士及富裕阶层在此集中，形成了北京消费水平最高的区域。高端民间收藏群体就在其中。而艺术品拍卖作为比较高端的民间收藏形式，需要面向高端的收藏消费者，因此艺术品拍卖在这一地区聚集形成规模，并形成了四个较为重要的拍卖空间聚集区域。

　　东长安街一带有国际饭店、嘉里中心、宝辰大厦等拍卖空间。该地区为 CBD 所属区域，拥有众多的高档酒店宾馆，并且靠近火车站，交通便利，吸引了艺术品拍卖公司在此选址。

　　东北二环一带有新保利大厦、亚洲大酒店等拍卖空间。该区域紧邻二环，交通便利，同时靠近外国使馆区，吸引了不少海外人士参与艺术品拍卖活动。

　　东北三环一带有长城饭店、亮马河饭店、昆仑饭店等拍

表15-1　2007年北京代表性艺术品拍卖会一览

名称	拍卖会名称	地址	时间
中国嘉德国际拍卖有限公司	第九期四季拍卖会	国际饭店	3月17~18日
	春季拍卖会	嘉里中心饭店	5月12~13日
	第十期四季拍卖会	国际饭店	6月16~17日
	第十一期四季拍卖会	国际饭店	9月15日
	秋季拍卖会	嘉里中心饭店	11月2~3日
	第十二期四季拍卖会	国际饭店	12月13~14日
北京瀚海拍卖有限公司	迎春拍卖会	亮马河饭店	1月19日
	第60期拍卖会	亮马河饭店	9月22日
	第61期拍卖会	亮马河饭店	11月17~18日
	秋季拍卖会	嘉里中心	12月15~17日
北京宝荣拍卖有限公司	56期四季拍卖会	亚洲大酒店	4月1日
	春季大型拍卖会	亚洲大酒店	5月24~25日
	57期四季拍卖会	亚洲大酒店	7月15日
	夏季大型拍卖会	亚洲大酒店	8月18日
	58期精品拍卖会	亚洲大酒店	9月14日
	秋季大型艺术品拍卖会	亚洲大酒店	12月9日
	59期精品拍卖会	亚洲大酒店	12月30日
中联国际拍卖中心有限公司	艺术品拍卖会	华都饭店	10月26~28日
	艺术品拍卖会	报国寺	11月25日
	艺术品拍卖会	报国寺	12月1~2日
	中国钱币专场拍卖会	报国寺	12月9日
	艺术品拍卖会	华都饭店	12月14~16日
	金秋艺术品精品拍卖会	华都饭店	12月30日
北京保利国际拍卖有限公司	迎春拍卖会	亚洲大饭店	3月16~17日
	春季拍卖会	昆仑饭店	5月31日
	仲夏拍卖会	新保利大厦	9月15~17日
	秋季拍卖会	昆仑饭店	11月2日
中贸圣佳国际拍卖有限公司	迎春艺术品专场拍卖会	亚洲大酒店	3月24日
	春季拍卖会	亚洲大酒店	8月18日
	秋季拍卖会	亚洲大酒店	12月3日

卖空间。该区域紧邻机场高速、东三环，交通便利，并且拥有北京著名的高档宾馆饭店，国际知名度较高，吸引了众多的艺术品拍卖公司。

　　潘家园地区在近年来逐渐发展成为北京民间收藏的龙头区域。以往该地区主要是古玩市场聚集区，随着时代的发展，该地区在原有古玩市场的基础上，逐渐形成了各类拍卖会聚集的场所，而古玩艺术品拍卖中心也落户于此。

其中一些空间场所为艺术品拍卖公司常年举办拍卖会的地点，形成了一定的品牌知名度。其中北京国际饭店、亚洲大酒店、亮马河饭店、京瑞大厦已经成为拍卖公司青睐的拍卖场所。如中国嘉德国际拍卖有限公司的拍卖会大多数在北京国际饭店举办，北京翰海拍卖有限公司拍卖会通常在亮马河饭店举办，太平洋拍卖公司拍卖会举办地在京瑞大厦，北京宝荣拍卖有限公司拍卖会举办地在亚洲大饭店等。

空间类型

艺术品拍卖空间按照空间用途可以分为暂用型和专用型两类。

暂用型拍卖空间是指暂时用作拍卖用途的场所（图 15-2），主要是由拍卖公司租用某类多用途空间临时进行拍卖活动。暂

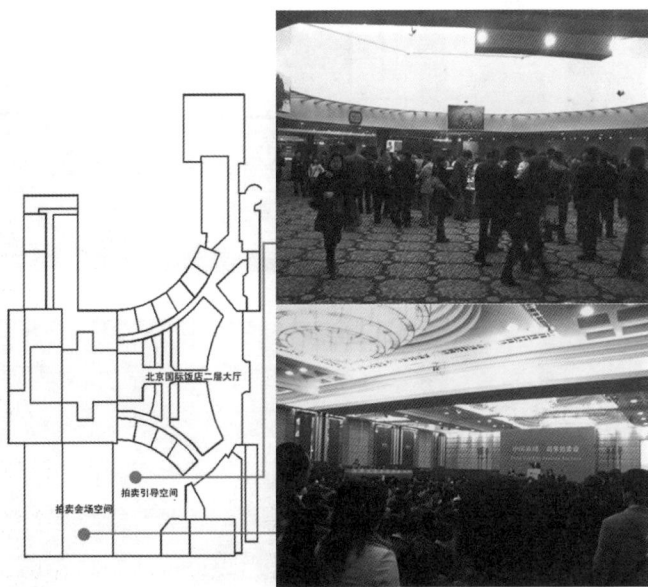

图 15-2
暂用型拍卖空间——国际饭店拍卖空间

用型拍卖空间在北京拍卖空间类型中占据主导地位。由于目前北京缺乏专用的拍卖空间，拍卖的不定时和瞬时特征以及拍卖公司的自身实力较低，而借用场所如高档酒店已经能够提供较完善的环境供拍卖会使用，并且具有较大灵活性，因此，暂用型拍卖空间成为北京拍卖空间的主要形式。在 34 个拍卖空间中，其中暂用型拍卖空间达到了 28 个。

暂用型拍卖空间主要是指借用的酒店宴会厅、大会议厅等。嘉德拍卖公司、瀚海拍卖公司等经常租用国际饭店、长城饭店宴会厅进行拍卖活动。

专用型拍卖空间指专门用作拍卖用途的场所（图 15-3）。北京此类场所为数较少，只有 6 个，主要依附于收藏市场或古玩街中。例如，报国寺收藏品市场利用原有古建筑大殿举办拍卖会等。2007 年底，北京古玩城古典家具市场四楼开设了北京东方索富比拍卖广场。该场所设有独立的预展大厅和拍

图 15-3
专用型拍卖空间——报国寺拍卖空间

卖大厅，可同时举办8场大型拍卖会。此外，荣宝斋也设置了专门拍卖场所。北京艺术品拍卖大厦已经列入北京"十一五"发展的规划目标。专用型拍卖空间设施水平不高，建筑设计水平一般，利用率也相对较低。

由于拍卖空间在北京还属于关注较少的空间类型，因此艺术品拍卖空间整体的发展水平还不够高，城市中独立的拍卖建筑则尚未出现。而国外如巴黎建有专门的拍卖建筑，利用度很高，有利于拍卖空间的资源整合和品牌形成。这可为北京未来艺术品拍卖空间发展所借鉴。

拍卖空间

根据拍卖空间的活动序列，可以将拍卖空间分为引导空间、预展空间和会场空间三个部分。

引导空间通常设置在举办拍卖活动场所的前厅或大堂，以标牌、大型横幅或标志物界定空间，用于引导竞买者进入拍卖地点。例如，嘉德拍卖会场将引导空间设置在国际饭店大堂。

预展空间通常设置在拍卖会地点。在拍卖会进行之前的两天至三天，将所拍艺术品以陈列的方式进行预展，展示给准备参加拍卖会的竞买者。通过预展可以让竞买者充分地辨别拍品的真伪，对拍品仔细观摩评鉴，而一般收藏者也可以增长收藏知识。预展空间在展陈上类似于博物馆展示空间，如嘉德拍卖会在拍卖会前两天在长城饭店租用会议厅作为预展空间。

会场空间是拍卖空间的核心部分，其他辅助空间如登记处、提货验货区都围绕会场空间布置。会场空间内部类似于大众观演空间。竞买者坐于会场中，围绕前台而坐，会场前台通常不展示实物，而是通过大屏幕显示拍品，专业拍卖师站在前台负责简要介绍拍品，同时负责整个拍卖过程，包括喊价、定价等。同时，会场空间内还设有电话委托席，一些竞买者通过电话来进行竞买。与大众观演空间最大不同的是，拍卖会场内突出了"竞"的特征，你争我夺，惊心动魄。例如，2007年嘉德秋季拍卖会拍卖《赤壁图》时，在拍卖会场中，竞买者互相竞争，从4000万元开始，经过近30次举牌，最后，这幅压轴作品以7100万元的落槌价被拍走。由此可见，拍卖会场空间具有很强的互动特征，空间的中心不在前台而是在竞拍席中。

结语

目前，艺术品拍卖成为北京城文化的新符号及新北京文化的重要组成部分。拍卖空间形成的空间新类型，对于丰富和发展北京城市空间具有独特的作用。

在北京市《"十一五"时期文物、博物馆事业发展规划》中，制定了有关艺术品拍卖的目标："推动和促进北京古玩艺术品交易业的繁荣与发展。2010年北京古玩艺术品拍卖年经营额突破150亿元，争取达到200亿元。力争境外回流文物占到拍卖品总量的35%。协助有关单位在2010年前建成北京艺术品拍卖中心大厦"。据悉，北京正在朝阳区潘家园地区建立一个文物艺术品的拍卖中心，面积达10万平方米，能够同时进行若干场"大拍"和"小拍"，有各种服务设施的综合性文物艺术品的拍卖中心。"按照规划，最终要将嘉德、翰海等重大的拍卖展示活动吸引到潘家园来"❶。这将为北京艺术品拍卖

---

❶ 潘家园古玩拍卖中心预计年底建成.北京青年报.2007年2月2日

空间的发展带来重要契机。此外，网络上的艺术品拍卖也正在飞速发展中。

在未来，如何更好地推进艺术品拍卖的发展，使其更好地服务于艺术品拍卖的需要，服务于建设人文北京的需要，从城市和建筑的角度来研究艺术品拍卖与北京城的关联，应当成为艺术品拍卖领域一项重要的课题。■

（本文发表于《北京规划建设》，2008 年 2 月刊）

16

北京宋庄小堡村画廊空间考察

秦臻　朱文一

　　小堡村位于北京市通州区东北的宋庄镇，地处北京城市东部边缘，驱车从北京向东约38公里，经由102国道可到达宋庄。20世纪90年代以来，在短短二十年间，由于其租金低廉、交通便利、居住静谧等因素，使得这里聚集了来自全国各地的众多艺术家，形成了重要的文化创意区域。宋庄为艺术家提供了良好的创作环境，使得艺术家可以既远离城市的喧嚣，又不至于脱离首都北京的文化氛围。

　　2006年12月，经北京市文化创意产业领导小组挂牌认定，宋庄原创艺术与卡通产业集聚区成为北京市十个文化创意产业基地之一。❶而小堡村则成为了宋庄文化园区的核心和龙头区域。小堡村主要由画廊、艺术家工作室、酒吧餐厅和本地农民自宅等共同构成。而本文所关注的是小堡村的画廊空间，包括美术馆以及艺术中心，主要是指直接与艺术家达成契约，代理艺术家对外进行展示、交流、销售的场所。画廊空间是连接艺术家和收藏者的中介机构，为宋庄的艺术交易和文化传播宣传起到了重要作用。小堡村的画廊空间也成为了中国画廊的重要区域，与798、草场地、观音堂、索家村等艺术区共同闻名于京城，成为城市一道亮丽的风景线。

　　本文力图通过城市和建筑的视角，从分布特征、空间特色、重要画廊等方面考察北京宋庄小堡村画廊空间（图16-1、图16-2）。

---

❶ 北京市获得认定的第一批文化创意产业集聚区为：中关村创意产业先导基地、北京数字娱乐产业示范基地、国家新媒体产业基地、中关村科技园区雍和园、中国(怀柔)影视基地、北京798艺术区、北京DRC工业设计创意产业基地、北京潘家园古玩艺术品交易园区、宋庄原创艺术与卡通产业集聚区和中关村软件园。

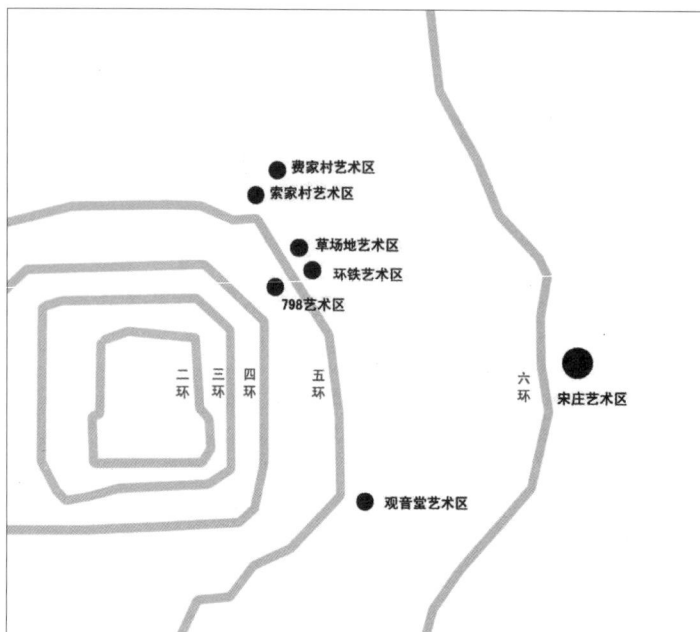

图 16-1
宋庄区位图

图 16-2
宋庄小堡村平面图

图 16-3
宋庄大门

分布特征

贯穿小堡村南北的宋庄路是联系外界与艺术区画廊的主要交通骨架。通过宋庄大门（图 16-3），沿宋庄路向北便是小堡村。小堡村南临 102 国道，西侧为东六环，东接宋庄村、大兴庄，北面为徐辛庄，面积 337 公顷，是宋庄艺术区的发源地和艺术中心，宋庄许多重要的画廊就分布在这里。总体上，小堡村的画廊布置在艺术家工作室附近。在艺术家工作室密集的地区，画廊分布也较多。具体来讲，画廊的空间布局状况可以划分为三种类型。第一种是位于村落民居区域内，如小堡驿站位于小堡村民居村落核心，周边有许多艺术家工作室存在，这样更加便于画廊与艺术家及时的沟通与联系；第二种是位于紧邻村落的农田郊野中，如宋庄美术馆、和静园美术馆等，馆前有规模较大的广场，拥有较为安静开阔的视野和良好的自然环境；第三种是位于村落的交通干道旁，如前哨画廊、东区艺术中心等画廊位于宋庄路两侧，便于画廊与外界公众之间的沟通。

空间特色

宋庄小堡村画廊的物质载体是村落空间，由民宅改建或在田野中新建，开阔而松散，充满了乡土田园的浪漫气息。在空间上，与 798 艺术区画廊那种旧工业时代建筑紧凑而密集的特点截然不同。

画廊的引入加剧了小堡村原有的村落结构的转变，使小堡村更具城市公共性特征。起初，村落中的画廊都是自发形成的，经过几年的发展，随着规模的不断扩大，知名度的不断提高，政府开始参与规划，并于 2004 年制定了发展规划。一些投资商也看准了发展时机，大规模的购置土地，修建画廊用于商业经营。这使得宋庄小堡村的城市公共性大大增加。可以说，画廊的存在与发展加速了小堡村的城市化进程。

画廊与艺术家工作室两者相辅相成，构成了一对矛盾统一体。一方面，艺术家工作室是艺术家创作的所在地，要求比较安静、私密的创作环境，因此往往选址都退隐到村落里，难以寻访，而且大门紧闭，谢绝参观；另一方面，画廊作为收藏艺术的中介机构，其城市公共性要求很高，需要更多的收藏者关注，因此，画廊在城市空间意义上表现出非常积极的一面。

画廊与城市的界面主要表现为入口空间以及外部空间的形象。入口空间是画廊的重点空间，小堡村的画廊有的加建玻璃房作为入口，有的对建筑表皮做个性化处理形成入口灰空间，还有的利用入口前形成院落及广场空间，通过院落及广场形成入口的引导前奏。在画廊入口处，通常都会张贴各种临时展览信息，作为引导画廊室内空间的标识。画廊的外部空间多为城市街道。小堡村的画廊常常利用城市街道作为展示作品的舞台。例如，在许多画廊的外部沿街空间设置各种夸张的艺术雕塑、沿街橱窗等，吸引路人驻足欣赏。

重要画廊

宋庄小堡村的重要画廊有宋庄美术馆、和静园美术馆、小堡驿站、北京东区艺术中心等。这些画廊免费对公众开放，定期举办各种艺术展览，成为大众公共空间。同时，画廊充当的角色是多元的，也成为艺术家、公众乃至村民沟通、交往、休闲的公共场所。如宋庄举办过的两届艺术节都会利用画廊作为重要的活动场地。反过来说，如果没有画廊存在，公众则很难真正了解宋庄艺术家的创作状况，因此画廊在很大程

图 16-4
宋庄美术馆外观

图 16-5
宋庄美术馆周边为广场旷野

图 16-6
宋庄美术馆室内

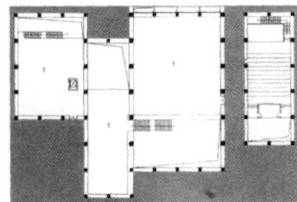

1—展馆 2—休息 3—办公 4—储藏 5—卫生间

图 16-7
宋庄美术馆平面图

度上提升了小堡村乃至宋庄的空间品质和地区知名度。

小堡村不少重要画廊由建筑师参与设计，特色鲜明，造型夸张，风格迥异，富于艺术气息。如建筑师徐甜甜设计的宋庄美术馆成为了小堡村乃至宋庄的地区标志。

宋庄美术馆（图 16-4 ～图 16-7）主体建筑面积约 4700 平方米，于 2005 年 4 月正式动工，2006 年 9 月落成。美术馆每月都会举办各种当代艺术的展览。该馆由宋庄镇政府投资兴建，建筑师为徐甜甜。

宋庄美术馆位于小堡村北部的艺术家园区，坐落在空旷的广场上，与周边建筑相隔较远。北侧为一个小湖泊，隔湖的村落民居中居住着不少艺术家。主体平面为矩形，尽管平面简单，但是空间却十分丰富，建筑立面上实下虚。一层外立面均为落地玻璃，突出了通透的效果，也消解了建筑上层过于厚重、不开窗户的形象，同时人在室内，也使得周边乡村的景色可以一览无余。二层外立面以红砖实墙为主，安排了 3 个巨大的方形建筑体块，建筑内部则是作为展示美术品的空间。建筑内部呈现出一片白色的氛围，空间底层为展示及休息空间，平面中间为高耸的展示大厅，大厅内有一座楼梯直通二层，二层有两个高十余米的展示大厅。建筑功能和造型在这里得以巧妙的统一。宋庄美术馆不仅是宋庄群众文化、娱乐中心，而且还成为了中国当代艺术家的聚集地。

和静园艺术馆（图 16-8 ～图 16-10）由艺术家李冰、王琼投资 1000 余万元兴建，建筑师康慨设计，建筑面积为 3200 平方米。该建筑坐落在小堡村北、宋庄美术馆西北侧，美术馆周边景色开阔，紧邻湖边。建筑平面呈长方形，建筑整体采用清水混凝土的材料，几乎没有窗户，突出了"实"的意象。而入口则设在建筑的东北角，在入口上方二层设计了一个巨

大的窗口造型，与实的墙面形成了鲜明的对比，突出了入口
的空间效果。进入室内，右侧一层为茶吧、影像馆，左侧为
一座大楼梯直接通达二层收藏馆。二层展厅近 1000 平方米，
馆内藏有中国当代重要艺术家的代表作品。建筑中间为一个
合院空间，院内风景宜人。

图 16-8
和静园美术馆外观

小堡驿站（图 16-11 ～ 图 16-13）是由小堡村政府投资数
百万元兴建，可算是中国第一家"村级美术馆"。该建筑占地
面积 3500 平方米，建筑面积 1960 平方米，内部有展厅空间、
茶吧、图书馆、萧乾纪念馆等。该建筑坐落在小堡村南侧，
周边为典型的村落民宅所围绕。由主路向西，经过一排排红
砖砌筑的传统民宅之后，忽然看见这样一座造型奇特的建筑，
对比十分强烈。建筑呈现不规则形态，通过不同方向的方形
体块相互交叉、扭转，形成了整体不规则空间。小堡驿站同
样由宋庄美术馆的设计师徐甜甜设计。

图 16-9
和静园美术馆室内

美术馆与其周边的民居建筑产生了戏剧性的效果，美术
馆是非常前卫、现代感的设计，而周边则是华北平原传统的
居住空间类型；美术馆是由海归派的哈佛大学硕士设计，周
边则是充满乡土气息的本地农民负责立项营建管理。这一作
品一方面表现了设计师创作理念的新颖，同时也显示了村落
对于新鲜事物的包容和接纳。

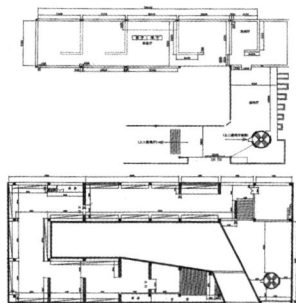
图 16-10
和静园美术馆平面图

东区艺术中心坐落于小堡村北区，占地 50 余亩，紧邻宋
庄路，主体建筑高三层，灰色混凝土外墙。如果不看建筑的
标志，还会被误认为是某个工业仓库。东区艺术中心显现出
一种单一而简洁的效果。该建筑平面为合院式建筑，由艺术
家工作室和画廊组成。建筑分为三进院落，画廊位于最南侧，
艺术家工作室位于画廊北侧。东区艺术中心是小堡村东北边
重要的画廊。

图 16-11
小堡驿站外观

图 16-12
小堡驿站室内

图 16-13
小堡驿站周边的村落民宅

结　语

通过对宋庄小堡村画廊空间的考察，可以看出，正是创意艺术文化的生命力，使得小堡村从一个默默无闻的地区成为知名的文化区，而画廊在其中扮演了重要的角色。艺术家和公众之间交流、沟通、收藏的需要促成了画廊及美术馆等相关空间的产生和发展；与此同时，宋庄的画廊空间又反作用于艺术家和公众，进一步促进了艺术家和公众的交流，同时也提高了村民的文化素质。宋庄小堡村画廊空间对于增进该地区城市的活力，塑造崭新的宋庄文化形象具有重要作用。■

参考文献
1. 赵之枫等. 小堡村的文化创意新村愿景. 北京规划建设.2006 年第 3 期
2. 徐甜甜. 宋庄美术馆. 世界建筑.2007 年第 2 期

（本文发表于《北京规划建设》，2008 年 3 月刊）

17

宗教空间在北京

金秋野　朱文一

城市宗教空间，是指城市中依法留作宗教活动用途的、具有神圣性质的特殊场所和地段。宗教空间不仅是城市信仰活动的物质载体，也是城市格局转型的客观体现。

当代北京城市宗教空间，包括佛教寺庙、道教宫观、基督教和天主教教堂，以及伊斯兰教清真寺五类。为了明晰起见，本文只讨论当代北京城市范围内仍然依法进行宗教活动的城市空间领域。

本文所说的北京地区，即指北京行政区划所涵盖的 16 区、2 县。今天，在北京市辖下 16800 平方公里的土地上，分布着大小 120 余处宗教空间。根据调查，截至 2006 年底，北京地区计有天主教空间 19 处、基督教空间 13 处、佛教空间 13 处、道教空间 4 处、伊斯兰教空间 74 处（其中包含宗教墓地、神学院等）(图 17-1)。尽管同历史上鼎盛时期相比，当代的宗教空间在数量上已大为减少，但北京的宗教空间在种类、形式的多样性和历史文化特征上仍然具有极重要的地位。

北京是闻名于世的历史文化名城，宗教建筑和宗教活动场所遍布城市各处。它们有的沿用历代建筑，有的为新建或改建，无论哪种方式都占用一定的城市公共空间。在群体选择、历史因素和现实因素的共同作用下，宗教空间散布于北京地理范畴的各个角落，分布上表现为较强的随机特征，但也有一定规律可循。为了说明这一情形，本文从不同宗教的崇拜行为入手，阐明信众集体选择的累积效果对宗教空间分布的潜在影响。

崇拜行为与空间分布

在公共性的宗教空间进行宗教活动，聚集行为总是必不可少的。不同的宗教，甚至同一宗教不同的宗派对聚集行为

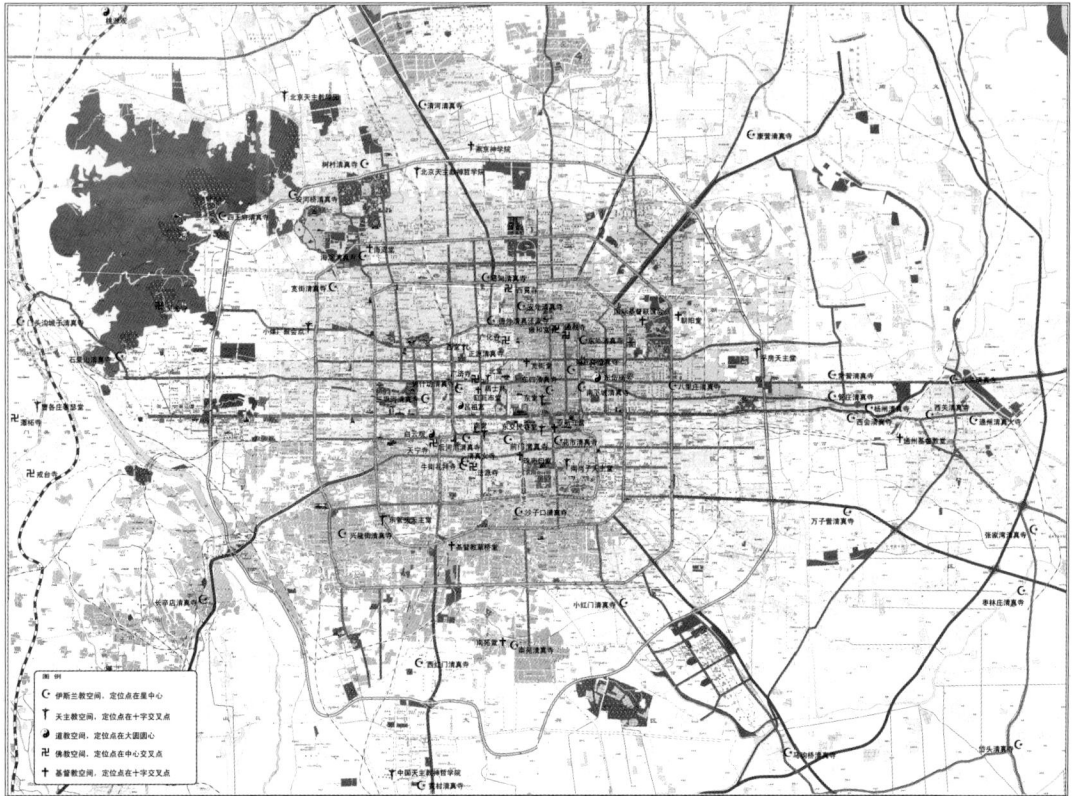

图 17-1
当代北京城市宗教空间分布全图
（金秋野绘制）

表17-1 不同宗教礼仪中的聚集崇拜和分散崇拜活动

宗教类型	聚集崇拜	半聚集崇拜	分散崇拜
佛教		法会	课诵、忏法、打七
道教		坛醮、符箓	斋戒、辟谷
基督教	圣餐、礼拜、唱诗	洗礼、讲道、按立	祈祷
天主教	圣体、弥撒、瞻礼	洗礼、坚振、终傅	告解、祈祷
伊斯兰教	聚礼、会礼、节庆	礼拜	念诵、净礼

的鼓励程度差异很大。很多宗教（如基督教、天主教）的仪式
活动只有聚集了一定的人群才能进行，有些（如佛教禅宗的坐
禅）却不依赖于群体。从表 17-1 所列举的宗教行为可以看出，
基督教、天主教和伊斯兰教的崇拜活动聚集程度较高，而本土

分散崇拜

聚集崇拜

图 17-2
分散崇拜与聚集崇拜

化的佛教、道教聚集程度较低。北京宗教种类繁多，不同宗教信众的聚集活动程度和频率也存在很大差异。

宗教空间的基本功能，是容许并促成使用者在其中进行各类宗教崇拜活动。聚集崇拜总是带有某种特定的仪式效果。特定时间内，大量信众集中在相对有限的空间，进行特定的活动，彼此发生关联。此时，人们作为集体中的个体，经历着同样的崇拜流程，获得预期的心理报偿。相反，分散崇拜代表一种人与神之间的私下交流。与神交流、向神献祭总是个体同神灵之间的事情，所以焚香祷告按次序你来我往，大家依次进行 (图 17-2)。❶

❶ 佛教的道场、法会或道教的斋醮仪式也有大量人群聚集，但其行为特征并不强调所有信众的参与，人们观看正在进行中的仪式，如同观看演出；在这种情形下，参与者更像是舞台下的观众而不是舞台上的演员，与仪式本身具有一种疏离感，这与天主教的弥撒存在很大的不同。

在不同崇拜模式中，信众与神圣的关系大不一样。强调聚集崇拜的宗教中，神圣往往具有排他性，聚集崇拜的前提是有一位"团体的神"，"它为信众提供无差别的庇护"。分散崇拜的宗教则不然，它们往往提供漫长的神灵谱系，❶分布在不同的宗教空间供信众选择，这就是韦伯所说的"地方的神"。❷不难发现，一种宗教越是鼓励聚集行为，就越会在城市空间范围内趋于均匀分布，个体空间数目也就越多；相反，如果宗教缺乏固定的教众群体，对信众也并不进行任何意义上的组织，那么其群体性和社会性相对薄弱也就没有空间分布均匀性的要求。

从数量和空间分布均匀度两个方面对北京市内的宗教空间进行排序，可以得到以下的图示（图 17-3），将城市划分成均等的区域，通过颜色深浅表达密度（每区宗教空间的数目），通过有色区块范围表达宗教空间的覆盖率，可以看出伊斯兰教空间在城内数量最多，覆盖面最广，尤以内城为多。不过，伊斯兰教空间在通州、大兴等地也出现了密度级别为三的集中分布。基督教和天主教的密度分布类似，都是内城最多，覆盖面广，但均未出现在内城外围的局部集中趋势，佛教和道教空间在内城高度集中，外围略有分布，覆盖面很低，不存在空间均衡分布态势。

---

❶ 有学者认为，原始佛教、小乘佛教和知识分子佛教是一种无神论的宗教。佛教基本教义宣称"诸法无我"，认为宇宙万物都是"因缘相生"，确实具有无神论的特征。但是，作为民间信仰的佛教，尤其是中国当代的佛教信仰，融入很多本土文化的特征，毫无疑问建立于有神论的基础上，而且崇拜多神。本文研究范畴定位于城市宗教空间，这里是市民信仰的核心场所，不涉及强调思辨和义理的知识分子佛道教。

❷ 马克斯·韦伯. 儒教与道教. 王容芬译. 南京：江苏人民出版社，1993：199。

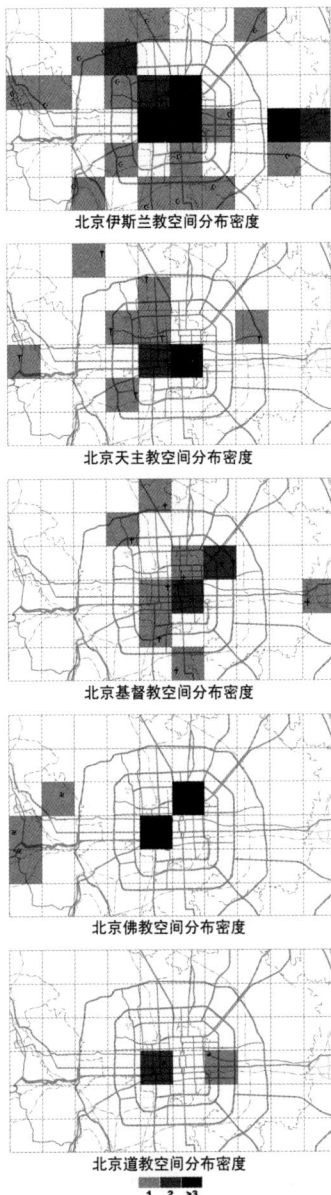

北京伊斯兰教空间分布密度

北京天主教空间分布密度

北京基督教空间分布密度

北京佛教空间分布密度

北京道教空间分布密度

1　2　>3

图 17-3
各类宗教空间分布密度

图 17-3 所示印证了我们的假设，即不同的聚集和参拜要求，对宗教空间的分布产生了极大的影响。

聚集崇拜所对应的宗教空间，在城市范围内呈均衡型分布；可以用分布的均匀性、合理性一类的指标对其进行考察。各子空间具有均质特征，即对于使用者而言，子空间除去地理位置的不同外，相互之间可以互相取代，提供相同的崇拜对象、提供单一中心的崇拜场所，相互之间不存在竞争关系。

分散崇拜所对应的宗教空间，在城市范围内呈散逸型分布，分析其分布的合理性和均匀性意义不大，各子空间之间（相对而言）不能相互取代，提供不同的崇拜对象、提供多中心（但各自不同）的崇拜场所，个体之间存在某种程度上的竞争关系。

总体分布规律

通过研究可以得到当代北京城市宗教空间基本分布规律，具体表述为：南多北少，内多外少；均衡、散逸，局部集中；位势悬殊，主次分明。

从区域分布的角度来看，五类宗教空间在北京地区普遍存在南多北少、内多外少的特点（图 17-4）。

南多北少，指各种宗教的空间实体在北京行政区划的大范围内，普遍集中分布于昌平、顺义以南的地理范围内。如果在昌平区南口到顺义区杨镇之间画一条东西方向的直线（图 17-4），它刚好把北京在地理范围上划分为南北两块面积大致均等的区域。在这条线上方 50% 的土地区域内分布着 9 处各类宗教空间，占北京宗教空间总数的 7.5%，而 90% 以上宗教空间均分布在这条线的南侧。即便不考虑五环以内的城市区域，南部诸区县宗教空间较之北部诸区县也要多出不少，例如，仅大兴一地的清真寺就有 14 座之多。况且，昌平至顺义一线在通常意义上已经属于北京北部郊区。

北京人口密度最大、历史最悠久的城市地区位于这一条水平线的南侧，部分地解释了这一现象。但是，何以在南部屡见不鲜的乡村教堂和清真寺在北部诸县区如怀柔、密云、延庆、平谷几乎绝迹，必然有其特殊的历史原因。

北京南部地处平原，向南与河北、天津接壤。京畿一带向来宗教信仰繁盛，尤其是近代以来，华北平原不但是欧美传教士首选的落脚点，其本地民间信仰尤其繁荣。外来宗教在北京南部地区有一定历史背景和群众基础。历史上的回民聚居区也集中在通州、大兴这两个近郊区，这也许有偶然的成分，但对于从南部平原迁入的移民来说，北部山区地貌复杂、自然条件艰苦，人烟稀少，谋生不易。❶

北京城宗教空间分布在内城和外城之间存在着很大的数量反差，其总数的三分之一分布在内城二环之内的区域，至少有 70 处分布于五环以内的城市区域，还有不少位于五环与六环之间。越往远郊交通易达性越差，分布越稀疏。

宗教空间为何如此大量地分布在内城而不是别的地方？为何内城宗教古迹容易得到机会，重新开放为宗教活动场所，而同样历史悠久的外围宗教建筑却不那么容易得到机会？

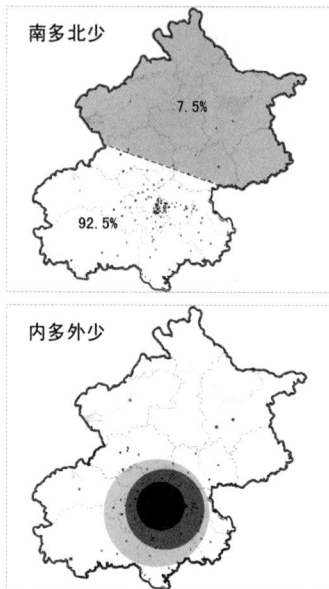

图 17-4
南多北少，内多外少

---

❶ 时至今日，不少北部山区村落每平方公里人口仍在50人以下，有些地方甚至不足10人。古时候这些地方生计之艰难是可想而知的。参见毕维铭，付桦. 2000. 北京山区人口容量与迁移对策研究.北京规划建设，2002（4）：42~45.

对于这一问题，不妨看看 2007 年北京的地域人口构成。北京城区（指市内八区）面积小、人口密度高，为每平方公里 24072 人；而近郊区的面积为 1282.8 平方公里，是城区的 15 倍，人口密度却为每平方公里 4958 人，仅为城区的五分之一。而且，北京城区外来人口集中，外国人和侨民数量也很大。这些人当中宗教信徒的比例非常大。可以说，正是因为稠密的人口提高了宗教信众的数量，从而强化了宗教空间存在的必要性，才间接导致了当代北京宗教空间向核心城市地区的集中——无论是新建的教堂清真寺还是恢复宗教活动的寺庙，往往都集中在这片拥挤的城市区域。

根据宗教空间聚集崇拜和分散崇拜两种行为方式，可以将北京宗教空间在空间分布方面粗略区分为两个基本型，即均衡型分布与散逸型分布。

聚集崇拜的宗教空间单体可以互相替换。这样，使用者理论上不必舍近求远，就能就近找到崇拜场所。理想情况是：城市中某一宗教的信徒在某一时期内保持一定的比例，并均匀地分散在人群中。以此推测，均衡型分布的宗教空间在城市范围内倾向于依据单位面积人口数呈平均分布，在人口密度大的区域分布较多，远郊人口稀疏地区分布较少。典型的均衡分布以基督教和天主教为代表。

与之大相径庭的是另一类散逸型分布的宗教空间，它们的选址理论上不依据人口地理分布，呈现自由、随意的特征。当代北京的佛教空间和道教空间就是如此，尤以道教空间为甚。

伊斯兰教是一个特例。从数量上说，它比其他三类空间的总和还要多；从崇拜行为上说，它对信徒约束力较高，又具有明确的可置换性，应该属于典型的均衡型分布。可是，由于穆斯林的聚居的"大分散、小集中"，清真寺的分布也表现出明显的区域集中。在穆斯林多的地方，清真寺密度较高；在穆斯林少的地方，清真寺密度较低。如果某地穆斯林稀缺而清真寺密度较高，则往往是由于城市改造打破了该地区原有的穆斯林聚居模式。可以将伊斯兰教空间的分布特征概括为"局部集中的均衡分布"。

宗教空间个体影响力差别极大。不妨将之粗略地区分为国家级、地区级、城市级和区域级四类，其宗教和文化影响力依次递减。对于宗教信众来说，这种级别也许是模糊的——选择去西直门教堂或宣武门教堂对于礼拜来说并无区别。但对于普通大众或潜在的信众，不同宗教空间的位势差别将表现得非常重要，直接决定取舍。由于宗教空间作为城市公共空间必然需要接纳各种身份和目的的游客，位势特征也就成为宗教空间分布中的一个重要方面。

从图 17-3 可以看到，北京最重要的国家级宗教空间基本集中于三环以内的城市区域。越往外围，宗教空间的影响力越小。各层级都有不少有代表性的宗教场所，彼此之间各司其职，互不影响，为同样的宗教人群服务的同时，针对不同层次的社会需求作出回应。但是，不同位势的宗教空间并不存在相互之间的行政隶属关系，也不能彼此取代。

从社会需求角度审视当代北京城市宗教空间，可以发现很多潜在的问题。其中突出的一点，就是宗教活动需求与宗教空间容量之间的矛盾。以基督教南苑堂为例，从 2000 年的 30 名固定教众到 2006 年的 3000 名，六年间增长了近百倍。宗教空间在城市范围内的合理调配，如同将充足的物资储备投放市场，以满足供销需求。为了净化社会风气，合理疏导群众信仰方式的需要，提供充足的正信场所势在必行。随着社

会观念的转化，民众信仰会逐渐达到一种平衡，而宗教空间
的保护、恢复和建设理应顺应不同类型宗教空间的分布规律，
努力做好宗教空间数目、选址的调配，以空间为手段，使大
众信仰步入正轨，促进社会心理的健全完善。■

（本文发表于《北京规划建设》，2007 年 3 月刊）

18

佛道殿院在北京

金秋野　朱文一

北京的各种宗教类型中，以道教和佛教的历史最为久远，在城市中也留下了最多的遗迹。

通常认为，"佛教于两汉之际传入中国"（牟钟鉴等，2000）❶，"最迟在西晋时进入幽州"（张连城等，2004）❷。早期道教以个人信仰形式进入北京，直到唐开元二十七年（公元731年）玄宗敕令在幽州建天长观，才算正式设立道教教场。❸

当代北京，城市中以"寺"、"庙"、"观"命名的地方很多，大多不再具备宗教功能。❹本文专门讨论当代国家法律允许进行佛、道教活动的城市区域，它们多沿用历代宗教建筑，却承载着当代的城市宗教生活，具有多重的社会意义和文化意义，参与构成城市宗教空间，也是北京城市公共空间的一个重要组成部分。❺

纵观乾隆时期京城全图，北京内外城寺庙的数量在晚清曾达到1207处，这在国内也是首屈一指的。新中国成立前夕，北京曾有道教寺观59座❻、佛教寺庙427座。❼时至今日，北京尚有佛教空间13处，道教空间4处。❽佛、道教空间在分布规律和空间模式上具有明显的相似之处（图18-1）。

---

❶ 牟钟鉴, 张践. 中国宗教通史 北京: 社会科学文献出版社, 2000: 303

❷ 张连城, 孙学雷. 北京的佛寺与佛塔. 北京: 光明日报出版社, 2004: 2

❸ 姜立勋等. 北京的宗教.天津: 天津古籍出版社, 1995: 25

❹ 在北京, 以寺庙命名的地区有隆福寺、大佛寺、宝禅寺、定慧寺、护国寺、正觉寺、观音寺、方居寺、红庙等, 尽管不少寺庙本身已经荡然无存。有些地方, 比如正觉寺、大钟寺, 虽然寺庙完好, 但已经没有宗教活动。还有些地方, 如妙应寺和东岳庙, 有香火而无出家人。在废弃的古庙、挪用的教堂中, 仍旧能够感受到宗教的宁静和脱脱。这些转化了的宗教建筑环境有些仍然属于城市公共空间, 但无一例外的失去了社会性的宗教行为, 已经脱离了"宗教用途", 故而不在本文讨论之列。

❺ 关于北京城市宗教空间的定义, 详见拙文"宗教空间在北京". 北京规划建设. 2007（3）: 172

❻ 姜立勋等. 北京的宗教.天津: 天津古籍出版社, 1995:39

❼ 姜立勋等. 北京的宗教.天津: 天津古籍出版社, 1995: 154

❽ 佛教空间有: 潭柘寺、戒台寺、云居寺、雍和宫、西黄寺、法源寺、广济寺、广化寺、通教寺、天宁寺、灵光寺、和平寺等; 道教空间有: 白云观、东岳庙、吕祖宫和桃源观。此外, 寺庙以外的佛教空间还有北京居士林。

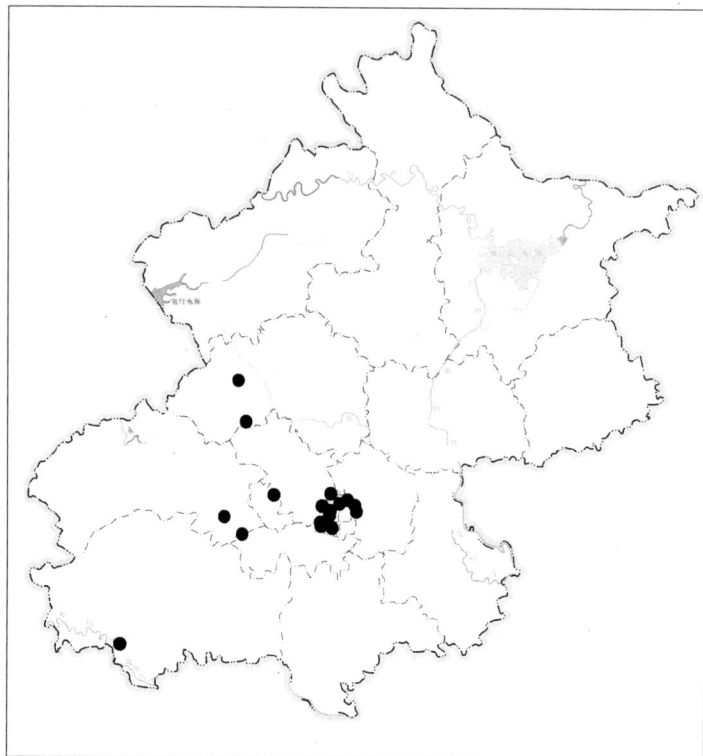

图 18-1
当代北京佛、道教空间分布图

佛道教空间的分布规律

历史因素、现实因素和信众的群体选择，共同影响了佛道教空间在城市内的分布。历史上，很多寺庙为敕建，选址和规制都得到统治者的首肯。当代，城市的发展蔓延，对宗教空间的分布造成了相当大的影响。地理条件和人口分布的特征，又使得佛寺道观大多分布在内城和西山一带，东南平原分布较少。

与基督教、天主教和伊斯兰教相比，佛教和道教信仰中信众的聚集活动相对较少、组织性较弱，属于典型的"分散崇拜"，在城市中呈现"散逸态"分布：选址理论上不依据人

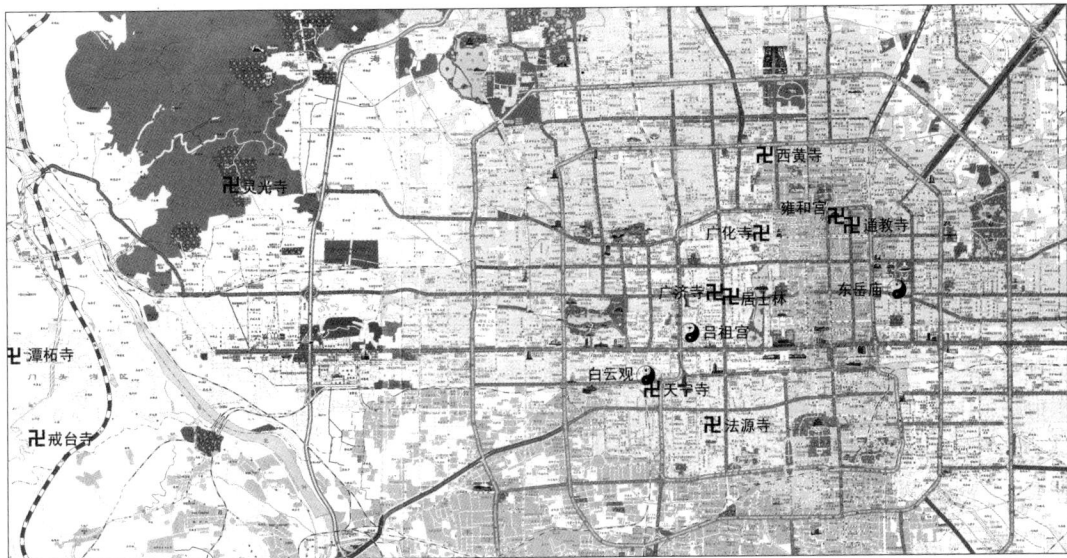

图 18-2
六环内佛、道教空间分布图

口地理分布，呈现自由、随意的特征。❶

　　佛、道教空间在北京的分布，有两个较为集中的区域。首先就是以二环路为边界的内城，其次是西山山区。前者涵盖了几乎所有的城市寺观，后者连接和平寺、龙泉寺、碧云寺、卧佛寺、八大处、潭柘寺、戒台寺、云居寺，将郊野佛寺贯穿为一线。无论处于何种地理位置，它们的空间影响力都可以延伸到很远的地方（图 18-2）。

行为模式与空间

　　佛教和道教都重视人和神之间的私人交流。由于缺乏对集会空间的需求，也不需要凝聚力极强的核心空间暗示，分

---

❶ 关于"分散崇拜"和佛道教空间的"散逸态分布"，详见拙文"宗教空间在北京". 北京规划建设. 2007（3）：173~174

散崇拜的宗教信仰在空间模式上并没有形成统一的、集中的核心。

以佛教和道教为代表的宗教空间的共同特点是：具备多个仪式崇拜空间组成的核心序列（殿），普遍具有周游祈祷空间（院），采用分散式布局，空间格局上本土化特征极强。可以将这一类宗教空间命名为"殿院型"宗教空间。❶

当代佛寺的基本格局为：南北中轴布置主体建筑（殿），自南向北依次为山门（左右为钟鼓楼）、天王殿、大雄宝殿、法堂、藏经阁，两侧廊庑。正殿前后两侧均为配殿，有伽蓝殿、祖师殿、斋堂、禅堂等。有些大寺还设有罗汉堂。寺院的东侧多为服务起居空间，有寮房、职事堂、香积厨、斋堂、茶堂等建筑；西侧主要是云水堂，为对外接待区。为世俗利益考虑，很多在轴线南段设有放生池，在院落一侧设有念佛堂等。❷道教建筑模仿佛教的伽蓝七堂，但景观配置更加不受限制，最北端的建筑往往建于高台之上，对建筑群起到统领作用，这是佛寺中所未曾采用的手法。

很容易从佛寺道观的格局中看到皇宫宅邸的影子。这种空间营造上的同构——坐北朝南、轴线对称、左右尊卑、秩序井然，本身是本土宇宙观与社会形态的体现（图18-3）。

---

❶ 殿，在《高级汉语大词典》中的解释为："古代泛指高大的房屋，后专指供奉神佛或帝王受朝理事的大厅。"从历史的角度讲，各类宗教空间在中国的发展传播无不受制于本土传统空间类型。上古建筑规格之高莫过"殿"——帝王居住与办公一体化的房屋。后世神道设教，民间对信仰杂糅不分，统治阶层对漫长的神仙谱系心存敬畏。如此一来，"殿"被假借成为神佛居所。我们取其狭义，只是将构成佛道教空间仪式崇拜部分的主体部分建筑定义为"殿"。

❷ 赵文斌. 中国佛寺布局演化浅析. 华中建筑, 1998, 16（1）：116

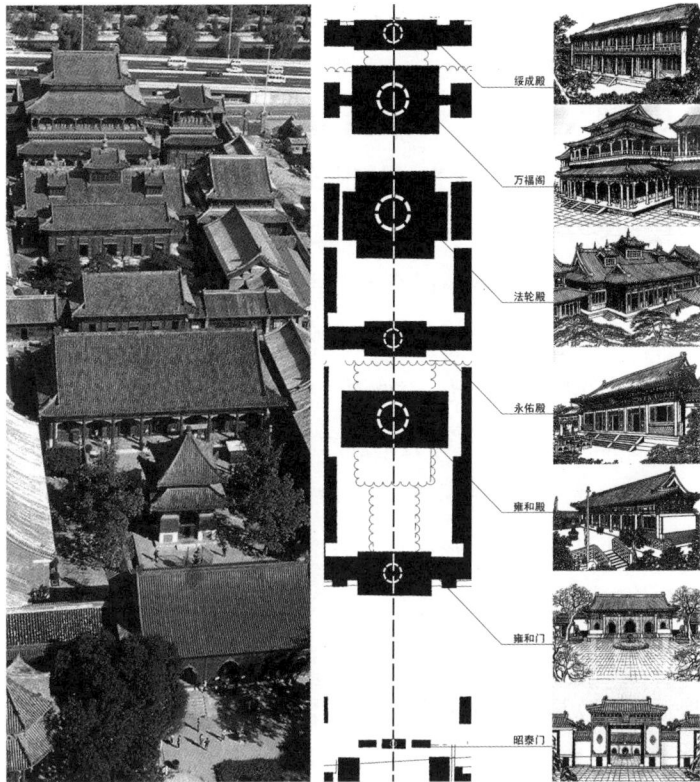

图 18-3
雍和宫——"殿"的组织与空间序列
(中图为作者自绘;左右图出自《北京雍
和宫参观留念册》,北京:中国和平出版社)

殿与院的构成方式

寺庙空间的主体是一组"殿"的群体组合。"殿"在微观层次上表现为偶像殿。在佛教就是佛殿,在道教就是神仙殿。在这里,神是显性的、人格化的;在人和神之间没有物质的屏障,但有尺度的限制。造像的巨大反衬出人的渺小,从而成为崇拜的心理依据。对于"殿"空间而言,偶像的存在超越了建筑空间的存在。故而,"殿"空间的内部并非严格意义上为人的使用而建造,而是因为神的存在而被人使用。

偶像崇拜不是佛教本身的内容,而是汉文化的特点。从现有的寺庙来看,"殿"内偶像一般是这样的格局:"面对主入口是一尊大佛（依各殿供奉对象而有不同），或三身、或五身、或七身，也可一佛二弟子、一佛二菩萨二弟子，三佛各带二胁从菩萨，总之要用三、五、七等单数构成一个向心的中心结构"。（张法，1999）❶如果室内空间足够宽敞，东西两壁前常有十八罗汉，中心与周边、正位与侧位构成一组等级关系，正是中国文化中金銮殿以降各类衙署的差序格局。道教大殿中正中端坐一位或三位神仙，两侧两排横眉立目的立式造像，人物形象五花八门，更是对衙署的直接的模拟。

一般而言，"殿"都有明确的方向性，或南北，或东西，依整体空间轴线的方向而定。同样，在"殿"的外部，前后和左右也具有明确的形式功能分野，左右让给交通，前后则留给崇拜活动。在主轴线上，"殿"有两个入口，一主一次。造像一般朝主入口；中部设置隔板，靠隔板分成两个方向，板后供奉次要偶像的也很常见。崇拜时人们绕像行走祈祷，通过隔板后狭小的空间，周而复始。从"殿"内穿行，人们必须绕过造像，体验到一种空间的收放节奏变化，此过程深具仪式感和趣味性（图18-4）。

对"殿"空间而言，内外之别并无特别意义。偶像的神圣性影射到建筑，并沿轴线方向（亦即入口方向）扩展到殿之间的室外空间（院），通过设置在同一条轴线上的香炉、甬道、树木加以强化，并进入另外一进殿宇。这是一种有意识的神圣性的空间接力，通过殿院融合，殿院型宗教空间不但有效地将神圣空间扩展到轴线方向一系列的室内外范围，也为人们周游祈祷提供了场所。这样，前来朝拜的人除了依次参拜

❶ 张法. 佛寺：从印度到南亚和汉地的演变. 长春市委党校学报，1999（2）：71～76

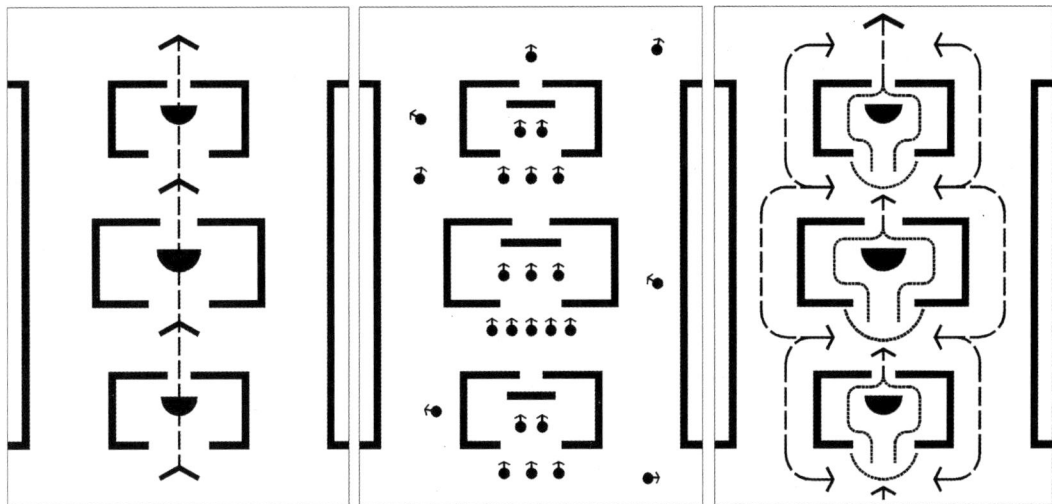

图 18-4
"殿"空间
（从左至右：结构示意；崇拜行为；内外流线）

中轴线上各殿宇之外，也可随意利用室外空间，完成自己开
放性的宗教崇拜活动。在这里，神与人之间与其说是教主—
信徒之间的一对多关系，不如说是衙署—子民之间的多对一
关系。而这种关系成立的纽带，就是靠有序的空间组织营造
的世俗威仪。

综上所述，在北京当代佛道教空间中，"殿"空间表现为：
群体构型；轴线对称；差序组织。就个体而言，"殿"空间表现为：
各向异性，内外交融；左右封闭，前后贯通。

经过对"殿"空间的分析，可以得到这样的结论："院"
空间总是与"殿"空间互为因果、互相依存的，通过"殿"，
宗教建筑的"院"才获得意义。

事实上，北京旧城可以看作是中国传统宇宙观在城市建
设上的一个完美范例。从皇宫到普通市民的住宅，从紫禁城
到四合院，都严格遵循国—城—院的空间同构。"寺庙作为中
国城市空间之一类或已经完全本土化的宗教空间，正是处在

这一种同构关系的某一环节之中"（朱文一，1993）❶在这种空间构思里，空间作为"院"的"围合"的产物，事实上存在两个边界：一个是位于边缘的墙体，一个是位于内部的大小建筑。建筑将围墙所限定的空间进行进一步的分割，使其呈现出丰富的视觉效果和空间感受。

"院"空间还有一层文化含义。寺庙中，户外空间生动而有趣味，树木、花草和人工造景进一步增进了空间的活泼多姿，与轴线上庄严的主体建筑形成对比。"院"空间的主要特征在其时间性。王建元在总结中国山水诗的审美经验时曾经指出："中国山水诗的空间历程，其艺术形式为一独特的'时间化'（temporalization）的程序，借此'时间化'程序，诗人获得其知识论和本体论的根据，从而臻于一种超越性的美感经验。"（王建元，2001）❷中国文人式的审美观融入园林营造，从而营造出一种具有本土特征和文化意识的步行空间。文人和具有文人气质的僧侣，将时间流逝的须臾感融入四时造景，进而体验特殊的人生感触，并将之同改造过的佛教信条（如禅学）相结合，达到一种情、理、景的统一。佛寺院落的造景，不仅是宗教修行，也是人生体验和社会交往的空间展开。

法源寺空间分析

法源寺占地面积 6700 平方米，建筑规模宏大，结构严谨，采用南北向中轴对称格局，由南至北依次有山门、钟鼓楼、天王殿、大雄宝殿、悯忠阁、毗卢殿、大悲坛、藏经阁、法堂、

❶ 朱文一. 城市构图理论探讨. 空间·符号·城市———一种城市设计理论. 北京: 中国建筑工业出版社, 1993: 251
❷ 王建元. 现象学的时间观与中国山水诗. 台北: 书林出版社, 2001: 96

东西廊庑等，共七进六院，两侧还先后建有若干跨院，布局严谨，宽阔庞大，是北京城内保存历史最为悠久的殿院型宗教空间。

法源寺中轴线上的"殿"共有六座，院落空间安排紧凑，纵深开阔。东西两侧廊庑、庭院分明，层次变化，错落有致。沿南北方向排布的"殿"空间差序明显，悯忠台后毗卢殿体量缩小，两侧廊庑向中央靠拢，空间形成紧缩态，造成进深方向的行进感观的变化。但通过大悲坛两侧狭路进侧面圆洞门，有豁然开朗之感，最后一进院落宽阔而幽森，两层高的藏经阁在古老的银杏树之下有历尽沧桑之感。法源寺"殿"空间的序列展开和空间营造具有典型的"殿院"特征，很好地融合了园林的别致和殿堂的崇高，所体现出的与其说是庄严，不如说是一种富有佛教空无观念的禅学意味。（图18-5）

殿院型宗教空间特征

以佛、道教空间为代表的殿院型宗教空间具有以下特征。第一，在典型的殿院型宗教空间中，"殿"和"院"交替出现，相互融合（图18-6）。两种空间构造相互成为彼此存在的必要条件，并且在很大程度上互相渗透。为了将众多的实体和虚空间安排妥当，殿院型宗教空间往往强调轴线的组织作用。通过建筑物在轴线上的组织安排形成空间节奏，并使这种空间节奏服务于宗教功能。"交替出现"的另一层意思是，"殿"空间四面被"院"空间环绕，彼此可以穿越。

第二，殿院空间往往并不强调一个超越性的空间中心。"殿"空间和"院"空间具有一种平等关系，不存在主动被动、中心周边、主要与次要的区别。两种空间形态都服务于仪式崇拜功能，都足够充分地参与空间营造。

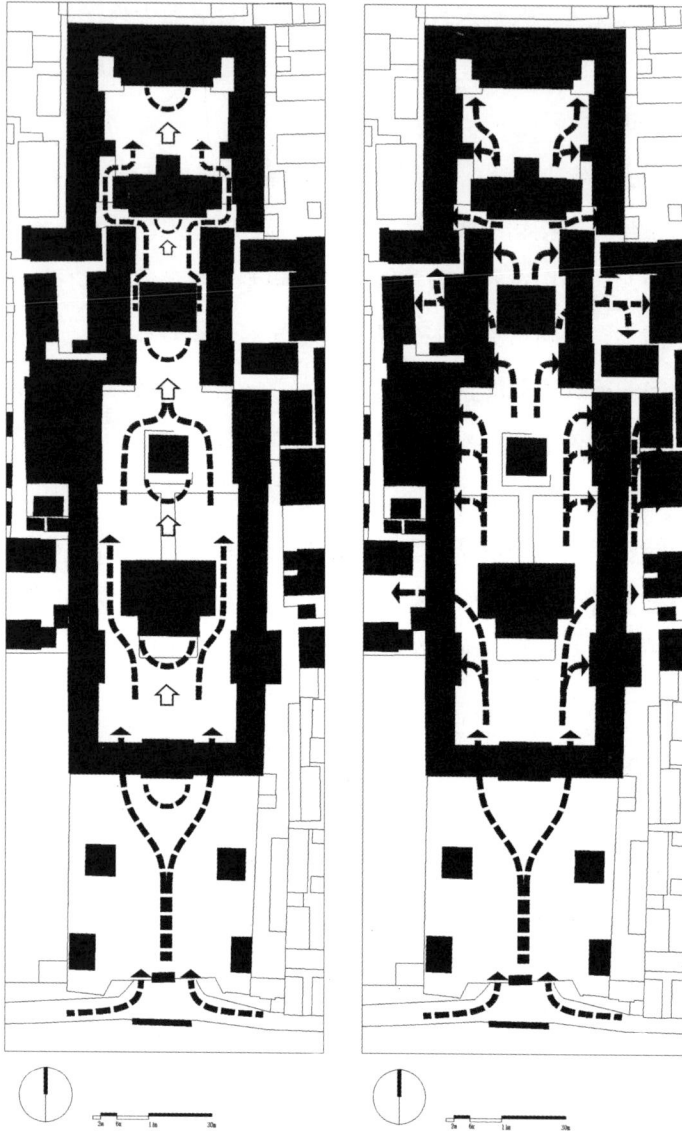

图 18-5
法源寺空间流线组织
左图为信众活动，右图为僧人活动

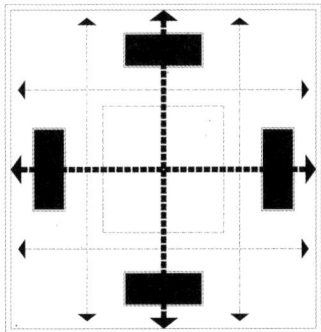

图 18-6
殿院型宗教空间模式图

第三，殿院型宗教空间中的宗教活动以运动性的分散崇拜为特征。为了游览、参观、研究等活动，尤其是宗教活动的需要，人们以个人或几个人的组合为单位，依次穿越殿与院组成的空间序列，周而复始，循环往复。殿院型宗教空间提供了一种以运动为特质的空间体验，它迫使使用者必须在有序的流线中活动，但又容许很大程度上的自由安排。一切空间营造都以促成这样的运动为目的。

第四，殿院型宗教空间的群体安排和空间组织具有充分的弹性，可以根据时代、根据具体环境条件和内部要素的变更作出相应的调整。

当代北京殿院型宗教空间的理论模型与中国古代城市理想模型之间存在一定程度的同构，这也反映了它们之间的历史渊源。■

（文中照片或图片，如无特殊说明，均为金秋野拍摄或绘制）

（本文发表于《北京规划建设》，2007 年 4 月刊）

19

北京历史上的清真女寺

滕静茹　朱文一

图 19-1
寿刘胡同清真女寺匾额（资料来源：王世仁．宣南鸿雪图志．北京：中国建筑工业出版社，1997：440）

图 19-2
寿刘胡同清真女寺（资料来源：王世仁．宣南鸿雪图志．北京：中国建筑工业出版社，1997：439）

　　清真女寺，通常简称为"女寺"，指的是中国伊斯兰教界为女性穆斯林专门设立的独立的沐浴和礼拜的场所；国外伊斯兰教世界中通常没有清真女寺。它始自明末清初时，是由男性穆斯林出于宗教自救的考虑，开展的专门针对女性穆斯林的宗教教育；后来，一部分掌握了宗教知识的女性穆斯林，开始代替男性穆斯林，并逐渐将日常宗教活动纳入其中，甚至更偏重宗教活动，就形成了清真女寺。

　　对北京地区来说，专门关于清真女寺的研究十分稀少。本文试图结合对少量几份关于清真女寺的历史文献的研读，梳理出北京历史上清真女寺的发展情况，包括数量变迁、空间分布、空间特性和发展缘由。由于文献主要集中在 20 世纪上半叶（1958 年以前），本研究也将侧重于这一段时期。

数量变迁

　　通常记录的北京第一座清真女寺是 1922 年修建的牛街寿刘胡同清真女寺（图 19-1、图 19-2）。[1]如果参考 1999 年 7 月立于通州清真大寺的一块碑文记载，"回族聚居通州已七百年历史，创建清真女寺约百余年，当清代兴起经堂教育时期，通州首倡女子义学，兴办清真女寺，变通习俗，堪称建寺先例"，[2]则当前北京市域范围内（图 19-3）的第一座清真女寺应是清光绪年间（1875—1908）通州的清真女寺（图 19-4、图 19-5）。

❶ 佟洵. 伊斯兰教与北京清真寺文化. 北京: 中央民族大学出版社, 2003: 197, 198.
❷ 滕静茹2007年3月16日实地调研记录。

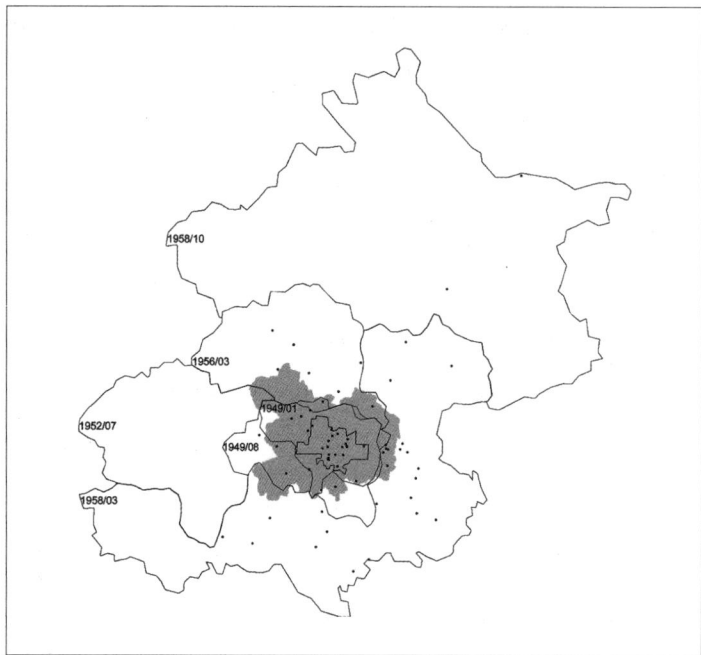

图 19-3
新中国成立后北京市域范围的变迁与当前
清真寺（穆斯林）聚居区的分布（滕静茹
根据资料改绘）

图 19-4
现通州清真女寺室内

据王梦扬《北平市回教概况》记载，1937 年北京有清真寺 46 座，清真女寺 5 座，为宣武门外牛街寿刘胡同清真女寺、崇文门外雷家胡同清真女寺、阜成门外三里河清真女寺、德胜门外西村清真女寺和朝阳门外观音寺清真女寺。❶

到解放初期，据彭年《解放初期北京市回民工作的回顾》记载，"……有清真寺 60 座（男寺 48 座，女寺 12 座）"。❷根据其文中时间记载，这应该是时至 1951 年时的统计数字。

根据佟洵在《伊斯兰教与北京清真寺文化》中的记载，1949 年海淀清真寺建有清真女寺，11 间半房，由乡老何宜昌

❶ 王梦扬.北平市回教概况，李兴华，冯今源. 中国伊斯兰教史参考资料选编（1911—1949）. 银川：宁夏人民出版社，1983: 1327, 1328.
❷ 彭年. 北京的回族与伊斯兰教史料汇编. 北京：北京市民委史志办公室，北京市伊斯兰教协会，1996: 136.

图 19-5
现通州清真女寺碑记

捐献，1957 年男女寺合并；●李兴华在《北京伊斯兰教研究》
中所记载的北京伊斯兰教人物，有"女性穆斯林人士。如海
淀寺教长、寿刘胡同女寺阿洪黑奉一"●。可见海淀清真寺历
史上确曾有过清真女寺，且建寺时已隶属北京，则海淀清真
寺应该属于彭年所说的 12 座清真女寺中的一座。

周燮藩、沙秋真在《伊斯兰教在中国》中记载，"北京地
区……解放后……清真寺增加到 80 座，其中男寺 62 座，女
寺 18 座"●。周燮藩和沙秋真所谓"解放后"，从数量的增长
上来看，应该晚于彭年所谓的"解放初"，即 1951 年，也就
是说最早为 1952 年。又，"……到 1958 年为止，又由 80 座
清真寺增到 149 座"●。

马沙发表于 1958 年 1 月《中国穆斯林》杂志的文章《北
京的清真寺》中记载，当时北京市有 83 座清真寺；新中国成
立后，新建 14 座清真寺，其中清真女寺有 6 座，分别是：禄
米仓清真女寺，西直门外清真女寺，后河沿清真女寺，豆芽
菜胡同清真女寺，天桥清真女寺和手帕胡同清真女寺；此时
全市的清真女寺总数达到了 20 座。●

对比于马沙 1958 年 1 月的"83 座"清真寺，周燮藩和
沙秋真的"80 座"清真寺应该是早于 1958 年的统计，最迟到
1957 年。但周燮藩和沙秋真所谓的到 1958 年为止的 149 座，
似乎与马沙 1958 年 1 月的 83 座有所矛盾，差别太大，即使
他们的统计是在 1958 年底。问题在哪里呢？实际上，巨变就

● 佟洵. 伊斯兰教与北京清真寺文化. 北京: 中央民族大学出版社, 2003: 298, 299
● 李兴华. 北京伊斯兰教研究. 回族研究, 2004 (53): 65~74
● 周燮藩, 沙秋真. 伊斯兰教在中国. 北京: 华文出版社, 2002
● 同上.
● 马沙. 北京的清真寺. 中国穆斯林, 1958 (1): 20~22

在这一年发生。北京自新中国成立后到 1958 年 10 月，市域范围经历过六次大的变动（图 19-5）。该图同时反映了建国后北京市域范围的变迁与当前北京清真寺分布的关系。根据北京回族的俗谚，"有清真寺的地方就有穆斯林聚居区"，清真寺的位置在一定程度上反映了北京穆斯林的聚居。从新中国成立后到现在，除 20 世纪 90 年代开始至今的旧城改造造成大规模穆斯林人口迁移外，其间短短四十多年并没有发生足以影响北京穆斯林聚居区大规模变迁的事件。虽然之后因旧城改造发生人口迁移，但清真寺迁移的速度远远落后于人口的迁移。因此，当前清真寺的分布仍反映了长期以来北京穆斯林的聚居情况。位于 1958 年 3 月和 10 月市域扩展范围内的清真寺现在约有 27 座。考虑到高峰时期，即 1958 年，北京清真寺总数达到过 149 座，而当前相同范围内仅余有 72 座的事实，即当前的清真寺的平均分布密度仅及 1958 年的一半，则 1958 年两次市域范围扩展中囊括进的清真寺数量就有可能是 27×2 ＝ 54 座。这与 149–83=66 座的差别并不是很大，因此也就可以理解何以马沙 1958 年的 83 座到周燮藩和沙秋真那里就一下子激增到 149 座了。但这增加的 66 座清真寺中到底有多少个清真女寺，我们就不得而知了。考虑到这部分增加的市域主要是偏远的乡村，或许清真女寺的数量不及市内多，但也可能有少量几座。因此，乐观估计的话，到 1958 年底的时候，北京全市清真女寺的数量应该超过 20 座。

如果将上述所有数据整理成表格，可得到表 19-1。可计算各个时期清真女寺占清真寺总数的百分比，虽然市域范围在不断增大，但清真女寺所占的百分比也在不断上升。在 1958 年 3 月和 10 月最后两次市域扩张前，清真女寺几乎达到清真寺总数的 1/4，也即清真女寺∶清真（男）寺 ＝ 1∶3。

　　如果以现在北京市域范围为界，包括郊区县，则零散关于北京清真女寺的记载还有：1935 年，顺义回民营清真寺新建女大殿 3 间，❶1991 年后人补写的《回民营清真寺简史》称一间，洋式门楼一座，水房拆改为六间，寺门前筑起影壁一座。"❷1945 年，管庄清真寺建了清真女寺，有 3 间礼拜用房和两间水房（阿訇口述）。❸则 1937 年，目前北京市域范围内可明确的清真女寺至少有 6 座；1951 年，至少有 13 座清真女寺。另据作者 2007 年上半年对北京某些清真寺的访谈，马驹桥清真寺、安河桥清真寺和南下坡清真寺等历史上也有过清真女寺。❹但由于不能确认具体时间，暂不计入表格。

空间分布

　　根据表 19-1，可以得出特定时间内北京清真女寺的数量及其所分布的空间范围（图 19-6）。从图 19-6 可以看出，空间上的扩展要远远超过清真女寺数量上的增长。原因很简单，之后市域扩张进的区域主要为郊区、乡村，穆斯林聚居区的密度要远小于市区。

　　以当前北京市域范围为基准，根据上文的梳理，北京历史上存在的清真女寺的分布如图 19-7 所示，包括：通州清真女寺、回民营清真女寺、寿刘胡同清真女寺、雷家胡同清真女寺、三里河清真女寺、西村清真女寺、观音寺清真女寺、管庄清真女寺、海淀清真女寺、禄米仓清真女寺、西直门外清真女寺、

---

❶ 佟洵. 伊斯兰教与北京清真寺文化. 北京: 中央民族大学出版社, 2003: 385
❷ 同上注, 387页。
❸ 管庄清真寺阿訇和副主任口述。同上注, 350页。
❹ 根据滕静茹2007年1月10日、2007年3月7日和2007年5月2日对安河桥清真寺、南下坡清真寺和马驹桥清真寺的访谈记录。

表19-1　1911－1958年间北京（市域范围在不断变动）清真女寺数量统计

时间	清真女寺数量/座	清真寺总数量/座	清真女寺占总数量的百分比/%
1922	1		
1937	5	46	10.9
1949－1951	12	60	20.0
1952－1957	18	80	22.5
1958/ 01	20	83	24.1
1958/ 10	>20	149	

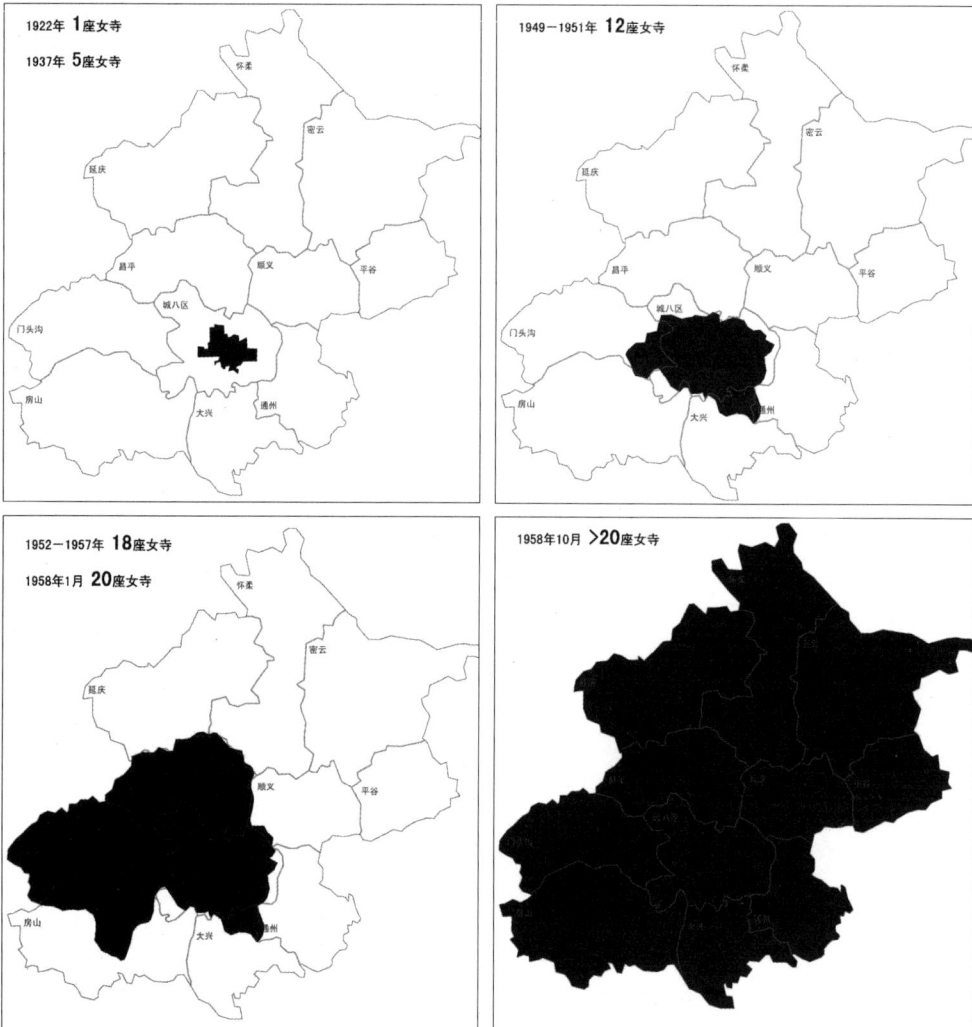

图 19-6
特定时间内的北京市域范围及其清真女寺数量
（滕静茹根据资料改绘）

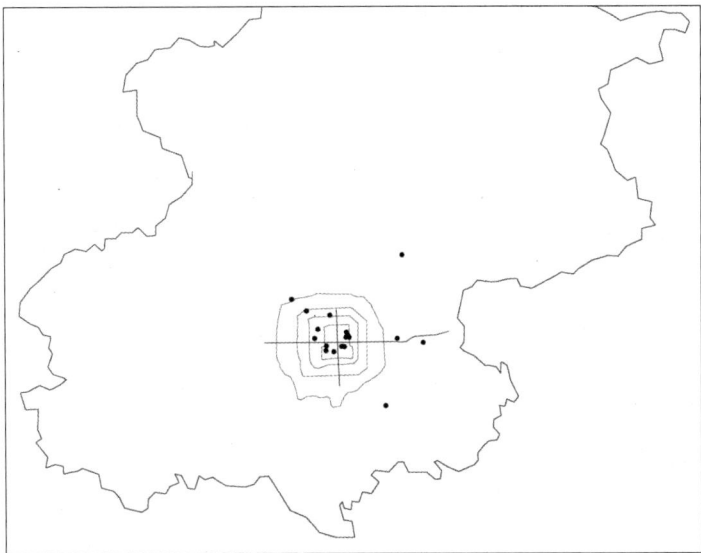

图 19-7
北京历史上的清真女寺分布图

后河沿清真女寺、豆芽菜胡同清真女寺、天桥清真女寺、手帕胡同清真女寺、马驹桥清真女寺、安和桥清真女寺和南下坡清真女寺。虽然数目并不完整，但也可以看出大概的分布规律：内部密集，外部松散。

空间特性

据王梦扬《北京市回教概况》记载，1937 年清真女寺的质量普遍不高，"设备都不怎么完善"，除牛街清真女寺"屋宇约计三十余间"，其他清真女寺"不过屋宇数间"[1]。但上清真女寺礼拜的女性穆斯林倒不少，牛街清真女寺"每日礼拜的妇女，络绎不绝，平均每次礼拜（一番礼拜）有七十余人"，其他清真女寺即使相比于牛街清真女寺的人数要少很多，但也有"每日礼拜者一二十人"[2]。

[1] 寻真, 北平清真寺的调查// 李兴华, 冯今源. 中国伊斯兰教史参考资料选编(1911—1949). 银川: 宁夏人民出版社, 1931: 409~413
[2] 同上。

关于具体的空间形式，据马沙记载，1958 年的这 20 座清真女寺为女性穆斯林设置了"单独的礼拜殿和沐浴室"❶，可见作为"女寺"，空间的独立性十分重要。❷满足这一要求的最小空间形式即为独立的院落。这也许就能解释，为何西红门清真寺曾于 1953 年修建后院五间女礼拜殿，❸但在历史的记载和寺里人的访谈中，都没有"女寺"的说法：可能功能并不完善，缺少女沐浴室，或院落不独立。据佟洵记载，长营过去也有清真女寺，❹但长营的穆斯林至今仍只称自己庞大的女性穆斯林礼拜空间为"女大殿"❺，或许是由于历史上虽然这里上寺的女性穆斯林人数较多，礼拜殿的规模较大，但仍然与男寺空间交叉过多；但也有可能是当地穆斯林对女性穆斯林上寺礼拜的态度使然，仍不肯承认女性穆斯林的空间为"寺"。

发展缘由

20 世纪上半叶这段时间清真女寺建设的增长，原因大致有以下几方面：首先，清末民初时北京穆斯林的普遍贫困状况，与履行宗教义务之需求，共同促成了北京清真女寺的产生。据记载，在旧中国，城镇及乡村有 80% 以上的回民从事小商小贩，❻经济状况十分落后。王梦扬在《北京市回民概况》中

---

❶ 马沙. 北京的清真寺. 中国穆斯林, 1958 (1): 20~22
❷ 这也与伊斯兰教教义对男女性别隔离的要求相符。
❸ 佟洵. 伊斯兰教与北京清真寺文化. 北京: 中央民族大学出版社, 2003: 391
❹ 同上注，304页。
❺ 见长营清真寺内《长营清真寺重建女礼拜殿记》。
❻ 彭年. 1996. 北京的回族与伊斯兰教史料汇编. 北京: 北京市民委史志办公室, 北京市伊斯兰教协会, 238

谈到，北京清真女寺的建立是"为沐浴及求学方便……以应环境需要"。

其次，主流社会兴女学的浪潮鼓励了北京地区修建清真女寺的风气。由于清真女寺兼有对女学穆斯林进行宗教教育的功能，于是就顺应了20世纪初整个中国社会兴办女子教育的浪潮。虽然外部大环境的变化不成其为根本原因，但无疑，它为清真女寺的建立提供了一个教法外宽容的社会环境。

再次，新中国成立之后北京清真女寺的发展，主要源于国家的民族宗教政策。1952年2月，政务院颁布的《关于保障一切散居的少数民族成分的人民享有平等权利的决定》中指出："一切散居的少数民族成分的人民，都和当地汉族人民同样享有各项权利；……都有自由保持或改革他们民族的生活方式、宗教信仰和风俗习惯的权利；……"。❶1949年2月北京刚解放，中共北京市委即安排一回族干部马玉槐负责十一区（现宣武区）回民聚居区的工作，并成立了北京回民工作队。当时为了接触群众，宣传党的政策，"每逢伊斯兰教的'主麻日'和'开斋节'，回委会的干部即到清真寺去做礼拜"，回委员要求"回民干部必须遵守本民族的风俗习惯"❷。1952年，国家在财政尚有困难的情况下，还拨专款修缮了牛街清真女寺。❸

---

❶ 彭年.北京的回族与伊斯兰教史料汇编.北京:北京市民委史志办公室,北京市伊斯兰教协会,1996: 25
❷ 同上。
❸ 同上,291页。

结语

1958 年后，由于"反右"和"文革"，清真女寺遭到了较大的破坏，随着清真寺的关闭而关闭。虽然期间恢复部分清真寺，但难以确定是否有清真女寺恢复。改革开放之后，随着如火如荼的新一轮城市建设的开展，清真女寺面临着城市建设的巨大挑战：有的清真女寺仍被占用或改作他途，有的在城市改造时拆除。但为满足女性穆斯林宗教生活的需求，兴建了一批复合于清真（男）寺内的女穆斯林礼拜空间。未来清真女寺的发展将依赖于国家宗教政策和北京伊斯兰教自身发展的双重影响。■

（本文发表于《北京规划建设》，2007 年 6 月刊）

20

当代北京清真寺女性空间

滕静茹　朱文一

研究背景

20 世纪 80 年代，受女权主义思潮的影响，西方城市规划和建筑理论界开始将女性纳入关注范围，一方面返身检讨既往的城市规划和建筑设计的历史及理论；另一方面，女性主义提供了新的评价城市规划和建筑设计的准则。建筑学专业引入女性主义，表达了贴近生活实践以及对人类生存状况的普遍人文关怀。人类的范畴既应包括男性，也应包括妇女和儿童。

在当代北京城市空间研究中，尚没有专门关注女性生存空间。本文试图以清真寺中的女性空间为研究对象，将对女性的关注引入北京城市空间的研究中。同时，清真寺女性空间作为一种通常消失于学术视野之外的微观空间类型，也有利于丰富北京城市空间研究的范畴。

女性空间与北京清真寺女性空间

"女性空间"，常常让人联想到带有"女性气质"（feminine）的空间。这种空间由于女性的参与，或为女性服务，而沾染上普遍文化定义中的如阴柔、细腻等女性气质。本文避开了纯粹的"男性气质"、"女性气质"的文化理论纠葛，而以空间活动的主体——"人"作为定义的根本。因此，这里的"女性空间"，专指女性以主体身份参与其中的空间。女性作为主要使用者，对空间生产的影响大于与她处于同等位置的男性。

对中国中原地区❶的清真寺来说，女性穆斯林主要使用的

---

❶ 中国西北地区，如新疆、宁夏等省份，很少有女性穆斯林上清真寺礼拜。

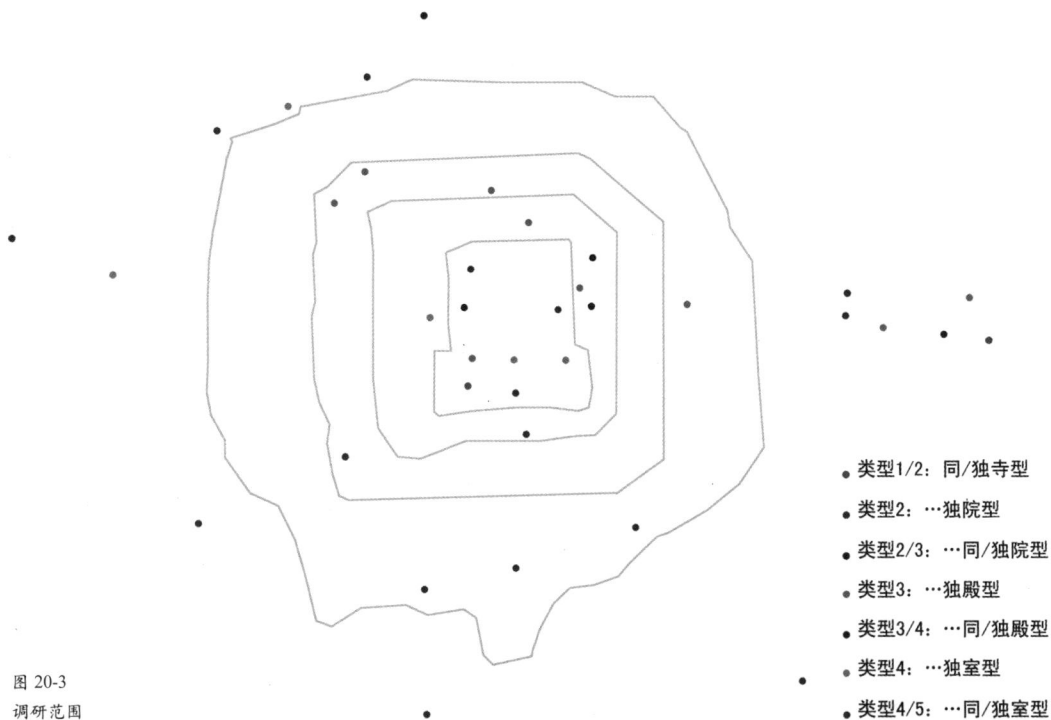

图 20-3
调研范围

类型1/2：同/独寺型
类型2：…独院型
类型2/3：…同/独院型
类型3：…独殿型
类型3/4：…同/独殿型
类型4：…独室型
类型4/5：…同/独室型

图 20-1
海淀清真寺女礼拜殿指示牌

图 20-2
通州清真大寺女水房

空间为女礼拜殿❶（图 20-1）和女水房❷（图 20-2）。本文以下对北京清真寺女性空间的研究，就以这两种空间为主。❸

一般特征

2007 年 1～5 月，作者调查了北京五环以内及周边地区的 39 座清真寺（图 20-3），清真寺中的女性空间具有如下普遍特征。

---

❶ 女性穆斯林礼拜的场所。有时，这个场所并不能称为"殿"，但为叙述方便，姑且如此称呼。关于女性穆斯林礼拜空间的具体论述见下文。
❷ 女性穆斯林在礼拜前必须到女水房完成宗教要求的清洁礼仪，即大小净，类似于我们的沐浴，但又不完全相同，有严格的步骤规定。
❸ 广义上来讲，女性穆斯林会使用到清真寺中除男礼拜殿和男水房以外所有的空间，特别是在伊斯兰教节日，或是学习宗教知识的情况下；但如果从作为主要使用者的角度来说，清真寺中只有女礼拜殿和女水房是女性穆斯林专属的使用空间。

　　第一，普遍存在供女性穆斯林使用的礼拜空间和女水房。不管是处于闹市繁华之地，还是隐身偏远乡村，清真寺不论大小、新旧，普遍都为女性穆斯林设置了冲洗和礼拜的空间。空间的大小、位置和质量等物质状况可能会因为清真寺周边穆斯林的多少、清真寺本身空间的大小和经济状况的好坏而有所差别，但无一例外，都设置了专门服务于女性穆斯林的礼拜空间和女水房。

图 20-4
长营清真寺的男女礼拜空间
（滕静茹根据 GoogleEarth 影像改绘）

　　第二，空间布局上普遍以男性穆斯林的礼拜空间为主，女性穆斯林的礼拜空间为次（图 20-4）。到目前为止，北京尚没有完全独立的清真女寺。如果有所谓的"清真女寺"，一般只是依附于男寺的一处专供女性穆斯林礼拜的院落，其管理仍隶属于男寺。它们往往偏居男寺之一隅，或完全脱离于整个清真寺的核心空间轴线体系，或者服膺于男寺所主导的空间逻辑之下，体形小，仅由一些满足基本功能需要的建筑围合而成，缺乏通常意义上作为一个完整的清真寺必须有的邦克楼❶（图 20-5）和望月楼❷（图 20-6）。当男女穆斯林的礼拜空间位于同一个院落但处于不同的大殿中时，男礼拜殿必定占据院落中坐西朝东的质量最好、体积最庞大的建筑物；女礼拜殿则位于南、北厢房，面积相对狭小。

图 20-5
通州清真大寺邦克楼

　　当女性穆斯林的礼拜空间与男穆斯林同处一个大殿时，这时的女性穆斯林礼拜空间要么位于男穆斯林礼拜空间之一

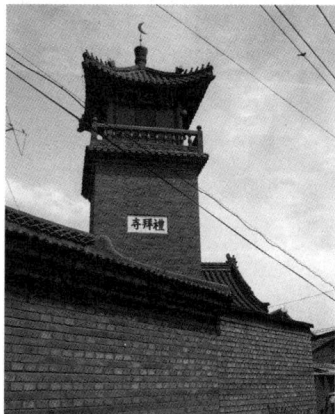
图 20-6
马驹桥清真寺望月楼

---

❶ 传统上供清真寺教职人员站在上面呼唤周边穆斯林前来寺里做礼拜的建筑。
❷ 传统上在伊斯兰教历斋月的最后几天，供清真寺教职人员站在上面观察月相的建筑，以此确定哪一天作为开斋节。

图 20-7
四王府清真寺男女水房

图 20-8
通州清真大寺女礼拜殿

图 20-9
丰台清真寺女礼拜殿

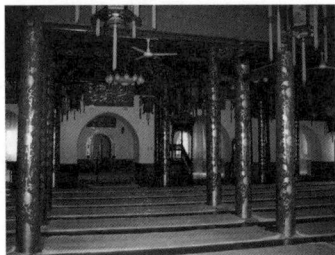

图 20-10
通州清真大寺男礼拜殿

侧（南、北侧），要么位于男穆斯林礼拜空间之后，二者之间用隔墙、屏风、布帘等隔开。

第三，男女水房之间没有明显的主次差异（图 20-7）。虽然在调查中发现，多数男水房的空间要比女水房大，有的清真寺的男水房的位置要比女水房好，但二者之间并没有明显和必然的主次关系。通常情况下，男女水房毗邻，或相对，以便于男女穆斯林寻找。男女穆斯林人数的多寡不同。但通常情况下，同一个寺里的男女水房的设施和装修程度都是相同的。这从教义上比较好理解。伊斯兰教注重清洁，因此礼拜之前的冲洗对于男女穆斯林同等重要，并不存在性别差异的问题。实际上从建造上来说，男女水房临近，也是最经济、方便的使用方式，利于节省管道和安排上下水。

内部特征

从室内空间布局上来讲，女性穆斯林的礼拜空间（图20-8、图20-9）与男性穆斯林的礼拜空间（图20-10）有较大的相似性。

在中国，穆斯林的礼拜方向都是朝西；礼拜的地方往往先满铺地毯，然后再用其他花色的毯子铺设一排排的跪拜位置。当女性穆斯林的礼拜空间位于男性穆斯林礼拜空间内的时候，女性穆斯林很有可能与男性穆斯林在同一排上礼拜，但彼此之间会有布帘或屏风隔开。通常情况下，不管是男性穆斯林的礼拜空间还是女性穆斯林的礼拜空间，都在两侧准备了凳子或桌椅，以供无法在地面上跪拜的老年男女使用。

但从室内陈设上来讲，女性穆斯林的礼拜空间与男性穆斯林的礼拜空间具有根本的不同，而且这种不同往往容易被缺乏伊斯兰教知识的人所忽略。

　　一方面，女性穆斯林的礼拜空间没有敏拜尔（图 20-11）——
一种供阿訇在主麻或节日时站在上面讲经的木制台阶。但对
男性穆斯林的礼拜空间来说，这是必不可少的设施。如果女
性穆斯林的礼拜空间位于男性穆斯林的礼拜空间内，敏拜尔
就更没有必要设置了。

图 20-11
锦什坊街清真寺男礼拜殿敏拜尔

　　另一方面，女性穆斯林的礼拜空间没有窑殿（图 20-12），
即通常位于清真寺礼拜大殿端头的凹进去的空间。现在虽然
有些清真寺的女礼拜殿在西面的墙上设置了类似于窑殿的拱
券或其他装饰，但按照教法规定，这些东西都不被允许。

　　有些虔诚的女性穆斯林在礼拜时会穿上长及膝下的白大
褂，遮蔽全身，因此有的女性穆斯林的礼拜空间还有一些挂
衣服的地方。由于女性穆斯林在礼拜的时候并没有单独的阿
訇领拜，如果女性穆斯林的礼拜空间与男性穆斯林的礼拜空
间相隔较远，往往还会在室内设置音箱等传声设施，以便这
里的宗教活动与男性穆斯林那里保持同步。

图 20-12
锦什坊街男礼拜殿窑殿

　　由于礼拜前的大、小净对男女穆斯林来说是同样的宗教
礼仪，因此女水房与男水房在空间布局和室内陈设上没有大
的区别，都包括供洗大净用和小净净下时用的隔间，以及洗
小净用的池圈。差别只在于数量多少和空间大小的不同。

空间使用

　　从空间使用上来讲，女性穆斯林的礼拜空间具有两个特
征，一是时间上的"离散性"，另一个是空间上的"离散性"。

　　通常清真寺会将本寺每天五时合众礼拜的时间明确地标
识出来。虽然实际上每番拜功只要在一定的时间段内完成即
可，但因为教法对男性穆斯林有成班礼拜的要求，因此男礼
拜殿的使用呈现按照一定时间的规律性。但女礼拜殿则不同。

女性没有成班礼拜❶的要求，因此她们可以根据自己时间的安排上清真寺礼拜，并不是一个准点。

另外，由于女性没有成班礼拜要求，或者说是不能成班礼拜，因此在礼拜时的空间使用在男性穆斯林会是整齐的行列式，在女性穆斯林则是散点式，选择自己喜欢的位置。

后河沿清真寺的一位乡老对此有细致的描述："这个时间是底盖尔，妇女家里要有孩子上学，老人吃饭，她做完饭，吃了饭，歇一会儿，她就上这儿来。洗完以后，底盖尔一人，她不按……女的不是可以不排班吗？自己就礼了。来这儿把撇失尼礼了，把中午这撇失尼先礼了，补上。补完以后呢，底盖尔一人时，正时，再把底盖尔礼了。底盖尔礼完，买菜回家做饭。然后呢，做饭回来，人家沙目都下了，男的都下了，她那儿洗完之后补沙目，然后等着，再礼虎夫滩。她就根据个人的时间，什么都不耽误。五个时候都礼了。男的不是聚礼么，得集体礼。女的没有。"

空间模式

由于北京清真寺中男女礼拜殿在空间位置和规模大小上存在的强差别性，以及男女水房之间的弱差别性，在对北京清真寺女性空间进行分类时，可以仅以女礼拜殿作为分类依据。因为女礼拜殿的空间存在密切地依托于男礼拜殿的空间定位，因此我们依据女大殿与男大殿之间的空间关系来命名北京清真寺中女性空间的不同类型。

根据中国传统建筑的空间等级，将清真寺女性空间划分为"寺"、"院"、"殿"、"室"、"位"五个空间层次：院与院

❶ 布哈里著. 布哈里圣训实录全集(第一部). 康有玺译. 北京:经济日报出版社, 1999

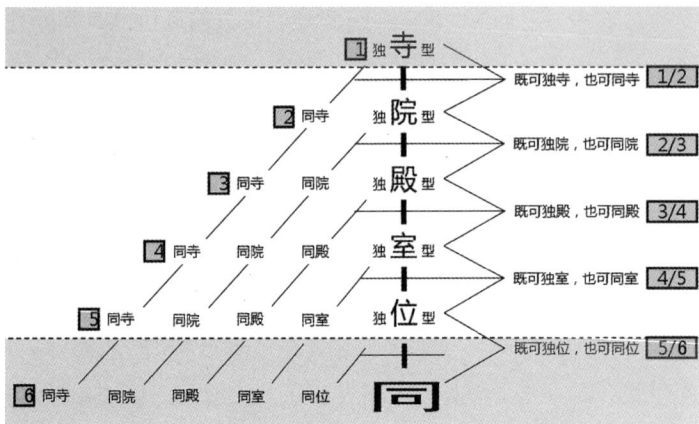

图 20-13
北京清真寺女性空间·类型图式
（滕静茹绘）

组成寺；多个殿围合成院；殿内有不同的室；同一室采取不同的位进行排班。由此可以将中国清真寺中的女性空间划分为六种基本类型（图 20-13、图 20-14）：类型 1. 独寺型；类型 2. 同寺独院型；类型 3. 同寺同院独殿型；类型 4. 同寺同院同殿独室型；类型 5. 同寺同院同殿同室独位型；类型 6. 同寺同院同殿同室同位型。到目前为止，伊斯兰教教法尚不允许男女同位而拜，因此类型 6 不存在。

　　调研中发现，北京清真寺女性空间是一种更为复杂的存在状态。因为建筑环境的稍许差异，它可能会既属于这一类，也属于那一类，并不能总是绝对地划归为五种基本类型之一。因而尚有 4 种处于中间状态的亚类型，即类型 1/2. 既可独寺，也可同寺；类型 2/3. 既可独院，也可同院；类型 3/4. 既可独殿，也可同殿；类型 4/5. 既可独室，也可同室。从类型 1 到类型 5，是一个女性空间逐步进入男性空间的层层递进地"登堂入室"的过程，女性穆斯林礼拜空间与男性穆斯林礼拜空间之间的物理距离逐渐缩小，男女穆斯林彼此之间宗教活动的碰撞逐渐增多。

　　目前北京清真寺中的女性空间主要集中在类型 1/2 到类型

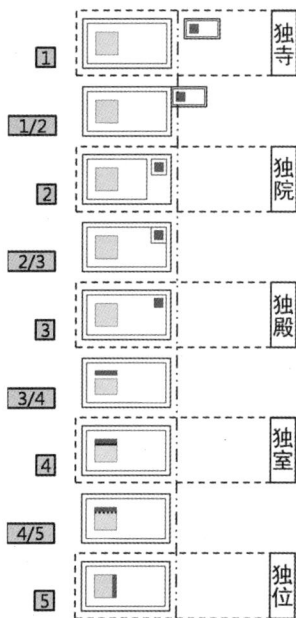

图 20-14
北京清真寺女性空间·空间图解（滕静茹绘）
从空间层次上，可以讲一个完整的清真寺抽象为两重围墙和一个礼拜殿组成。第一重围墙表示清真寺的寺墙；第二重围墙表示礼拜殿所在的院落的院墙，这两者之间是可能的附属建筑，中心虚线左边表示男寺，右边表示女寺，浅色方块和深色方块，或方块的浅色和深色部分，分别表示男礼拜殿和女礼拜殿。从 1～5 是一个女性穆斯林的礼拜空间逐渐进入男穆斯林礼拜空间的层层深入的过程。

4/5。虽然北京的穆斯林会将一些较大的、较独立的女性穆斯林的礼拜空间称为"女寺"，但实际上由于它们并未自行管理，也没有专门的阿訇，并不能算是"独寺"，因此类型 1 实际上不存在；类型 5 则非常少见，只出现于某些特殊的情况中。

未来预设

　　从目前的调查来看，未来北京清真寺女性空间的发展有两种截然不同的空间模式趋向：一是进一步隔离，修建独立的女寺；二是取消物质空间上的隔离，采用在同一空间内排班的方式。但前者似乎获得了更多的伊斯兰教精英群体的支持。作者认为，无论是隔离还是同室排班，将伊斯兰教教义中男女平等的观念落实到空间上是最重要的。在这方面，如图 20-4 所示的长营清真寺可以认为是比较好的例子，虽然不能说很完美。

　　改革开放以来，北京进入了大规模的城市建设时期。在此过程中，清真寺女性空间的命运跌宕起伏。从宏观分布上来看，短期内北京清真寺女性空间还将随着穆斯林群体的空间重组而变化。关注这种变化，将对提高北京的整体城市空间品质有积极的作用。■（图片均为滕静茹拍摄）

（本文发表于《建筑创作》，2007 年 7 月刊）

21

北京天主教堂婚庆空间考察

谷军　朱文一

教堂与婚庆

教堂，是天主教与东正教的神父、修士、修女，基督教的牧师、长老等神职人员修道、传教、举行弥撒、礼拜、祈祷等宗教活动的场所。[1]在西方人的传统文化中，由于西方人的宗教信仰和教堂所代表的神圣、忠贞的精神，教堂也是举行婚礼的首选场地。

北京作为有着悠久历史的文化古都，自元代以来一直发生着中西方文化的碰撞。教堂，则在这种碰撞中被建造出来，成为传播西方文化的前线。北京现存最早的教堂为明朝万历年间利玛窦所建的宣武门教堂，到目前为止，北京共建有天主教堂17座，基督礼拜堂近百所。[2]

改革开放以来，中西文化的交融与日俱增，近年来，有不少并非信徒的年轻人选择在教堂（主要是天主教堂）举办婚礼，逐渐成为一种新的婚庆时尚。笔者从全国婚庆行业委员会获悉，当代中国在教堂举行婚礼的新人约占举行婚庆总人数的10%。北京市每个教堂平均每个月大约有十余对新人举办婚礼，在五一、十一等节假日婚礼人数还会更多。教堂已经成为了北京新人举办婚庆的重要场所。在当代北京的教堂中，天主教的教堂允许教外新人举行婚礼，一些教堂为满足这些新人的需要，还特别在教堂内设有婚庆部。而基督教徒基本上只允许信徒举办婚礼。

由此可见，在当代北京，婚庆和教堂有了密切的关联，这种结合了婚庆的教堂空间就是教堂婚庆空间，指的是发生在教堂及其领域范围内的婚庆活动所占用的空间。由于天主

---

[1] 佟洵.试论北京历史上的教堂文化.北京联合大学学报, 2000, 9
[2] 同上。

教堂婚庆对教外人士开放，与基督教堂相比具有更多的受众，是北京教堂婚庆的主要举办场所，因此本文将研究对象定为天主教堂婚庆空间。

空间分布

北京城八区内现有可以举办婚礼的教堂 15 座，其中天主教堂 8 座[1]，分别是东堂、南堂、西堂、北堂（西什库堂）、圣米厄尔堂、南岗子堂、东管头堂及平房堂；基督教堂 7 座。[2] 在这些教堂中，天主教堂允许教外人士举行婚礼，基督教堂除海淀堂外只允许信徒举行婚礼。因此，天主教堂更具有开放性，具有更多的受众，其中，尤以位于宣武门的南堂为最。南堂是北京第一座教堂，为利玛窦所建，地理位置优越，是天主教婚礼的中心。北京城区天主教堂婚庆空间的分布如图 21-1 所示。

北京大部分的天主教堂都位于城市繁华地带，其中 6 座教堂位于旧城中心区，商业繁华。这样的地理条件为教堂婚庆提供了极大的便利，使教堂与周边商业结合的十分紧密。一方面，周边的庆典服务业为教堂婚礼提供了大量的庆典及装饰用品；另一方面，酒店及餐厅则为新人教堂婚礼后的婚宴提供了交通极为便利的场所。这样就在教堂周边围绕教堂形成一个领域，在此领域范围内的酒店、婚纱摄影、鲜花礼品店等婚庆服务单位共同组成了一个空间集合，教堂是这个集合的中心，集合内的元素依靠婚庆活动相互联系。图 21-2

---

[1] 金秋野.圣诞夜, 我们去教堂.北京规划建设, 2007.2
[2] 参见北京基督徒网, 北京基督教三自爱国运动委员会、北京基督教教务委员会版权所有, http://www.bjjdt.com

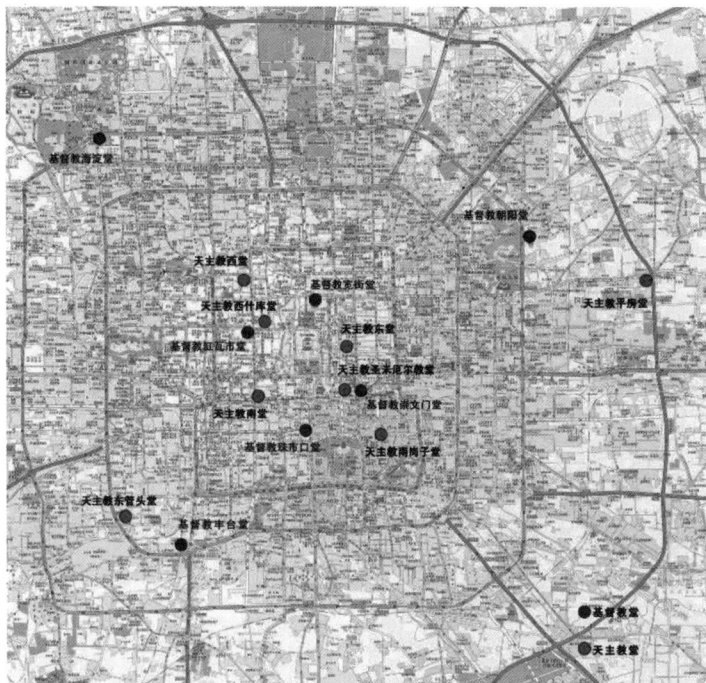

图 21-1
北京城区天主教堂婚庆空间分布图

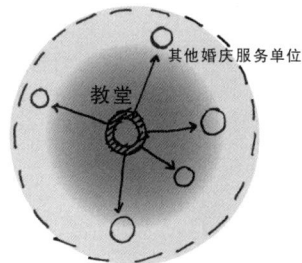

图 21-2
教堂婚庆空间集合模型

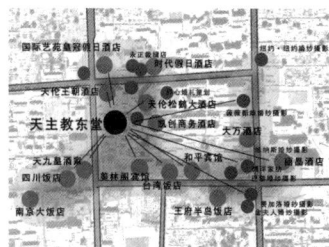

图 21-3
东堂及其附近的婚庆服务

图 21-4
西什库堂及其附近的婚庆服务

是这样一个空间集合的模型。

以天主教东堂为例，在东堂四周，各大酒店林立，如天伦王朝酒店、国际艺苑皇冠假日酒店、松鹤大酒店、丽晶酒店、王府半岛酒店等。这些酒店为教堂婚礼仪式后的婚宴提供场地。同时，教堂周边还有巴黎婚纱摄影、金夫人婚纱摄影、薇薇新娘婚纱摄影、永正裁缝店等婚庆服务单位，与教堂、酒店等形成资源互补的共存关系（图 21-3）。

再如位于西四南大街附近的天主教西什库堂，该教堂邻近基督教缸瓦市堂。两个教堂周围坐落着不少酒店，更具特色的是周边充满了各个品牌的婚纱摄影公司。众多婚庆资源的集中使得新人可以在步行可达的范围内享受一站式的服务（图 21-4）。

下面从婚庆空间的角度对北京几大天主教堂进行概述。

天主教东堂（图 21-5）紧邻王府井大街，周边拥有很多的四星级或五星级酒店，步行即可达，非常方便新人从教堂去往婚宴地点。教堂前有占地 8000 多平方米的广场，铺装良好，布置有花盆，为教堂婚庆的室外活动提供了场地，还使得在此进行的婚纱摄影有了发挥的空间，同时也让周围的市民能够与教堂婚礼产生互动，因此十分热闹。教堂没有固定停车位，婚车停放极不方便。

天主教南堂（图 21-6）位于宣武门，紧靠地铁 2 号线宣武门站出口，对面为越秀大酒店。教堂拥有自己的独门院落，进门左手边为婚庆办公室，专为婚庆服务。教堂及其院落可以分为四重空间。第一重：院门前停车场，有充足的停车位停放婚车，为新人及其宾友提供方便。第二重：绿化庭院，可为新人活动提供园林空间。第三重：教堂门前广场，新人可在此与宾客进行各种活动，与绿化庭院共同组成通往教堂的过渡空间。第四重：教堂内部，举行婚礼的空间。教堂环境十分幽静，与教堂婚礼的气氛相符。

天主教北堂（图 21-7）又称西什库堂，位于西安门大街北边的一个胡同内，拥有独立的院落，面积很大，并且拥有教堂门前广场，适合室外环节丰富的教堂婚礼。教堂外观雅致漂亮，适合婚纱摄影以及婚礼当天的拍摄。教堂周边够档次的大酒店不多，是其不如东堂与南堂之处。

天主教东交民巷堂（图 21-8）周围的婚宴场所有哈德门饭店、崇文门饭店、新侨饭店、万怡酒店、金朗大酒店等，距离王府井大街的酒店群也不算远。教堂拥有独立院落，虽然规模不如前面的几座教堂，但却小巧别致。

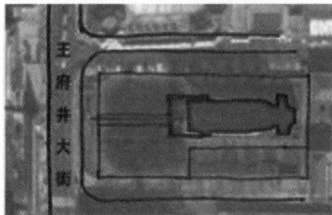

图 21-5
天主教东堂平面示意图

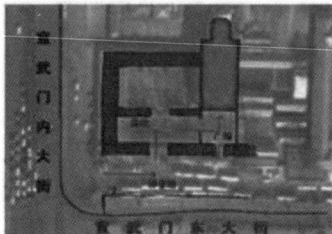

图 21-6
天主教南堂平面示意图

图 21-7
天主教北堂平面示意图

图 21-8
天主教东交民巷堂平面示意图

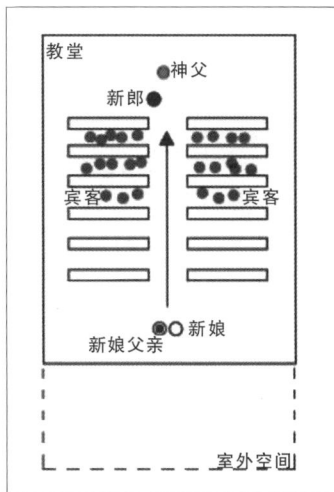

图 21-9
入场

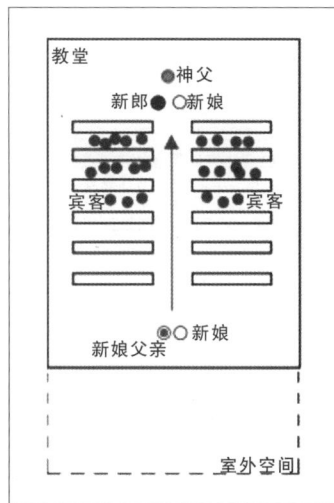

图 21-10
仪式

天主教堂婚庆流程

证婚人，一般为牧师、神父或主持婚礼的长辈，在礼台的正中央站立，面对宾客。新郎则站在证婚人的右手边，即宾客的左手边，面对宾客。伴郎、伴娘、花童、戒童等进入场地，分两边面对宾客站好；随着婚礼进行曲，新娘挽着父亲入场；父亲将新娘交到等候已久的新郎手中(图21-9)。之后，新娘站在右边，新郎站在左边，面对证婚人；新娘、新郎交换戒指并宣誓；证婚人致辞（图 21-10）。仪式完毕，音乐响起后新人在人们的起立鼓掌中，重新走过婚礼甬道，走出婚礼会场（图 21-11）。宾客鼓掌庆祝并向新人抛洒花瓣。新人与来宾拍照留念或进行其他活动（图 21-12）。全程大概十五分钟到半个小时。这些只是教外人士进行的婚礼，又称婚姻祝福礼，信徒的婚礼在此基础上还要更复杂些。退场后在教堂外，通常还要进行一些小的婚庆活动以缓和教堂内过于严肃的气氛。由于教堂内不能举行婚宴，因此仪式后所有人要前往预订的酒店。

天主教堂举办婚礼的时间周一到周日均可，安排在每日例行的弥撒等活动之后，一般在上午。由于周日的弥撒要进行得很晚，而周一到周五又是上班时间，新人很难挤出时间，因此，周六是最为理想的教堂婚庆时间，安排的也最满。每次婚礼的用时根据当天时间的安排调整，当天婚礼场次多时每场的用时就会缩减。

空间结构

天主教堂婚庆空间的总体结构主要由仪式空间（礼拜堂）、教堂附属的室外开放空间及教堂通往婚宴场所的交通空间等组成。证婚仪式在教堂的礼拜堂内完成，北京各大天主教堂

的礼拜堂通常能容纳 500 ～ 1500 人不等，如西什库教堂可容
纳 1000 人，王府井教堂可容纳 800 人等。但在实际的婚礼中
通常坐不满，只占用前面的几排。教堂通常都不提供接待室、
化妆更衣室，但婚庆产业发展较好的教堂如宣武门堂或新建
的教堂会为新人提供休息室。教堂外通常会有附属广场、花园
之类的开放空间，常用来进行无法在教堂内进行的活动，如
抛花、放飞气球等，也是新人从教堂庄重肃穆的气氛向酒店
欢庆的气氛的过渡，可以释放情感。同时，配合教堂建筑及
花园小品作为背景，这一室外开放空间还是绝佳的摄影地点。

礼堂内的空间还可以分为宾客区、通道、礼台区。宾客
区也就是座席区，宾客们在此参与整个婚礼过程。通道是新郎、
新娘、伴郎、伴娘等都要经过的路径，尤其是新娘，通道空间
是新娘从父亲一边转向新郎的过渡空间，意味着新娘身份的
转变，对新娘来说十分重要。礼台区是新人们在神父面前宣誓，
接受神父祝福的地方，也是整个婚礼礼成的地方（图 21-13）。

教堂附属开放空间是整个教堂婚庆的开端和收尾的地
方。新人在进入教堂前会在开放空间进行一番活动，从教堂
出来后也要进行一系列的活动，随后离开教堂赶往婚宴场地。
这部分婚庆活动所占用的空间范围通常没有实质的边界，往
往根据婚庆活动的需要，形成以新人为中心，观众位于四周
的围合的空间。空间呈扇形，通常是以教堂立面为背景，其
余边界是由人群形成的软界面。

界面特点

空间高大崇高是天主教堂婚庆空间的一大特点。天主教
堂平时用于信徒进行弥撒、祈祷、忏悔和礼拜，通常都十分高
大，显得很神圣。而婚礼也一直被人们视为非常神圣的活动。

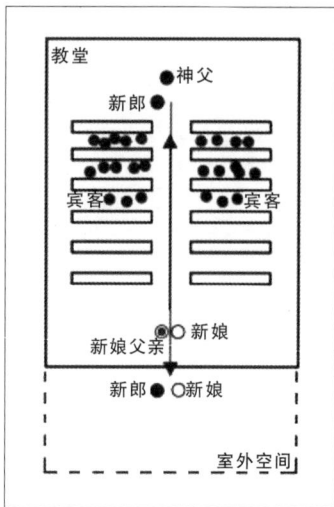

图 21-11
退场

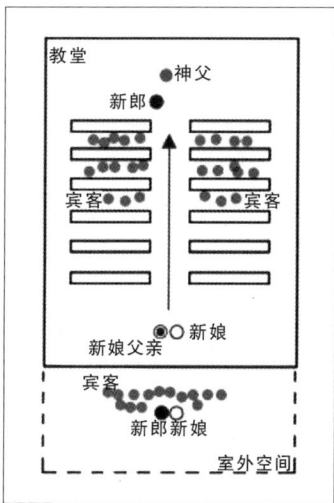

图 21-12
室外活动

教堂空间正好与婚礼的要求相符合，不仅反映了教徒朝圣的需要，也反映了非教徒对神圣婚礼的追求。在崇高宏大的教堂空间里，进行婚礼的新人仿佛能听到天主在上方召唤一般。正是借助这样的教堂空间，婚礼乃至婚姻被神圣化，在神的祝福下获得永恒和忠贞。天主教的宣武门的南堂、东交民巷的圣米厄尔堂、西什库的北堂等都是哥特式建筑，室外尖塔高大雄伟，室内的立柱和拱顶也使得室内空间充满了向上的挺拔感。再如东堂三座高塔在宽阔的广场的映衬下显得十分高大挺拔，与教堂婚庆神圣的氛围相称（图 21-14）。

　　室内庄重严肃是天主教堂婚庆空间的又一特征。不同于中式婚礼的喜庆，在教堂进行的西式婚礼是非常庄重严肃的，这反映了西方人对待婚姻的态度。教堂空间也满足了这种严肃性，符合西式婚礼所要求的氛围。从进入教堂的那一刻起，就会让人产生敬意。教堂内的桌椅会让人联想起弥撒、礼拜时的情景。墙壁上挂着的宗教油画、礼台区后面的圣母像，以及柱廊、拱顶无不渲染了这种氛围。尽管婚礼是非常幸福的活动，在中国人的传统文化婚礼是喜气洋洋的，但在教堂里，受到整体室内气氛的影响，婚礼非常严肃，甚至会让人落泪（图 21-15）。

　　室外活泼喜庆是天主教堂婚庆空间的第三个特征。正是因为教堂内的婚庆空间氛围过于严肃，与中国人喜气洋洋的婚礼气氛完全不同，因此，在不受西方婚庆礼仪限制的教堂附属的室外的空间氛围就活泼得多。教堂外墙将教堂婚庆空间分成内、外两部分，室内由石壁、柱廊、拱顶、竖条彩色窗、宗教色彩的装饰等构成严肃的氛围，而一旦步出大门，婚庆氛围就完全改变。室外阳光明媚，空间开放，有些还能看到来来往往的人群（如王府井的东堂），有些由植物围成庭院，

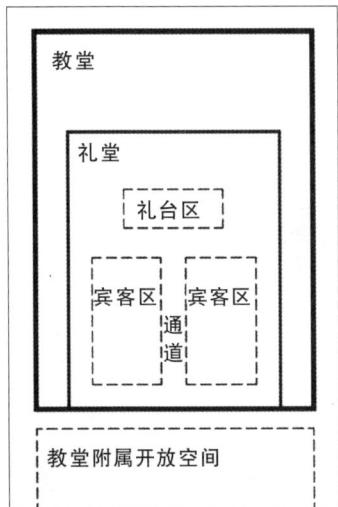

图 21-13
天主教堂婚庆空间结构

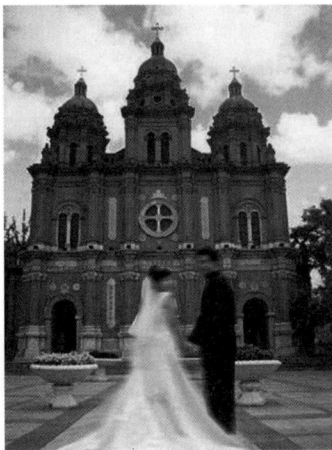

图 21-14
天主教东堂立面

这些都充满生气，营造出活泼欢乐的氛围，与中国传统的婚庆文化相符合。新人在室外可以尽情释放情感，与亲友嬉笑、合影、放飞气球或是抛手捧花。这也算是北京天主教堂婚庆空间的特色（图21-16）。

场地简约朴素是天主教堂婚庆空间的第四个特征。教堂婚礼时间短，也不允许新人进行过多的装饰，以免影响整体氛围。因此，为了表达朴实纯真的情感，教堂内部几乎不会进行场地布置。在进行婚礼时，教堂内的吊灯全开，再加上从彩色玻璃窗射入的日光，就算是全部的光效了。在中国传统婚庆中，婚礼会场一定要精心布置，以显得婚礼隆重气派，因此北京进行教堂婚庆的教外人士多少会进行场地布置，即便进行场地布置，也会非常简单，一般在中央通道的两旁布置路引，即用鲜花置于通道两边的座席的桌子上，或是在门口悬挂花球，设置简单的花门等，与中式婚礼的布置相比简单多了（图21-17）。

结语

一般而言，天主教堂更多的是作为宗教空间来研究。而对于绝大多数的中国人来说，他们并不是教徒，非宗教的市民文化空间才是真正融入人们生活的教堂空间。本文以婚庆作为教堂市民文化的典型代表，对北京天主教堂婚庆空间进行了考察。

众所周知，教堂婚礼在西方国家十分流行，但在中国还处于刚刚起步阶段。而随着中西方文化的交流不断加大和深入，加上天主教堂对教外人士进行婚礼的开放，教堂婚礼已经成为一种时尚。尤其是在作为国际大都市的北京，近年来

图 21-15
教堂内婚庆空间

图 21-16
教堂外婚庆空间

图 21-17
教堂内空间婚庆布置

追求教堂婚礼的年轻人比以前有所增多。教堂婚礼成为市民生活与教堂联系的重要纽带之一。因此，研究北京天主教堂婚庆空间将会对全面了解北京婚庆空间以及教堂市民生活有所助益。■

（本文发表于《北京规划建设》，2008 年 3 月刊）

22

公厕与北京城

汪浩　朱文一

道在屎溺——《庄子·知北游》 ❶

不可避讳的公厕

公共厕所，简称公厕，是指区别于私人家庭内部厕所，设置在城市公共空间或公共场所，提供社会公众使用的厕所。城市公厕涉及公众健康、公共卫生与服务、环境保护、旅游发展、妇女和残疾人等一系列社会问题，同时也直接影响着城市公共空间的品质。

在人们日常生活的"衣、食、住、行"中，"食"、"住"都与厕所密不可分；城市公厕更是与公众的日常出"行"直接相关。而事实上，几乎世界上各种文化中都有对排泄的禁忌。在中国，人们对于"食"和"住"的研究可谓历史悠久、博大精深，闻达于各国；但直至今日，关于厕所的东西仍被大多数中国人所避讳。中国的"公厕革命"❷尚未完成，公厕问题依然存在。

北京作为中国的首都，不但是全国的政治中心、文化中心，还是世界著名古都和现代国际城市。❸对北京而言，城市公厕不但是方便公众日常生活、满足人们最基本生理需要的城市基础设施，更关系到旧城的保护与更新、旅游业的发展和重大事件的承办，乃至关系到国家和民族的形象。

如今，公厕问题已经是不能回避的避讳。"人们应该开怀地谈论，就如同谈论食品、健康等话题一样。只有这样，才

---

❶ 释义：比喻道之无所不在。出处《庄子·知北游》："东郭子问于庄子曰：'所谓道，恶乎在？'庄子曰：'无所不在。'东郭子曰：'期而后可。'庄子曰：'在蝼蚁。'曰：'何其下耶？'曰：'在稊稗。'……曰：'何其愈甚耶？'曰：'在屎溺。'东郭子不应。"

❷ "公厕革命"一词最早由朱嘉明先生提出。

❸《北京城市总体规划（2004—2020年）》中对北京城市性质的定义。

能提高公众对厕所问题的认识，最终找到解决问题的办法❶。"

历史上的北京公厕

纵观中国历史，虽然早在 3000 年前的周朝就出现了在路边的公厕❷，但由于经济发展、文化习俗等原因，公厕的发展却十分缓慢，即使在都城中亦是如此。

明、清时期，北京作为都城，城内人口密度大、流动人口多，虽然城市商业一片繁荣、皇家殿宇金碧辉煌，但百姓居住环境拥挤、卫生条件差，城市公共设施匮乏，管理无序。就厕所而言，不但公厕数量屈指可数，甚至不少人家中也没有厕所，以致有"京师无厕"❸的说法。

明代时北京几乎没有公厕，路人迫于内急之时，多顾不得体面和忌讳而随处方便。明末作家王思任在《坑厕赋》中就对此直陈时弊："愁京邸街巷作溷，每昧爽而揽衣。不难随地宴享，极苦无处起居。"明朝对于在街旁渠边随意方便者并无处罚规定，更无专职人员负责清理，以致京城街道污秽不堪。

清代定都北京时，曾对公厕的布局做出规定：皇城四周、南海、中海、北海等皇家园林附近以及积水潭周边地区不准设置公厕❹。为了解决厕所管理的经费问题，清政府曾尝试公厕收费，并允许私人开办，然而这并不为当时的人们所接受。到宣统三年，北京城区官设公厕仅有 10 座，私设公厕只有 6 座。如此少的公厕数量与北京都城的地位实不相称，况且那

---

❶ 新加坡公厕协会会长之语。
❷ 《周礼·天官冢宰》记载："宫人为其井匽，除其不蠲，去其恶臭。"郑司农解释说："匽，路厕也。"尚云："可证古时路上皆有官厕，于今正同。"
❸ 李阳泉. 中国文明的秘密档案. 天津：百花文艺出版社，2005
❹ 满运来，刘虎山. 中外公厕文明及设计. 天津：天津大学出版社，1997. 4

时的公厕十分简陋，多是"一个坑、两块砖、三尺土墙围四边"❶，如厕者要先发出信号，以免厕内有人；而男女分设的公共厕所到本世纪初才出现。北京以街为厕的情况直到清末才有所改观，各街道开始修建公厕，也不准随地便溺。同时，城市中出现运粪车，以摇铃为号；但在封建秩序严格的皇都，运粪车只能从安定门进出❷。

据统计，解放初分布在北京城区街道上的公厕有516座，大多数由草席围成，非常简陋。其中砖砌较正规的仅有83座❸。

北京公厕现况

新中国成立后，北京城市公厕的发展首先反映在数量的迅速增加上。到1979年底,北京已经建成有5590座城市公厕，是三十年前的10倍有余；此后近20年间，北京公厕的数量基本维持在6200～6800座这个相对稳定的水平。到1999年底，北京共有6535座城市公厕，其中水冲式公厕5482座。进入21世纪，随着北京"奥运筹备阶段"的开始，城市建设也进入了高速期。飞速的城市更新使一批公厕被拆除而没有及时复建；同时，环卫部门在城市公厕的建设中也逐渐将提高北京整体公厕质量作为主要的发展方向。到2004年底，北京共有5598座城市公厕。2004年以后，依据《北京城市总体规划（2004～2020年)》中对"城乡一体化"的城市建设要求，北京市市政管委在强调公厕规划布局日趋合理的基础上，

---

❶ 满运来, 刘虎山. 中外公厕文明及设计. 天津: 天津大学出版社, 1997. 4
❷ 魏忠.方便之地话文明.北京:中国环境科学出版社,1996.13
❸ 北京市哲学社会科学规划办公室.首都公厕革命的调研与实施报告, 1994

表22-1　北京城市公厕总数及每万人拥有公厕数（1949—2007年）

年份 \ 类型	城市公厕总数/座	每万人拥有公厕数/座	年份 \ 类型	城市公厕总数/座	每万人拥有公厕数/座
1949	516	–	1992	6819	11.4
1959	1049	–	1993	6941	10.8
1969	3327	–	1994	6854	11.8
1979	5590	–	1995	6286	11.3
1980	5819	–	1996	6213	11.2
1981	6200	–	1997	6643	10.83
1982	6632	–	1998	6556	11.12
1983	6816	–	1999	6535	9.42
1984	6866	–	2000	5488	8.02
1985	6787	12.4	2001	5347	7.3
1986	6805	12.2	2002	5644	5.9
1987	6775	12.6	2003	5654	5.88
1988	6801	11.9	2004	5598	4.72
1989	6821	11.7	2005	5635	3.66
1990	6859	11.5	2006	5742	3.5
1991	6828	11.4	2007	5845	3.5

逐步增加了一批高质量的新建公厕（表 22-1 ❶、图 22-1）。到 2008 年奥运会前，北京的公厕数量达到近 6000 座，同时在质量上全部达标。

---

❶ 政府部门统计的城市公厕是指由北京市市政管理委员会直接管理的市政公厕。表格中1959、1969两年城市公厕总数来源于《首都公厕革命的调研与实施报告》；1984—1990年度的城市公厕总数来源于北京市统计局编写的《北京社会经济统计年鉴》（1985—1991）；1979—1980、1982—1983、1991—2004各年度的城市公厕总数来源于北京市统计局编写的《北京统计年鉴》（1980—2005）；2005年城市公厕总数，1985—1991、1995—2005各年度每万人拥有公厕数来源于国家统计局编写的《中国统计年鉴》（1986—2006）；2006—2007年度城市公厕总数是依据对马康丁先生的访谈整理而来；1981年城市公厕总数，1992—1994、2006—2007各年度每万人拥有公厕数是依据前后相关数据推算而来。

不同的统计年鉴由于统计方法的不同，数据会有差异，表格中的数据是经过认真比较后选择而来。

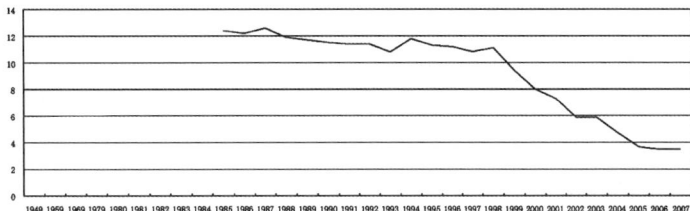

图 22-1
北京城市公厕总数
（1949—2007 年）

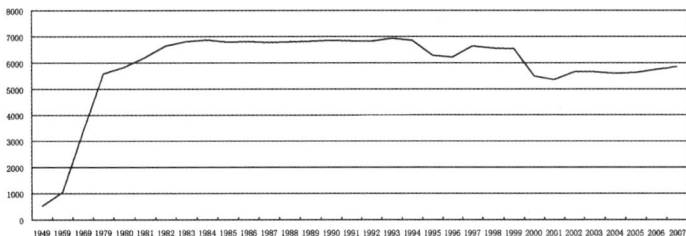

图 22-2
北京城市每万人拥有公厕数
（1985—2007 年）

图 22-3
北京地铁 1 号线八宝山站站内公厕

　　随着城市规模的不断扩大、城市居民总数的迅速增长，北京城市平均每万人拥有的公厕数量从 1985 年以后一直呈下降趋势。截至 2005 年底，北京城市平均每万人拥有 3.66 座公厕，数量较 1985 年下降了 70%；虽然城市公厕的质量有了显著的提高，但公厕的数量却日显不足（表 22-1、图 22-2）。为了缓解现有市政公厕数量不足的问题，必须充分挖掘城市中各类"隐形"的公厕资源❶。为此，北京市市政管委不断督促各类公共服务设施和沿街公共建筑逐步向公众开放其内部厕所。2002 年，北京地铁站内公厕免费对乘客开放（图 22-3）；同年市政管委发布《关于本市营业场所内厕所对社会公众开放使

------

❶ 城市中各类公共服务设施或公共建筑都拥有自己的公厕，虽然它们与城市公共空间和公众日常生活密切联系，但这部分公厕只向小部分城市公众开放。对于大部分城市居民或流动人员而言，这些城市公厕是"隐形"的。但这些"隐形"公厕无疑将是北京城市公厕中不可忽视的组成部分。

用的通告》，依法鼓励和实行城市中营业性场所（图 22-4）向社会公众开放厕所。2004 年底，北京中石化下属的加油站向出租车司机开放公厕，2005 年 5 月对社会公众开放。但相比美国、阿根廷等国家，甚至是国内嘉兴、咸阳等城市，北京隐形公厕"对外开放"之路远未走完。

图 22-4
西单中友百货的主题公厕

北京公厕改观历程

新中国成立以后，北京城市公厕建设经历了多次从量到质的变革，公厕面貌发生了根本性的变化，使得城市环境和市民生活得以逐步改善。

20 世纪 50 年代，北京市政府废除了旧社会的粪道私人占有制，取消露天厕所，并在街巷中修建了上千座有厕顶、厕窗的旱式公厕。时传祥的"宁愿一人脏，换来万家净"也正是当时掏粪工人辛苦劳动的真实写照[1]。20 世纪 60 年代初，为了"革粪桶的命"，北京普遍推广使用真空吸粪车清运粪便，将旱厕改造成水冲厕所，掀起了一个公厕和户厕改造的高潮。经过十年的努力，全市 8.5 万座户厕基本改造完毕[2]。

20 世纪 80 年代，北京公厕有近 7000 座，数量之多可算是世界之最，但质量之差也是世界闻名，严重影响了北京改革开放、面向全球的声誉。从 1985 年开始，北京市逐步建设较高档次的公厕（图 22-5），以提升城市形象[3]。与此同时，市政府也逐步将治理改造卫生条件太差的大街公厕和街坊公厕列入建设项目。1989 年，市政府第 11 号令发布《北京市公

图 22-5
北京火车站东侧公厕（1987 年投入使用的第一批高档次公厕）

---

❶ 梁广生. 建设新型公厕, 改善城市环境. 见: 2004世界厕所峰会论文集. 2004. 32~38
❷ 北京市哲学社会科学规划办公室.首都公厕革命的调研与实施报告, 1994
❸ 马康丁. 公厕改造与首都城市文明形象的提升. 城市管理与科技, 2005 (2): 47~49

图 22-6
王府井步行街沿街公厕

图 22-7
天安门东侧公厕内部

图 22-8
中华世纪坛广场东侧公厕（1994 年 "首都城市公厕设计大赛" 获奖方案之一）

共厕所管理暂行办法》，对公厕的选址建设、保洁管理、文明使用等方面都做出了相应的规定，将北京公厕的规划建设和管理工作纳入法治轨道。20 世纪 80 年代是北京公厕发展中承上启下的重要转折点。

1990 年北京成功举办了第十一届亚洲运动会，全市集中力量在王府井、天安门、前门箭楼等主要大街、重点地区和亚运场馆周围新建改建了 240 多座二类以上的高标准公厕❶（图 22-6、图 22-7）。但社会需求的迅速增长对北京公厕的建设提出了更高的要求：一方面城市流动人口增加，市民公共活动增加，城市沿街公厕数量明显不足；另一方面，国内外游客数量增加，公厕的卫生问题成为制约旅游业发展的瓶颈，甚至成为国内外舆论批评和抨击的目标❷。1994 年，"首都公厕革命"❸系列活动展开，成功举办了 "首都城市公厕设计大赛"（图 22-8）和 "96 北京城市公厕建设文化展览"，北京市开始了一次新的公厕改造大潮。几年间，北京市政府联合社会各界不断加大对公厕新建、改建的投资。到 1999 年，城八区 3000 余座旧公厕经过改造达到三类标准，旅游景区厕所的质量也极大改善。

2000 年，北京提出 "不把落后公厕带入 21 世纪" 的口号。

---

❶ 顾朝曦. 提高旅游厕所建设和管理水平，为建设世界旅游强国而努力. 见: 2004世界厕所峰会论文集, 2004. 14

❷ 据1994年《首都公厕革命的调研与实施报告》调查：批评和抨击过北京公厕问题的新闻媒介约有800多家，报道文章在10000篇以上。国际上最著名的通讯社、报纸、新闻杂志和广播电视媒介几乎全都报道过北京的公厕现象。

❸ www.ccdf.org/wangy/gcml.htm

图 22-9
长安街北侧皇史宬旁公厕

图 22-10
西单横二条东侧公厕

北京公厕的飞跃期

2001 年是一个新的起点：北京赢得了 2008 年奥运会的承办权，为北京城市的发展增添了新的强大动力。2002 年 3 月《北京奥运行动计划》发布，北京进入一个以筹办奥运为特色的加速发展时期。为此，北京市环卫部门在 2003 年重新修改制定北京市《公共厕所建设标准》❶，确立北京市公共厕所的未来发展方向：附建式公厕为建设的主要发展方向，旧城厕所尽可能进户进院以及适量发展移动厕所。从 2001 年开始，连续三年，市、区县政府及相关部门共投资 4.2 亿元，在长安街及其延长线和繁华商业街等地区新建、改建二类以上标准公厕 600 座（图 22-9、图 22-10），并且将旅游风景区和公园的 747 座公厕全部升级改造为星级标准，以满足城市发展的需要。截至 2003 年底，全市二类以上标准的公厕已达到 960 多座，加上旅游景点的 740 多座星级公厕（图 22-11、图 22-12），高标准公厕占全市公厕总数的 22%，与 20 世纪末三年的建厕成果相比，新世纪的头三年的确是一个飞跃。

图 22-11
颐和园内的四星级公厕

图 22-12
朝阳公园内的瓢虫造型二星级公厕

❶ 北京市质量技术监督局. DB11/T 190-2003. 北京市地方标准——公共厕所建设标准. 北京: 中国建筑工业出版社, 2003-7-15

图 22-13
公厕入口的无障碍坡道与人行道的盲道紧
密衔接（王府井步行街沿街公厕）

图 22-14
公厕内同时设有供成人、儿童和残疾人使
用的小便器（北京西客站地下二层出站大
厅内公厕）

进入 21 世纪，北京在公厕的设计中更加注重"人文关怀"。不但在城市公厕的新建改造中充分考虑无障碍通道和无障碍设施的配置（图 22-13），还尽可能的考虑妇女、儿童的需求（图 22-14）；并对男女厕位的比例进行重新调整，讲求使用平等。此外，北京公厕不断地在摆脱过去落后的形象，并积极与国际接轨。2002 年，北京对所有城市公厕进行换名，中文中改称"公共卫生间"，英文也由"W.C."改为国际通行的"TOILET"，规范了公厕的中英文对照。2004 年 11 月，由世界厕所组织（World Toilet Organization）❶主办的主题为"以人为本，改善生活环境，提高生活质量"的第四届世界厕所峰会在北京顺利召开，对推动北京乃至全国厕所的建设和管理工作起到了积极作用。

预计到 2007 年底，北京市"达标公厕"标准❷以上的市政公厕数量将由 20 年的几十座发展到近 4600 座，真是一个翻天覆地的变化！

北京公厕的空间分布

截至 2005 年，北京 18 个区县分布有近 6200 座城市公厕。除市政公厕外，还包括北京全市 320 个旅游区（点）共 747 座星级旅游公厕❸（表 22-2 ❹、图 22-15）。

数量上，东城区和宣武区的公厕最多；密度上，旧城四区中除西城区外，均超过 30 座 / 平方千米，而远郊十区县密

---

❶ www.worldtoilet.org
❷ 达标公厕的标准略低于二类公厕标准，主要是把沟槽式厕所（也就是三类厕所）全部改造成独立便器式，从根本上解决公厕在视觉上和嗅觉上的不足。
❸ www.bjta.gov.cn/xxkd/zxhyxx/64739.htm 我市提前完成旅游厕所建设三年规划
❹ 数据来源：京政管字[2005]120号《关于加强公厕管理、加快公厕改造工作的意见》附件1《北京市市政公厕现状统计表（按区县划分）》。

表22-2　北京各区县市政公厕数量（2005年）

区县	现有数量/座				需改造数/座	3年内可能拆除数/座	
	总数/座	密度/(座/平方米)	相对密度/%	达标数/座		二环	三环
东城区	1016	40.09	100	233	779	—	4
西城区	615	19.45	48.5	159	329	98	29
崇文区	516	31.23	77.9	52	298	16	150
宣武区	670	35.43	88.4	117	380	171	2
朝阳区	458	1.01	2.5	253	205	—	—
丰台区	635	2.08	5.2	152	483	—	—
石景山区	266	3.15	7.9	63	203	—	—
海淀区	598	1.39	3.5	175	423	—	—
门头沟区	113	0.08	0.2	30	83	—	—
房山区	41	0.02	0.1	14	27	—	—
昌平区	119	0.09	0.2	41	78	—	—
顺义区	56	0.05	0.1	53	3	—	—
通州区	133	0.15	0.4	23	110	—	—
大兴区	40	0.04	0.1	15	25	—	—
平谷区	14	0.01	0	7	7	—	—
怀柔区	29	0.01	0	29	0	—	—
密云县	79	0.04	0.1	31	48	—	—
延庆县	49	0.02	0.1	25	24	—	—
总计	5447			1472	3505	470	

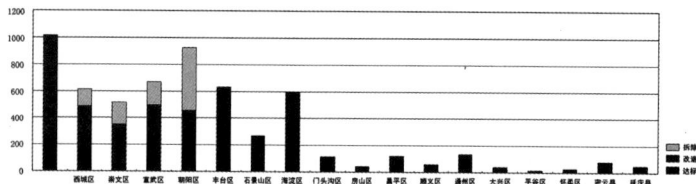

图 22-15
北京各区县市政公厕数量（2005 年）

度均低于 1 座 / 平方千米。公厕在北京各城区的密度分布呈现出明显的"单中心"格局，有近 50% 的公厕都集中在旧城四区中。就城八区而言，旧城四区的公厕密度是近郊四区的十几倍甚至几十倍，这与城市的建设发展极为不协调（图 22-16、图 22-17）。

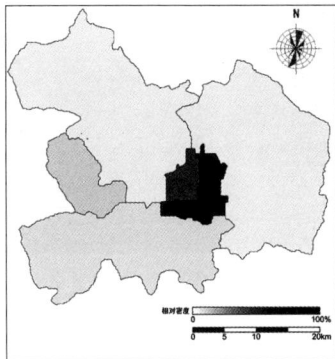

图 22-16
城八区各区市政公厕相对密度（2005 年）

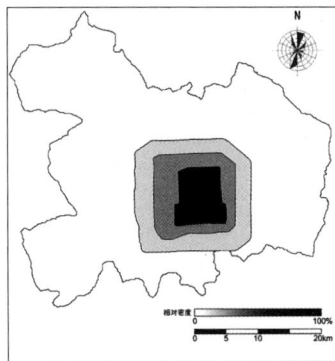

图 22-17
城八区环路内市政公厕相对密度（2005 年）

北京城市公厕密度差异的悬殊与旧城四区街坊公厕数量较为集中有关，但"公厕布局不合理"也确是现状北京城市公厕存在的最主要问题之一，尤其在正加速开发建设的城区中。往往越是新规划的区域，公厕问题越容易被忽视，对此问题，设计相关人员难辞其咎。首先，开发商和设计人员缺乏对公厕的重视，在设计中常常忽视公厕的配置或缺乏细致的考虑。其次，政府审批部门把关不严，虽然国家、地方都制定了相关的公厕标准和法规，但是长期以来没有充分发挥指导监管效用；在审查和验收环节都存在漏洞。再次，公厕管理部门与规划验收部门权限不清，市政管委在公厕建设的监督上难有作为。

北京公厕的未来

奥运会期间，北京城市公厕的建设主要体现在两个方面。

首先，制定灵活高效的奥运会各场馆区域的公厕配置方案。这需要在满足奥运会期间不同参会人员如厕需求的同时，考虑奥运会赛前及赛时参会人员数量稠密、分布不均的特点。方案计划包括：在场外区域（如奥运中心区、各场馆赛时后院等）以配置移动厕所的方式，与场馆内的固定厕所相辅相成❶，方便观众和工作人员使用，同时也体现了"勤俭办奥运"的原则；采用可以同时解决可持续使用和节水环保两个问题的新型生态环保厕所，充分体现"绿色奥运"和"科技奥运"。

其次，奥运会的筹备是与城市的发展紧密结合的。为了配合奥运会的举办，北京城市公厕的新建、改建速度也大大

---

❶ 原有旧场馆周边设有固定公厕的，将以厕所内部设施更新改造为主，如工人体育场。

提高，原本规划实施的周期也得以缩短。从 2005 年开始，北京市市政管委制定并开展了为期三年的"奥运大排期"，目标是：对北京的市政公厕进行全面改造升级，把沟槽式厕所全部改造成独立便器式厕所（图 22-18），达到二类公厕标准；同时新建一批二类以上标准的公厕以解决部分地区公厕数量不足的问题。到 2008 年，城区二类以上标准公厕的比例将达到 90%；近郊区二类以上将达到 60%；郊区城镇二类以上将要到 30%，全市二类以上标准公厕可达 3700 余座[1]。

图 22-18
经过改造后的公厕内部设施（北新平胡同沿街公厕）

图 22-19
"见缝插针"的胡同公厕（双栅栏胡同沿街公厕）

北京公厕与旧城保护

从建国开始，北京旧城四合院居住区一直存在"保护"与"发展"的根本矛盾。由于市政设施标准与旧城空间形态及胡同肌理存在矛盾，市政管线配套难度大、成本高，也致使旧城居住区公厕的改造举步维艰。

2005 年，市政管委就计划逐步让北京旧城现有的 30 片历史文化保护区内的 3500 余座胡同公厕（图 22-19）"进户进院"[2]，取而代之的是按照普通城市公厕密度，在每条胡同出入口位置设置 1 ~ 2 座二类以上公厕。高标准的新公厕需要更大的空间和更合理的选址，这就必然与居民生活和旧城保护发生矛盾：一方面，有了户内厕所的住家不愿意与"风水不好"的公厕为邻；另一方面，在旧城保护区中任何的新建或改建都非易事。

《北京城市总体规划（2004—2020 年）》提出：坚持以人

---

[1] 梁广生. 建设新型公厕，改善城市环境. 见：2004世界厕所峰会论文集. 2004. 32~38
[2] 所谓的"进户进院"是指厕所、厨房等配套市政管道都进入四合院，使四合院满足现代居住的基本要求。

为本的原则，辩证对待人民群众生活条件的改善与古都保护的关系，积极探索"小规模渐进式有机更新"的方法。在政府主导下妥善处理居民生活条件改善与古都风貌保护的关系，还建议疏导不适合在旧城内发展的城市职能和产业，积极疏散旧城的居住人口。这不但为旧城公厕的改造更新工作提供了可操作的方法和指导思想，同时也为如何缓解公厕使用压力提供了建议。

北京公厕与和谐社会

随着北京城市公厕改造力度的加大，公厕在厕内设施、卫生环境方面有了质的提高，但在城市布局、服务质量上还存在不少问题，诸如繁华街道两侧公厕难以容身、近郊区县公厕数量不足，残疾人厕位年久失修、民工不得使用公厕等。解决这些问题的最佳办法并不是依靠政府不断地增加市政公厕的数量，而是要"体现公平"和"整合社会资源"。

首先是"人与人"的和谐，城市公厕的设计需要更多地考虑到城市中的弱势群体，不仅仅是残疾人，还包括老年人、病人、孕妇和儿童、民工等；同时，还要认真管理，充分发挥各类设施的功用，在公厕服务中真正体现"人人平等"。

其次是"公与私"的和谐，这就需要充分整合、利用城市中的各种社会资源，加快城市"隐形"公厕的建设和开放，缓解市政公厕数量和城市布局的困难；同时，积极鼓励各种社会力量加入到城市公厕，特别是移动公厕的建设和管理中[1]，虽然现在企业投资的城市公厕还存在管理松散、设施不完善等

---

[1] 北京市副市长吉林在2004世界厕所峰会致词中说："北京将积极探索和拓宽公共厕所建设的投资融资渠道，鼓励和支持社会单位、企业、个人参与公厕的建设和运营。"

缺点，但不能"因噎废食"，而是需要政府监管部门不断完善法律体系、加强监督机制，并且积极地创造更为灵活、高效的政策环境。

结语

从建筑层面，一个小小的公共厕所既没有传统建筑的文化气质，也没有高楼大厦的光鲜气派，在庞大复杂的城市背景中微不足道。但遍布城市各个角落的公厕一同形成了一个网络，并与整个城市紧紧地联系在一起。因此，作为城市的规划者和设计者，我们需要研究"微观"的城市公厕，但我们不能把目光仅仅局限在厕所建筑单体设计或具体运用某项先进环保技术方面，而应当从整体城市着眼，把改善城市公众如厕环境融入到提高城市空间品质和创造适宜人类居住城市环境的目标之中。

康有为曾经充满憧憬而又无限神往地描绘未来的厕所："以机激水，淘荡秽气，花露喷射，花香扑鼻，有图画神仙之迹，令人起观思云，有音乐微妙之音，以令人科平清静"[1]。北京公厕的和谐未来也同样值得我们期待！■

（文中图片均由汪浩拍摄或绘制）

❶ 康有为. 大同书. 北京: 中华书局, 1956

（本文发表于《北京规划建设》，2007 年 5 月刊）

23

北京城市公厕建筑考察

汪浩　朱文一

公厕定义

广义而言，公厕是指区别于私人家庭内部厕所，设置在城市道路两旁或公共场所内，并提供给公众使用的厕所。在北京，城市公厕通常是指由政府部门直接负责建设并管理的市政公厕，以及一部分由保洁企业投资建设的活动式公厕。这些公厕主要分布在城市广场四周、城市道路两侧、公园绿地和居住区内，具有很强的公共性。

公厕分类

依据《城市公共厕所设计标准》❶，城市公厕分为独立式公厕、附建式公厕和活动式公厕三种类型。

独立式公厕是指不依附于其他建筑物的公共厕所（图 23-1）。分布于全北京的市政公厕几乎都是独立式公厕。原因有两方面：首先，由于历史上公厕自身形象和卫生状况给人们留下的负面印象，公厕大都脱离其他建筑设置且位置较为隐蔽；其次，独立式公厕在管理作业方面较为方便，对周边环境影响较小。独立式公厕大多数位于地面层，部分考虑到节约地面用地或为了保持周边环境的完整性而被设置在地下或半地下。在北京，由于大多数四合院内没有配套的冲水式户厕，所以旧城居住区内分布有大量的独立式胡同公厕。长期以来，这些内部设施普通的胡同公厕已经成为居民日常生活不可或缺的一部分（图 23-2）。

附建式公厕是指依附于其他建筑物的公共厕所。当公厕在主体建筑内时，必须有对街道开放的单独出入口才算是严

---

❶ 中华人民共和国建设部. CJJ 14-2005. 中华人民共和国行业标准——城市公共厕所设计标准. 北京: 中国建筑工业出版社, 2005-12-01

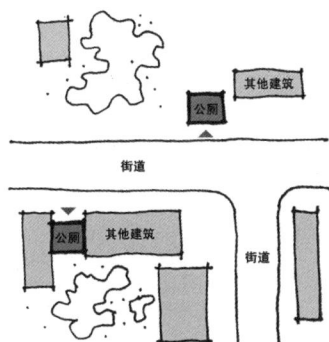

图 23-1
独立式公厕模式图

图 23-2
独立式公厕实例照片。左上图为北京火车站广场东侧公厕；右上图为海淀公园内公厕；
左下图为国家博物馆东南侧公厕；右下图为德胜门附近胡同公厕

格意义上的城市公厕（图 23-3）。在北京，随着城市的大规模改造建设，每年都有一些独立式公厕被拆除，但往往很难在原地复建，从而造成区域内公厕数量的不足。设置附建式公厕，就可以解决土地使用新功能和公厕布局要求之间的矛盾，尤其是在用地紧张、人流量大的区域，所以附建式公厕是现代城市公厕建设的主要方向。在北京，附建式市政公厕的数量屈指可数，而绝大部分公共建筑中的公厕并不向社会公众提供服务（图 23-4）。

活动式公厕不同于前两种固定公厕，是指可以移动使用的公共厕所（图 23-5）。活动式公厕的主要作用包括两方面：一是针对大型的室外集会活动或体育赛事，活动式公厕可以满足突发性的大流量使用；二是可以解决由于规划不完善而

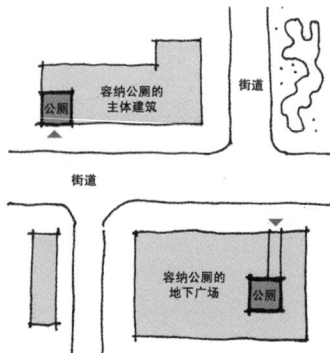

图 23-3
附建式公厕模式图

图 23-4
附建式公厕实例照片
左上图为北京西站附建地下公厕；左下图为西单文化广场附建地下公厕；
右图为中关村商业广场附建公厕

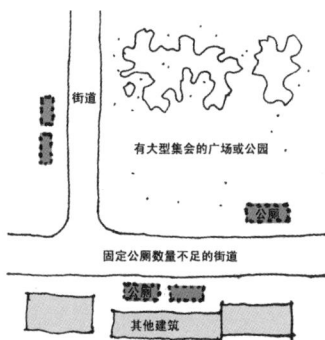

图 23-5
活动式公厕模式图

图 23-6
活动式公厕实例照片
左上图为成府路路旁活动公厕；右上图为国庆天安门广场旁汽车厕

导致的固定公厕数量不足的问题。许多区域用地紧张，公厕密度达不到规划标准，活动公厕可以起到补充作用。其优点还在于：对设置地点的市政管道要求不高、机动性强、占地面积小且可重复使用。对北京而言，频繁的大型集会和高密度的城市建设都需要活动式公厕积极发挥作用。活动式公厕按其结构特点又可以分为组装厕所、单体厕所、汽车厕所等多种类别（图 23-6）。

公厕空间组织

从建筑功能的角度，公厕的空间组织包括三个部分：入口空间、如厕空间和辅助空间。

入口空间联系着公厕与城市公共空间，虽然并不具有很强的功能性，却直接决定了公厕的可达性和公厕对城市公共空间的影响。公厕入口空间的形态与公厕所处的城市区域相关。

在城市广场四周的公厕，场地自身较为宽敞，同时考虑到大量如厕人流的集散，入口空间通常为一片小型广场，周边结合有一些零售商业。这不但可以减小如厕人流对广场和街道的负面影响，还为行人提供了一处可以停留休整的场所。

在繁忙的城市街道和胡同两侧，由于场地的局限，不少固定公厕的建筑和入口都紧邻人行道，入口空间非常狭窄；而大多数活动式公厕的入口空间则完全占用人行道甚至破坏了绿化隔离带。这些公厕的日常运行必然对周边的城市空间和界面在环境上或心理上造成负面的影响。为此，一些沿街城市公厕在设计时缩减部分如厕空间，形成入口空间，使得公厕入口与人行道垂直设置；另一些公厕则将入口开向次要街巷（图 23-7、图 23-8）。

如厕空间是公厕最主要的功能空间，依据服务对象的不

图 23-7
公厕入口空间存在的问题
上两图为空间过于狭窄；中两图为占用人行
道空间；下两图为对相邻餐饮业的负面影响

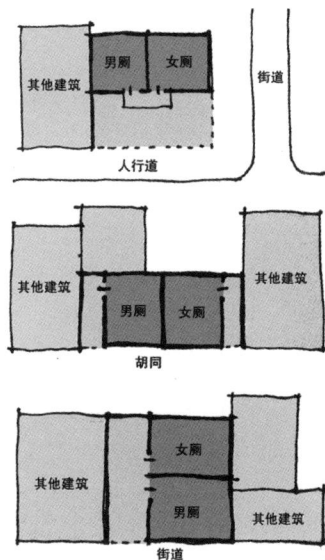

同，如厕空间包括男性如厕空间、女性如厕空间和无障碍如
厕空间三类（图 23-9）。

男性如厕空间包括小便区和大便区两部分，北京市《公
共厕所建设标准❶中规定：二类以上的公厕中，男厕内大便间
和小便间应分室设置❷。无障碍如厕空间主要提供残疾人使用，

图 23-8
经过处理的公厕入口空间及平面示意图
上图为预留小型广场形成入口空间；中图
为增加入口空间，使入口与人行道垂直设
置；下图为入口开向次要街巷，减少对主
要街道的影响

---

❶ 北京市质量技术监督局. DB11/T 190~2003. 北京市地方标准——公共厕所建设标
准. 北京: 中国建筑工业出版社, 2003-07-15
❷ 《公共厕所建设标准》（DB11/T 190-2003）中, 独立式公厕分为三类, 附建式公厕
分为二类。

图 23-9
如厕空间
上两图为金水桥东侧公厕内男厕；下两图
为菖蒲河公园公厕内女厕。

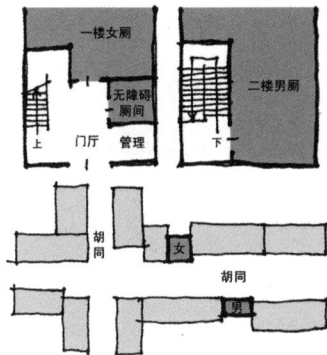

图 23-10
特殊的如厕空间布置及平面示意图
上图为王府井步行街旁的二层公厕；下图
为双栅栏胡同两侧分开的男厕与女厕。

同时方便老年人、妇女儿童和其他行动不方便的社会公众；无障碍如厕空间有时分别设置在男女厕内，有时则独立设置。

在二类以上的城市公厕中，三种如厕空间同时具备，但布局却各有不同。最常见的是三种如厕空间在同一层布置；少数公厕由于所处地段人流量大又用地紧张，不同的如厕空间被分层设置，通常是女厕和无障碍厕间位于一楼，男厕位于二楼。

北京的胡同公厕大多是二十世纪六七十年代顺墙找齐、见缝插针修建起来的，这些公厕的建筑规模和设施配备都难以达到二类公厕的标准。一部分胡同公厕的男性如厕空间和女性如厕空间完全分离（图 23-10）；同时，厕内也没有无障碍如厕空间，取而代之的是一个带扶手架的坐便器（图 23-11、图 23-12）。

图 23-11
胡同公厕中带扶手架的坐便

图 23-12
中华世纪坛旁公厕内的无障碍厕间和平面示意图
(图片来源：图中平面示意图改绘自（英）克莱拉·葛利德著.全方位城市设计——公共厕所.
屈鸣，王文革译.北京：机械工业出版社，2005，183)

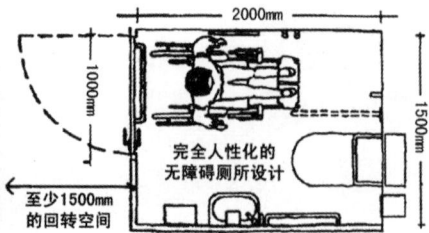

公厕的空间组织不仅要考虑公众如厕，还需要考虑保洁人员的日常管理、公众的盥洗休息，甚至是配套商业；所以，完善的城市公厕中多元化的辅助空间是必不可少的。辅助空间一般包括：盥洗室、管理间和工具间、入口门厅。

盥洗室和如厕空间一样都与使用者的卫生健康密切相关。二类以上的市政公厕中，盥洗室要求与如厕空间分室设置；实际中，一些公厕由于建筑规模较小，盥洗室为男女共用；也有部分公厕由于现有盥洗室面积不足，同时在如厕空间内也设置洗手设施。而在三类公厕及胡同公厕中，一般不提供洗手设施（图 23-13）。

管理间和工具间是公厕管理的辅助空间：管理间是保洁员的休息场所，工具间用于放置清扫公厕的器具。北京市二类以上的市政公厕内都设置有管理间，并有专门的保洁员对公厕进行日常保洁。管理间通常靠近公厕入口，以方便保洁员管理监督并提供使用者常用的卫生用品。由企业投资的活动式公厕也设有管理间，但多数变质为小商摊。工具间通常直接结合在如厕空间内而不单独设置（图 23-14）。

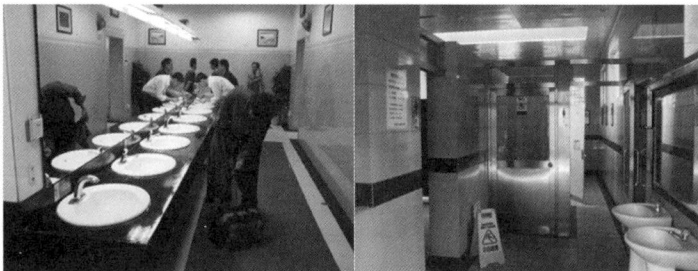

图 23-13
盥洗室。左图为北京西站出站广场内公厕
的独立盥洗室；右图为皇史宬旁公厕内与
门厅结合的盥洗室

图 23-14
管理间和工具间
左图为西单横二条沿街公厕内管理间；右
图为金水桥东侧公厕内工具间。

入口门厅在规范中没有明确的要求；不少公厕的门厅与盥洗室相结合，或只作为男女如厕者分流的过渡空间。事实上，门厅空间可以被很好地延伸，使得公厕的服务更为人性化、功能更加多元化。在北京，不少旅游景点内的公厕在门厅内为如厕游客提供座椅，并点缀以绿化、艺术品以形成休憩空间；一些位于繁华地段的大型公厕内甚至设有结合商业的多层次门厅空间（图 23-15、图 23-16）。

公厕建筑外观

公厕作为城市中数量大、分布广的公共服务设施，和其他公共建筑一样，是构成城市外部空间形象的重要部分。公厕建筑的外观设计同样需要因地制宜，并充分考虑城市风貌；同时，公厕建筑自身也可以具有丰富的表现力。

图 23-15
门厅空间
左图为香山公园内公厕结合休息室的门厅
右图为金水桥东侧公厕门厅充分与商业结合

尊重历史环境的公厕外观设计可以保持城市传统风貌的完整，还能反映城市的地域特色。北京旧城区中，不少公厕在外观设计中都灵活地运用了中国传统建筑的样式、装饰、材料或是色彩，与周边环境相得益彰。

皇史宬旁的公厕与旧建筑紧紧相邻，不但外观上采用传统建筑样式，在建筑高度与色彩上也与皇史宬的红围墙浑然一体。古观象台西侧公厕的外观则是对传统元素的简化和抽象，采用灰砖外墙和仿古的入口雨棚，特别通过屋檐栏杆的处理，形成观象台墙垛的意向。北京胡同公厕的外墙几乎都被粉刷为冷灰色，在四合院平房中既易识别也不显得过于突兀。

此外，古迹公园内的公厕建筑尤其讲求传统形式的外观设计，甚至是公厕位置的选择，都力求与园内历史建筑群或景观融为一体（图 23-17）。

在北京，许多现代风格的公厕同样经过精心的设计，为提高城市公共空间的品质起到了积极的作用。

王府井东堂一侧公厕的外观设计十分现代，立面与内部空间功能关系明晰，材质运用与对比也很恰当。虽然建筑外观没有采用传统建筑的符号，但与教堂区也十分和谐。中华

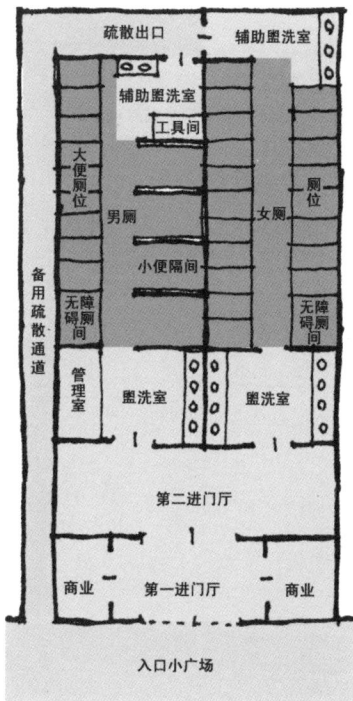

图 23-16
金水桥东侧公厕总平面及各空间关系示意
黄色区域为入口空间；红色区域为如厕空间；灰色区域为辅助空间。
从图中可以看出，位于繁华地段的大型公厕内，入口空间、辅助空间和如厕空间"三足鼎立"，尤其是结合商业的多层次门厅空间。

图 23-17
与传统和谐的公厕设计
左图为皇史宬旁公厕；中图为古观象台西
侧公厕；右图为颐和园古建筑群中的公厕。

世纪坛东侧的公厕是 1994 年"首都城市公厕设计大赛"的获
奖方案之一，外观简洁大方。相比空旷的广场，公厕的门廊
空间和绿荫场地就显得尤为宜人和富有生气。

　　设计现代新颖的公厕甚至可以激活城市空间，比如朝阳
公园内的公厕外观就别具一格。公厕采用甲壳虫的卡通造型，
受到不少游客的喜爱，甚至与其合影留念。无论在游乐场前，
还是在大草坪上，这种外观源于自然又充满童趣的公厕都能
很好地融于周边的环境，并使得许多原本平淡的空间变得生
动起来（图 23-18）。

公厕文化

　　公厕是城市中一种非常特殊的公共场所："没有任何话题
比'公共厕所'更具有公共性了，也没有任何隐私能比大小
二便更具私密性。"❶同样，公厕也有其独有的文化。

　　据调查，许多人都有在如厕时阅读的习惯。近年来，国
内还出现了专为厕所阅读的"三上文库"❷，文库中的书从精

---

❶ 沈宏非. 人民公厕. 三联生活周刊, 2002,（9）
❷ 北宋著名文人欧阳修在《归田录》中曾写道："余平生所做文章，多在三上，乃马
上、枕上、厕上也，盖为此尤可以属思尔。""三上"就来源于此。

图 23-18
现代与新颖的公厕设计
左图为王府井东堂旁的公厕；中图为中华
世纪坛旁的公厕；右图为朝阳公园内的甲
壳虫公厕

短的内容到小开本设计都特意适应了厕所阅读的需要。

在城市公厕中，厕所阅读最常见的就是贴于厕内小便器上方或厕位门板内侧的小故事，最后还附有"来也匆匆、去也冲冲"之类的提醒，可谓一举两得。在一些重要公共场所的公厕内，厕所阅读更是"寓教于厕"，常见有如厕文明的提示、节水设施介绍等。在中外游客聚集的天安门地区，公厕内不但展示有中国厕所发展历史的图片，厕位内还"与时俱进"地贴有中英文对照的奥运宣传口号。

此外，厕所广告也逐渐成为厕所阅读的一种而被许多公厕所接受；尤其在西方国家，厕所广告不但为公厕管理部门带来了经济效益，还为公厕注入了不少文化气息。在北京，厕所广告还有很大的发展空间（图 23-19）。

与公厕阅读相反的就是公厕涂鸦，也被称为"厕所文学"，这同样是一个全球现象。王小波在《文化的园地》中记述了自己在布鲁塞尔机场公厕中的见闻：厕所的墙壁上有各种语言留下的文字涂鸦，内容从种族歧视到环境保护、从反对核武器再到解放萨尔瓦多均有。

美国学者艾伦·邓德斯认为，在厕所乱涂可能是反映了一

图 23-19
公厕内外的文化
左图为中英文的奥运口号；中图为文明提
示与广告相结；右图为厕位门板内的涂鸦

种人类"原始的涂污本能"❶。按照弗洛伊德的理论，由于排便与性一样都使人获得"排泄"的快感，厕所文学又常常与"性"话题有关。如今，公厕涂鸦已经和随地吐痰、乱扔垃圾一样严重破坏了公厕的文明环境。

民间流传的厕所对联，是一种非常有中国特色的厕所文化表现形式，不少都充满了智慧和幽默。❷

上联：静坐觅诗句

下联：放松听清泉

横批：清静世界

上联：最适低吟浅唱

下联：不宜滥炸狂轰

横批：讲究卫生

"公厕文化"可以折射出整个城市文化环境建设的程度。北京应该借助 2008 年奥运会的契机，向全社会加强公厕文明教育和公厕文化宣传，不但要彻底改变以往那些"如厕陋习"，更要如"厕所对联"一样将更多的"人文"因素引入到公厕文化中来！

❶ 魏忠. 方便之地话文明. 北京: 中国环境科学出版社, 1996
❷ 冯肃伟, 章益国, 张东苏. 厕所文化漫论. 上海: 同济大学出版社, 2005, 178

结语

北京市副市长吉林在 2004 年世界厕所峰会上致词中说道："小厕所，大问题。"小小的公厕建筑不但关系到舒适的如厕环境和宜人的城市界面，还与改善城市空间品质，甚至是提高城市的文明程度都有着密切的关系。我们必须重视并研究它们，才能创造更加和谐美好的城市环境！ ■

(文中图片除说明外，其他均为汪浩绘制或拍摄。)

(本文发表于《建筑创作》，2007 年 11 月刊)

24

夜市与北京城

夏国藩　朱文一

　　历史上的北京夜间活动无论数量还是规模都比较小，只在诸如元宵佳节、春节庙会灯会等节庆日时才有少量较大的夜间活动存在。随着社会经济的发展、人们生活水平的提高，人们的生活方式也悄然改变，尤其是年轻一代的生活习惯"夜化"程度越来越高；同时北京的外国人也越来越多，他们的夜间生活方式对北京城夜间活动的影响也越来越大。结果是近二十年尤其是近十年来，北京城的夜间活动发展迅猛，夜北京已初具规模。夜间活动场所包括夜市、夜间室内消费场所、夜间休闲场所等。夜间室内消费场所，指夜间封闭于室内的消费场所；夜间休闲场所，指在夜间的城市公园绿地或者公共空间中未发生消费行为的场所。本文关注向城市公共空间开放的、有消费行为发生的夜市。

　　夜市，即夜间向城市公共空间开放的市场，其中也包括半夜的鬼市和凌晨的早市以及 24 小时夜店。它一般在城市公共空间中的街道、广场上，或者在城市公共空间与建筑内部相互流通的场所，也有在建筑物内部，但其建筑界面直接对城市公共空间敞开或者通透的场所。而王府井新天地、沃尔玛购物中心、洗浴娱乐城等夜间消费场所，其建筑界面不向城市公共空间开放，不属于本文所指的夜市范畴。

　　根据抽样调查，北京城夜市的消费主体为年轻人。[1]实际上对于当代北京城，夜市的发展与当代年轻人夜间生活习惯的改变有直接关联。随着年轻一代生活"夜化"程度越来越高，不仅出现了越来越多的诸如"7 – 11"、麦当劳、肯德基等连锁夜店，而且在年轻人集中的区域形成了越来越多规模较大

---

❶ 共发调查问卷138份，回收132份，其中有效124份，102人年龄段为20~30岁，13人30~40岁，9人40~50岁，55岁以上没有。

的夜市。当然，经济的发展、照明技术的提高、国际化的加强、旅游量的增加，也是当代北京城夜市发展的重要原因。❶

考虑知名度、服务半径、规模等因素，可以将当代北京城的夜市分为三种类型：散点型夜市、社区型夜市、城市型夜市。

散点型

散点型夜市散落在北京城的大街小巷，知名度、服务半径、规模都非常小，它们是北京市民夜间消费生活的基本点，以非常便捷的方式满足着长期居住或工作在附近的以及偶尔经过的人们的生活需要。考虑经营方式、经营时间的不同，可以将散点型夜市分为两种类型，一是 24 小时夜店，二是传统散点型夜市。

24 小时夜店指 24 小时全天开放服务的夜店。这些夜店开辟了城市消费生活新的内容与方式。❷目前北京城出现的 24 小时夜店有 "7 - 11"、麦当劳、避风塘、永和大王、快客、好邻居等，它们的建筑界面向城市公共空间开放，提供方便的夜间服务，满足人们的日常生活需要，对城市发挥着重要作用。

以最典型的 "7 - 11" 为例进行分析，可以得出 24 小时夜店在北京城的分布状况及其内在原因。根据 "7 - 11" 北京网站提供的资料，目前北京城的 "7 - 11" 共有 60 家。❸它们主要分布在朝阳区的 CBD 与使馆区附近，还有一些分布在海淀区的中关村与高校区（图 24-1）。这些地方是白领、高校学

---

❶ 刘孝存. 从篦街到什刹海. 北京观察，2006年1期，60~61页
❷ 柴彦威，尚嫣然. 深圳居民夜间消费活动的时空特征. 地理研究，2005年9月，第24卷第5期
❸ http://www.7-11bj.com.cn，统计数据截至2008年1月。

生等年轻人的集中地。年轻人追求时尚，习惯、享受于通宵
的夜间生活，在这些人的聚集区有很大的 24 小时夜市经济潜
力。商家们考虑经济效益，在这些地方布置 24 小时夜店就理
所当然了。

当然，商家们选址布置 24 小时夜店，还会考虑"便捷"、"集
中"等原则。"便捷"就是要在消费者日常生活范围内开设店铺，
如居民区、学校、商务区等，在方便人们消费的同时也得到
较大的经济利益。要"集中"的原因是由于集中设店能降低
店铺开发的投资，便于物流组织和高效管理。❶

传统散点型夜市大多在晚上十二点之前停止营业。与 24
小时夜店不同，这里的消费者包括了各种年龄阶段的人，以
年轻人为主的现象并不明显。根据观察，这些夜市的分布主
要与人群聚集地相关，包括居住区的沿街街道、高校的周边
区域、胡同等场所。居住区沿街建筑的底层大部分是商业空间，
其中一部分在夜间向城市公共空间开放，形成夜市。高校周
边区域由于有大量的消费群体，也常常会有一些餐饮、购物
夜市，如中央财经大学的四道口路边就有一些小吃摊夜市。
胡同里的居住密度大，有较大的消费需要，也会产生夜市。
有的胡同如西四北八条胡同，胡同里散布着小吃摊、杂货铺
等夜店，还有一些胡同如阜成门内大街的宫门口东岔，整条
胡同都是夜店，形成了具有特色的胡同夜市。这些传统散点
型夜市，有一些其建筑界面向城市公共空间敞开或者通透，
有一些本身就是城市公共空间的一部分。

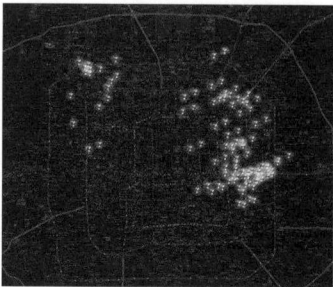

图 24-1
北京"7－11"分布图

---

❶ 周千钧，柴彦威，彭雪. 北京城区便利店的空间布局与居民利用特征——以7-11为
例. 经济地理. 第27卷第4期。

图 24-2
社区型夜市概览
（拍摄于 2007 年夏、秋）

五道口　海淀南路　魏公村　南锣鼓巷

烟袋斜街　琉璃厂文化街　大栅栏　南新仓

北京站　秀水街　世贸天阶　建外SOHO

西单　星吧路　方庄　亚运村慧忠路

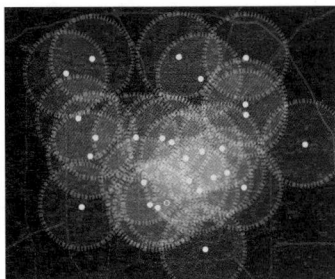

图 24-3
社区型夜市的服务半径与分布

社区型

社区型夜市为城市的某个社区或者片区服务，其服务半径比散点型夜市大很多，其消费者主要来自周边区域的人群尤其是年轻人，知名度与规模也相对较大（图 24-2）。每一个社区型夜市根据服务半径形成其服务范围，综合起来构成了服务于整个北京城夜间生活的重要层级（图 24-3）。

北京城社区型夜市主要有：五道口、中关村海淀南路苏州街、魏公村、动物园、亚运村、新街口、南锣鼓巷、烟袋斜街、隆福寺、南新仓、西单、琉璃文化厂、前门、大栅栏、北京西站、东单、北京站、秀水街、世贸天阶、建外 SOHO、工体西门与北门、朝阳公园西门、国美第一商街、星吧路、霄云路、望京、方庄等。其中前门商业街正在改建，而南新仓、国美第一商街等正处于发展中，其他的已经比较成熟（表 24-1、图 24-4）。

表24-1 北京城社区型夜市统计

社区型夜市	功能	可达性	周边人群状况
五道口	购物、餐饮、酒吧	成府路，地铁13号线	居住区、高校、外国人
中关村海淀南路、苏州街	购物、餐饮、休闲	中关村北大街、北四环	高校、商业中心
魏公村	餐饮	中关村南大街	高校、居住区
动物园	餐饮	西直门外大街	居住区
亚运村慧忠路至大屯路	餐饮	慧忠路、大屯路	居住区、亚运村
新街口	购物、酒吧	新街口大街、西直门内大街	居住区
南锣鼓巷	酒吧	地安门东大街、鼓楼东大街	居住区、胡同特色
烟袋斜街	工艺品购物	地安门东大街、鼓楼大街	居住区、胡同特色
隆福寺	餐饮	隆福寺大街、东四大街	居住区
元大都酒吧街	酒吧	惠新东街	居住区、遗址公园
南新仓	餐饮、酒吧、休闲	地铁2号线、东四十条	商业中心、居住区
西单	购物	地铁1号线、西长安街	商业中心
琉璃文化厂	工艺品、餐饮	南新华街、前门西大街	居住区
前门	餐饮、购物	地铁2号线、前门大街	商业中心
大栅栏	购物、餐饮	前门大街、大栅栏大街	居住区、胡同特色
北京西站	餐饮	火车站、莲花池东西路	大型公共活动集聚区
东单	购物	东长安街，地铁1、5号线	商业中心
北京站	餐饮	火车站、地铁2号线	大型公共活动集聚区
秀水街	购物、酒吧	地铁1号线，建国门外大街	商业中心、居住区
世贸天阶	餐饮	东大桥路	居住区
建外SOHO	购物、餐饮、酒吧	地铁1号线，建国门外大街	商业中心
工体西门、北门	酒吧	体育馆、工人体育馆北路	商业中心、居住区
朝阳公园西门	酒吧	朝阳公园南路	居住区
国美第一商街	餐饮	青年路	居住区
星吧路	餐饮、酒吧	天泽路	居住区、第三使馆区
霄云路	餐饮、酒吧	霄云路	居住区
望京	购物、餐饮、酒吧	地铁13号线，望京路	居住区、外国人聚居
方庄	餐饮	蒲芳路	居住区

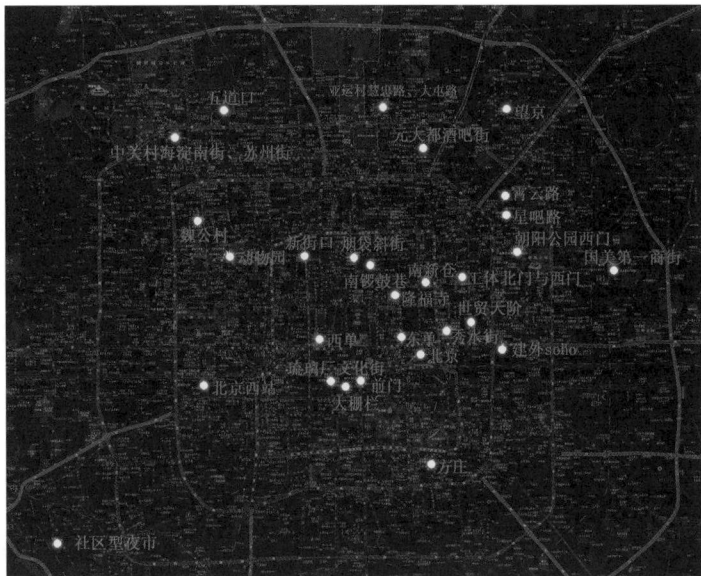

图 24-4
北京城社区型夜市分布

　　以长安街及其延伸段划分北城、南城，社区型夜市主要
分布在北城和南城紧邻北城的部分。分布密度最大的是旧城
区的东北部、朝阳区的 **CBD** 附近，其次是在旧城区的其他部分、
海淀区的中关村与高校区等地。从此分布状况可以得到，这
些社区型夜市所在地有两个共同特征：一是在年轻人聚集区，
二是有较好的可达性。

　　年轻人聚集区，包括年轻人比较集中的居住区与高校区。
前者有大量的年轻人消费群体，夜市具有很大的活力。这些
夜市一般存在于居住区之间的非交通性街道或者广场周边，
如魏公村、方庄、望京等就是这种情况。后者拥有大量的、
大密度的年轻学生消费群体，他们的夜间生活习惯促进了当
地夜市的产生、发展和不断扩大。这些夜市依托于高校发展，
例如清华大学附近的五道口夜市等。

　　较好的可达性：夜市要有比较好的可达性，才能方便消
费者的到访与消费活动。因而某个社区型夜市必定是在这个

社区内可达性比较好的场所。以五道口夜市为例，它位于成府路与地铁十三号线的交叉处，自驾车、公交车、城铁、自行车、步行等交通方式都很方便，可达性很好，不仅大力吸引了紧邻的居民，也对周边的市民有较大的吸引力。而大型公共活动区由于其交通发达、可达性好，夜市的发展就比较有利，例如北京工人体育馆的西门与北门附近就集聚了一大批酒吧夜市。同样，在火车站、汽车站等大型交通枢纽中心的周边区域，由于其良好的可达性，夜市也比较容易发展。

城市型

城市型夜市为整个城市服务，代表城市文化与城市形象，在三类夜市中有最大的知名度、服务半径及规模，其消费群体主要是本地的年轻人和大量的国内外游客。

当代北京城，城市型夜市主要有 5 处：王府井小吃与民俗文化街夜市、东华门美食坊夜市、什刹海夜市、三里屯夜市、簋街夜市。它们主要分布在旧城区的北部，并且集中在它的中、东部分，只有三里屯夜市在朝阳区的使馆区（图 24-5、表 24-2）。

城市型夜市的发展，除了年轻一代夜间生活习惯的"夜化"程度越来越高这个基本原因外，最重要的是它们拥有深厚的

表24-2　北京城城市型夜市统计

城市型夜市	功　能	时　间	文化特色
王府井小吃与民俗文化街	特色小吃、民俗工艺品	夏天：至晚10点半；冬天：至晚9点半	传统文化
东华门美食坊	特色小吃	下午4点半至晚上9点半	传统文化
什刹海	酒吧、餐饮	夏天：至凌晨3点；冬天：至凌晨2点	传统、时尚文化
簋街	餐饮	夏天：至凌晨2点；冬天：至晚12点	传统文化
三里屯	酒吧	夏天：至凌晨3点；冬天：至凌晨2点	时尚文化

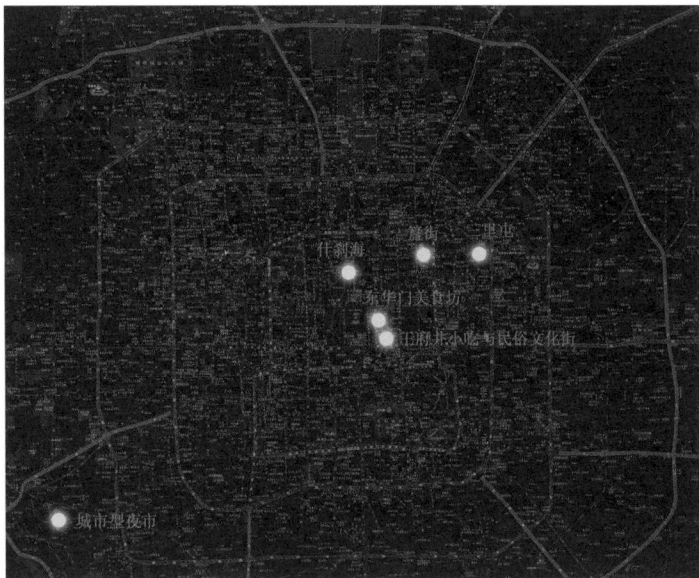

图 24-5
北京城城市型夜市分布

图 24-6
王府井小吃街夜市（拍摄于 2007 年 5 月）

文化内涵与高品质的空间环境。北京城作为历史文化名城、六朝古都，拥有其他城市不可比拟的文化底蕴，如果在其具有文化特色的地方实行夜间开放并且提供相应的市政设施服务，必然会形成非常具有特色和吸引力的夜市。高品质的空间环境，包括周围景观、建筑、场地、夜景照明设计等，会吸引人们来此消费体验，因而也是城市型夜市发展的一个重要原因。

王府井小吃与民俗文化街夜市：王府井小吃街夜市位于王府井大街的西侧，好友世界商场的南面。这是一条纯步行商业街，沿街分布着明清建筑风格的商铺，街道两边摆满了各个商铺的餐桌，街道空间非常紧凑。这里的夜市有各式各样的北京传统风味与地方特色小吃，如冰糖葫芦、金丝卷、爆肚、烤肉烤串、牛肉面、刀削面、杂碎汤、驴打滚、羊肉泡馍、麻辣烫、卤煮火烧，等等。这里的夜景照明也非常具有特色，一串串的灯笼通过不同的方式组合，或是线性，或是阵列，艺术感很强（图 24-6）。小吃街延伸往北，是王府井民俗文化街。这里的街道更窄，站在路上，伸手可及两边的摊位。这里有各种民间工艺品和民俗用品，如纸风筝、景泰蓝、泥人、陶俑、刺绣、灯笼、玉饰、脸谱、佛像、瓷器、印章等，吸引了大量游人，包括很多外国游客。这里的夜市夏天一般开放至晚十点半，冬天开放至晚九点半，由市场进行统一管理。

东华门美食坊夜市：在东安门大街的北侧，王府井大街北入口的西面，全长约 180 米。这里主要是经营各种特色小吃，如烤串、烤鱼、火烧糯玉米、山东大煎饼、爆肚、冰糖葫芦、臭豆腐、蟹黄灌汤等。这里的摊铺有统一的设计，每一个摊位都配备了专用的不锈钢餐车，用拱形的红黄间隔条布作顶棚，顶上悬吊一红色大灯笼作为夜景照明，以每 4 个摊铺为一单元连续铺开，整条街的夜景非常整齐美观（图 24-7）。东华门美食坊夜市市场办公室的人员告知，这里的给排水、电设备等都经过了详细的设计，管线直接与城市市政设施相通；开放时间也由市场办公室统一安排，从下午四点半开始，经营至晚九点半，各季节一样。

什刹海夜市：位于北海公园的北部，鼓楼大街南面。这里是餐饮酒吧的集中地，尤其是在北海北门对面的荷花市场中，有很多著名的酒吧，如甲丁坊、欲望城市、茶马古道、兰莲花、岳麓山屋、淡泊湾等，这些酒吧一般夏天经营至凌晨三点，冬天至凌晨两点。在建筑与湖面之间的室外休闲区，摆满了休闲桌椅，有的搭有顶棚，有的则完全露天（图 24-8）。天气与气候条件较好的时候，室外休闲区座无虚席；不过冬天受影响，少有人至。夜晚湖面上的活动也非常具有特色，夏天湖面上游船相接，冬天又可以滑冰娱乐。这里的建筑界面非常考究，由传统的砖、木配以现代的钢、玻璃，并点缀上大

图 24-7
东华门美食坊夜市（拍摄于 2007 年 5 月）

图 24-8
什刹海夜市（拍摄于 2007 年 6 月）

图 24-9
簋街夜市（拍摄于 2007 年 5 月）

红灯笼，整体非常协调。

簋街夜市：位于东直门内大街，东始于东直门，西至北新桥路口，长约 1.5 公里。20 世纪 90 年代末，簋街就开建了许多酒楼饭店，其中大部分实行 24 小时营业。[1]现在，簋街夜市主要是经营特色餐饮，麻辣小龙虾、鸭脖子等小吃非常著名，豆汁、角圈、麻豆腐等老北京风味也很有吸引力。尤其是夏天的时候，很多餐厅将餐桌摆到室外，聚满了大量吃宵夜的本地市民与外来游客，吆喝之声不绝于耳（图 24-9）。整条街道仿古建筑与现代建筑比肩相邻，大红灯笼沿街均匀连续地挂在行道树上，形成了非常美妙的街道夜景观。簋街夜市一般夏天经营至凌晨两点，冬天经营至晚 12 点，也有一些餐饮店铺如桃园酒家等实行 24 小时营业。

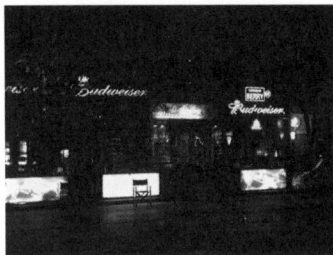

图 24-10
三里屯夜市（拍摄于 2007 年 8 月）

三里屯夜市：位于朝阳区的使馆区，主要分布在三里屯北街上，南街上也有一部分。1989 年这里出现了北京城第一家酒吧，[2]经过不断发展，现今已成为非常兴旺的酒吧一条街，有男孩女孩、骊姿园、逗号酒吧、蓝色冰点酒吧、芥茉坊、棕榈海滩等著名酒吧。由于接近使馆区，有大量的外国游人和暂居者来此，他们是三里屯夜市形成和发展的第一推动力。随着其知名度的扩大，很多本地中、青年人也来此消费体验。这里的酒吧沿着三里屯街线性展开，街边摆满了坐椅，坐满了品味美酒的市民与游客，建筑、墙、店名LOGO、灯光等都经过精心设计，灯火酒绿、扑朔迷离，让人沉醉（图 24-10）。这里一般下午就开始营业，夏天经营至凌晨三点，冬天至凌晨两点，只是冬天的时候室外的休闲区基本就没有人了。

❶ 刘孝存. 从簋街到什刹海. 北京观察，2006年1期，60~61页
❷ 伊格. 三里屯，一个全球化的侧影. 经济，2006年 第6期，102~103 页

　　北京城夜市不断发展壮大，形成了非常具有特色的城市夜市公共空间，对城市夜间生活与城市夜景形象产生了越来越大的影响。城市管理部门在夜市的声环境、夜景照明等方面也做了不少工作。不过目前的夜市尤其是社区型夜市大部分是自发形成，虽然具有很大活力，但是也出现了无序现象。尤其是在市场管理与占用交通道路方面存在较大问题，而且从建筑与城市规划设计角度出发对北京城夜市公共空间进行整体考虑非常匮乏。年轻一代生活"夜化"程度还在不断提高，更多的外国人来到北京，都将对北京城的夜市产生更大的影响，更加要求提高北京城夜市的水平。因而从建筑与城市规划设计角度出发对北京城夜市进行整体考虑，创造良好的夜市形象，提高夜市空间品质，就具有越来越重要的意义。■

（文中图片均为夏国藩拍摄或绘制）

（本文发表于《北京规划建设》，2008 年 2 月刊）

25

"老字号"与当代北京城

陈瑾羲　朱文一

　　据商务部副部长张志刚透露，我国现有的1600家中华老字号企业，其中70%处于自生自灭状态，经营十分困难，20%能够维持，只有10%蓬勃发展。158家北京"老字号"除了少数仍发展良好，大多面临着严峻的问题。

　　"老字号"是中国商业特有的称谓。本文选取的研究对象为经营50年以上的"老字号"。2006年中国国家商务部"中华老字号振兴发展委员会"对其定义为："历史悠久，拥有世代传承的产品、技艺或服务，具有鲜明的中华民族传统文化背景和深厚的文化底蕴，取得社会广泛认同，形成良好信誉的品牌。"❶北京"老字号"空间是指在北京城市空间中，"老字号"店铺开展商贸活动的场所。

　　北京地区，即指北京行政区划所涵盖的16区、2县。目前，在北京市辖范围内，共分布着158家❷北京"老字号"共约480家❸店铺。

　　当代北京"老字号"商贸现象，是北京传统文化中重要的组成部分。"老字号"在发展的过程中，形成了独特的经营之道和商业文化，成为一种"品牌"。"头戴马聚源，脚蹬内联升，身穿八大祥"等流传甚广的话语，揭示了"老字号"在北京老百姓生活中的地位和角色。

---

❶ 2006年中国国家商务部 "中华老字号振兴发展委员会"对"老字号"的定义。

❷ 北京市商务局现代流通发展处提供：2005年，北京市商务局对北京"老字号"进行了统计，数量约163家。在此基础上，陈瑾羲根据民间出版的非官方统计，如侯式亨先生在1991年出版的《北京老字号》等，进行了删补之后，本文研究的共158家北京"老字号"。

❸ 陈瑾羲根据各老字号官方网站统计。

发展演变

北京"老字号"是如何出现、繁荣又衰败的呢？辽、金、元、明、清先后在北京定都之后，北京成为全国的政治、文化以及经济贸易中心。金、元时期是北京"老字号"的起源和萌芽阶段，明、清是"老字号"的发展和繁荣阶段。解放后至今，由于市场经济的繁荣和商品的多样化发展，传统商业的代表"老字号"受到了一些冲击。

辽金时期，对"字号"的记载不多。元大都时期，北京作为亚洲乃至世界上最大的城市之一，商业发展达到了空前的繁盛，北京出现最古老的"字号"，并出现招牌（或称"幌子"）。从明朝中期以后，开始出现"老字号"的详细记载，[1]并形成今廊房头条、二条、三条胡同所在的大栅栏"老字号"聚集区，[2]清时期，"老字号"开始大量出现。乾隆年间，琉璃厂发展成为繁荣的文化市场。清末民初时期,北京"老字号"商业进一步繁荣，前门、王府井、西单成为北京三大商业中心,各具特色。老字号建筑出现中西合璧的风格。解放后至今，北京"老字号"受到了三次冲击：20世纪50年代初期的社会主义公私合营，"老字号"经历了历史上第一次体制上的变革；1966年文化大革命至改革开放前，在破"四旧"的冲击下，"老字号"的牌匾被砸，受到了毁灭性的打击；改革开放后，北京商业迅速发展，新兴品牌快速崛起，国外著名品牌进入本

---

[1] 对"字号"招幌的描述："门首地位上以大木刻作壶瓶状，长可一丈，以代赭石红之。通作十二柱，上搭芦以御群马。灌药之所，门之前画大马为记。"见《析津志辑佚》中"风俗"门。
[2] 吴建庸，王岗等. 北京城市生活史. 北京：开明出版社，1997年10月版，第209页。

地市场，传统商业的代表"老字号"受到市场经济浪潮强而有力的挑战。

空间分布

分布在北京各个地区的"老字号"，是北京商业文化和历史文化的重要组成部分，从一个侧面体现了北京传统商业文化的发展与演变。

从"老字号"在北京城市空间中的分布形态来看，"老字号"空间在北京地区呈现出中心聚集、内密外稀的分布特点。

中心聚集，是指"老字号"的空间实体在北京城市空间内，普遍集中分布于内城的范围内，且"老字号"空间在内城范围内的分布密度大大高于外城。在城市中心四区，宣武、崇文、东城和西城内，共分布着 182 处"老字号"空间，而仅有 298 处"老字号"空间分布在其余 14 区县（如表 25-1 所示）。城四区面积仅 92.39 平方公里（北京市域总面积 16410.54 平方公里），仅占北京市域总面积的 0.56%，分布着 38% 北京"老字号"空间，而城四区占北京市域面积 99.44% 的地域范围仅分布着 62% 的北京"老字号"空间。城四区内的分布密度约为城四区外的 107 倍之多（如图 25-1 所示）。此外，二环、三环、四环的北京"老字号"分布数量依次递减。

北京"老字号"空间在中心城区内分布数量多、密度高，主要有两方面原因。一方面是社会原因。首先，人口密度高。二环内人口密度现在达到 2.74 万人／平方公里，每平方公里要比其他世界特大城市多近 8000 人。第二，交通流量大。中心城区只占市区土地总面积的 6%，却集中了全市机动车交通流量的 30%。高的交通流量带来了高人流量。第三，城市功能集中。医院、机关、学校、大企业总部等这些公共的机构，

表25-1 "老字号"空间在北京各区县的分布数量

市域		区县	数量
城八区	城四区	东城区	61
		西城区	49
		宣武区	40
		崇文区	32
	近郊区	海淀区	88
		朝阳区	79
		丰台区	44
		石景山区	9
远郊区县		昌平区	17
		通州区	15
		大兴区	13
		房山区	12
		门头沟	7
		顺义区	6
		平谷区	4
		怀柔区	2
		密云县	1
		延庆县	1

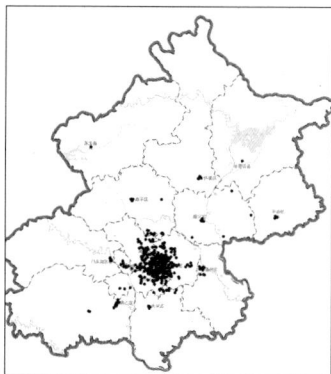

图 25-1
"老字号"在北京市域的分布全图

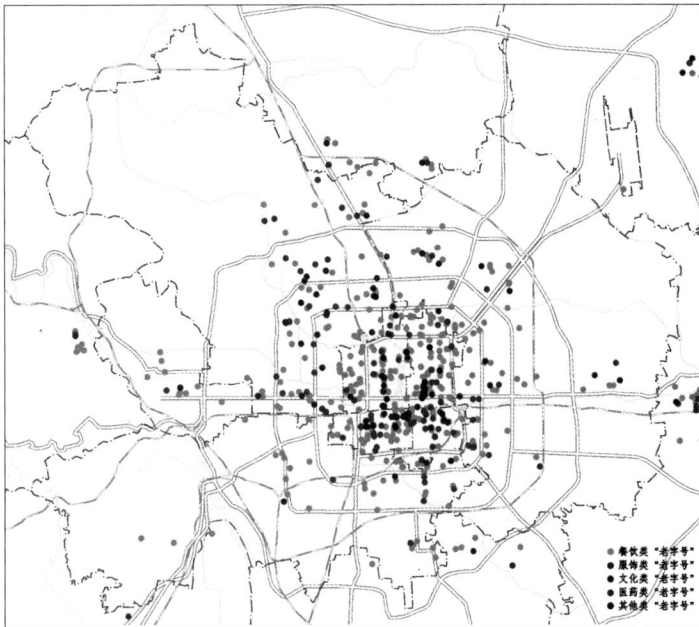

图 25-2
"老字号"在北京城近郊区的分布全图
（陈瑾羲绘）

基本上都在三环内，重要的城市功能也吸引了大批量的人流到访。对"老字号"商业行为而言，人气是至关重要的一个因素，高人气为"老字号"商业行为带来经营效益和利润的保障，可以在空间上保证"老字号"在中心城区内分布和扩张。

另一方面是地理原因。历史地段分布于中心城区内，城四区内不仅分布着皇城，还分布着多个历史文化保护区。北京"老字号"与历史地段存在着相辅相成的依存关系。这是北京"老字号"空间在中心城区内形成聚集的部分原因。

历史地段依存

从"老字号"在北京城市空间中的分布来看（图 25-2），"老字号"空间在历史地段大量聚集。例如，在大栅栏历史文化保护区内，就分布着数十家北京"老字号"空间，如瑞蚨祥、步赢斋、同仁堂、大观楼影城等。北京"老字号"空间对历史地段的依存主要有以下两方面的原因。

第一个是历史原因。首先,北京"老字号"的发展与北京商业的发展相辅相成。一方面,北京"老字号"空间等传统商业空间的聚集形成了有特色的北京历史商圈,如前文在历史演变中提到的,廊房头条、二条、三条胡同所在的大栅栏地区,琉璃厂地区,前门、王府井和西单地区等,都是"老字号"的发源空间,可谓是"老字号"空间的"根"。因此大部分北京"老字号"总店都分布于历史地段中,部分"老字号"空间在拆迁时也会优先考虑历史地段。如大栅栏的门框胡同整治时,原在门框胡同和廊坊二条的"老字号"店铺如"小肠陈"等都搬到了什刹海"九门小吃",在另一历史地段形成聚集。另一方面,北京知名的商业区域吸引了人流,也带动了北京"老字号"空间的繁荣,加强了与市民和游客的互动,如王府井—东四地区等。

第二个是资源原因。除"老字号"空间在中心城区发源的历史原因外,历史地段还具有丰富的历史和旅游资源,聚集了参观什刹海、天坛、天安门广场等"北京特色"的游客,也聚集了进行"胡同游"的市民和游客,必然也带动了该人群对"京味文化"的代表——北京"老字号"空间进行体验。总之,"老字号"是北京商业文化和历史文化的重要组成部分。

东西轴线延伸

从"老字号"空间在北京市域范围的分布来看,呈现出沿东西轴线延伸的分布形态。"老字号"空间沿东西轴线往东延伸至通州、往西至门头沟,形成以长安街为轴线,往东西延伸的空间分布趋势。

其原因是，长安街是中心城区的重要历史街道，是市区的重要轴线。"老字号"空间从中心城区的聚集、对历史地段的依存，到沿着东西轴线往外延伸，是"老字号"空间向外城发展、扩张的空间表现。该分布趋势与北京城市总体规划的城市空间结构和中心城功能结构的两轴、两带、多重心的规划相吻合。一方面，市民和游客不必跑到城市中心区的"老字号"空间，就能就近找到东西轴线附近的北京"老字号"体验场所；另一方面，"老字号"作为"京味文化"的代表和传承者，将北京传统商业文化传播到中心城区外的东西轴线延伸区域，提升了该区域作为北京城市空间的文化标志性。总的来说，北京城市的空间布局和结构决定了"老字号"空间的分布趋势。

类型分布

可以将"老字号"按照经营项目分为餐饮类、服饰类、文化类、医药类和其他类。

首先，餐饮业"老字号"是北京"老字号"中数量最多的一类，共有 103 家，如全聚德、吴裕泰、东来顺（图 25-3）等，占北京"老字号"的 65.19%。餐饮类"老字号"总店和分店的空间分布表现出较大的差异。有的扩大发展，如"吴裕泰"等，进行了连锁经营，在城市空间形成了网状的分布；有的还保持着一店一卖的经营模式，在城市空间分布上没有扩展。从餐饮类"老字号"在北京市城空间中的分布来看，北部地区的数量和密度都高于南部地区，与北京目前北部发展快于南部的现状相一致；在二环内分布密度高，尤其在历史地段的分布密度更高，与对历史地段依存的分布规律相一致；在建成区分布呈网状均布趋势，将"老字号"空间扩展到整个北京城市空间。

图 25-3
餐饮类"老字号"东来顺、吴裕泰

图 25-4
服饰类 "老字号" 瑞蚨祥、内联升

　　第二，服饰类 "老字号" 是北京 "老字号" 中经营服装、饰品等相关配件的 "老字号" 店铺。目前共有 14 家，如瑞蚨祥、马聚源、内联升等（图 25-4），占北京 "老字号" 的 8.86%。服饰类 "老字号" 店铺在北京市城近郊区的空间分布呈现出如下分布特点：总体空间分布上，西北部地区的数量和密度高于东南部地区；空间分布上，全部店铺比总店略有扩展到五环，但数量与密度都很低；在历史地段如前门大街—大栅栏地区、王府井—东四地区的分布密度高。

　　第三，文化类 "老字号" 主要指经营书画或文房四宝等相关用品的 "老字号" 店铺。目前共有 12 家，如荣宝斋、戴月轩、文成厚等（图 25-5），占北京 "老字号" 的 7.59%。在北京市城近郊区的空间分布上，文化类 "老字号" 店铺基本都集中在二环以内；在琉璃厂地区附近形成高度聚集；20 世纪 50 年代至今，文化类 "老字号" 店铺在城市空间中的分布没有向外拓展。

　　第四，医药类 "老字号" 目前共有 10 家，如同仁堂、万全堂、

图 25-5
文化类 "老字号" 戴月轩、荣宝斋

图 25-6
医药类"老字号"同仁堂、万全堂

图 25-7
其他"老字号"中国照相馆、东安市场

鹤年堂等（图 25-6），占北京"老字号"数量的 6.33%。从其在北京市城近郊区的空间分布上看，二环外西北部地区的数量高于东南部地区；二环内南城地区分布密度高。

第五，其他类"老字号"是北京"老字号"中各类服务行业和部分手工艺店铺。目前共有 18 家，占北京"老字号"的 11.4%。如"中国照相馆"等（图 25-7）。其他类"老字号"在北京市城近郊区的空间分布上，呈现如下特点：总体空间分布上，基本集中在二环以内；在历史地段如东四—王府井地区分布密度高。

在各不同经营内容的北京"老字号"在北京市城近郊区的分布中，餐饮类"老字号"向二环外扩张相对较快，初步形成网状的均布模式；其次为医药和服饰类"老字号"，逐步向外扩散，但数量和密度都较餐饮类"老字号"少和低；而文化类和其他类"老字号"则固守在二环旧城传统历史商业区域内，几乎没有向新城区扩展。

总的来说，面对当下琳琅满目的商品竞争，面对"洋物品"如耐克、"洋快餐"如"麦当劳"在北京以 94 家店铺在城市空间内占据，并使用了城市空间发展中较好的商业位置，"老字号"在北京城市中的数量却不断减少。仅存的一些"老字号"除了"东来顺"等能在城市空间中占据一席之地外，其余的十有八九濒临销声匿迹，岌岌可危。

小结

学者萧乾曾说："一座以古老城市的政治史和社会史为内容的博物馆，不但会吸引外国旅游者，更有助于本地市民的'寻根'。"❶市民的"寻根"和游客的体验"京味文化"，是北京"老字号"空间得以存在和延续的关键。因此，"老字号"空间是北京城市的社会、历史博物馆中重要的展厅，是城市公共空间中对市民和游客的记忆、心理和行为起重要影响的节点。它们的消失将是北京城市空间标志性、可识别性和多样性的重大损失。

随着当代北京商业的发展，不同的北京"老字号"对"京味文化"的展现力呈现出较大的差别。目前"老字号"整体呈现衰败的状态，在问卷调研中，仅有 23 家"老字号"被使用者提及，它们具有一定知名度。而 135 家，占总数 85% 的

---

❶ 萧乾. 一个北京人的呼吁·向城市建设部门进三言. 北京城杂忆, 北京: 北京三联书店, 1999, 41

北京"老字号"正在失去对"京味文化"的代言能力、对市民和游客的吸引力，甚至出现停业的状况。它们急需社会的保护和抢救。

《北京城市总体规划（2004—2020年）》在旧城保护和复兴中指出："发掘、整理、恢复和保护丰富的各类非物质文化遗产，如……老字号等，继承和发展传统文化精髓，焕发古都活力。"❶这充分表明，"老字号"目前的困境已经引起了政府和社会广泛的关注，开始开展各项活动来保护"老字号"空间。❷相信"老字号"在不久的将来必会迎来复兴的浪潮。■

❶ http://www.beijing.gov.cn/zfzx/ghxx/ztgh
❷ 2006年10月10日，中国国家商务部 "中华老字号振兴发展委员会"评定中华老字号，北京市共有113家企业申报"中华老字号"，初步确定北京市67家符合"中华老字号"认定要求。见北京商务局网站。

（本文发表于《北京规划建设》，2007年4月刊）

26

宠物空间在北京

刘磊　朱文一

宠物一般指适合在家庭中饲养的、体形不太大的伴侣动物，本文将以犬类、猫类为重点研究对象。❶

宠物与人类的关系

美国学者卡拉斯在《完美的和谐——人类的动物伴侣》一书中写道："事情就这么自然而然地发展下去，使人类和动物彼此的关系愈来愈紧密，最后无法脱离彼此。这正是我们目前的处境。我们正处在一种伙伴关系之中，而这种关系在我们生活中所具有的重要性，是远超过人类巧妙的心灵所能想象的。"❷

人类饲养宠物的历史可以追溯到一万两千多年前或者更早。❸但是，在18世纪以前，饲养宠物还多是特权阶层所为，没有记载显示曾经有过很大数量的宠物，或者饲养宠物是一种很常见的事情。直到19世纪以来，人类才开始了大规模饲养宠物。❹在中国，改革开放以后，随着经济的发展、传统观念的淡化以及人民生活水平的提高，才开始出现饲养宠物的风潮。

宠物对于人类来说有着多重的含义。宠物的存在作为统一的、持续的、可获得的情感资源，减轻了人的身体和情感

❶ 《现代汉语大词典》中对宠物的解释是：家庭豢养的受人喜爱的小动物，如猫狗等。《牛津现代英汉双解词典》中的解释是：a domestic or tamed animal kept for pleasure or companionship。

❷ 引自[美]罗杰·卡拉斯著. 完美的和谐——人类的动物伴侣. 陈惠雯译. 北京：北京燕山出版社，2005.8

❸ 参见李健. 中国宠物行业发展及其管理（硕士学位论文）. 哈尔滨：黑龙江大学,2006 在2002年11月22日出版的《科学》杂志刊登的文章中，研究人员指出：大约在一万两千年或更早以前最后一个冰川期结束后，在东亚地区人类就开始与狗共享居住和狩猎场所。

❹ 参见Stuart Spencer, Eddy Decuypere, Stefan Aerts, and Johan Detavernier, History and Ethics of Keeping Pets: Comparison with Farm Animals, Journal of Agricultural and Environmental Ethics, 2006, 19:17~25

的孤独感及被隔离感，成为饲养者在心理上与生活中所不可缺少的一个部分。同时，宠物也有利于身心患有疾病的人恢复健康。宠物治疗（pet facilitated therapy），即利用人和伴侣动物的联结来改善人身心健康的治疗，作为一种新兴的治疗方法，正获得临床医生和保健师的认可。对于许多病人，特别是那些长期瘫痪的病人，与伴侣动物互动能满足他们的情感需要，从而改善身心健康。伴侣动物治疗经常在其他治疗方法失败时使用，有可能使那些抑郁病人、有社会退缩行为的患者康复。❶

宠物与城市空间

本文所指的城市空间主要是指城市开放空间、社区中的公共空间与公共建筑空间。宠物与城市空间有着密切的联系。

宠物作为人类生活的伴侣、作为生物多样性在城市中的一个反映，作为城市景观的一个组成元素，能够增添城市活力，给日趋死板的城市生活带来生机与童趣。遍布城市各处的宠物商店和大型超市中的宠物用品专柜等，都是城市功能多样性的体现，它们除了在提醒着人们宠物的存在与价值外，也同样为人们提供了好奇与参观的欲望。这些，都是引导着城市走向多样、包容的重要元素。

与此同时，宠物与城市空间的矛盾也已经初见端倪。宠物有可能传染疾病、造成交通事故，宠物的粪便、尸体与叫

---

❶ 参见傅纳. 宠物犬对中老年人身心健康影响的研究（博士学位论文）. 北京: 北京师范大学, 2004

声都有可能造成环境的污染。虽然现在这些问题还并不十分明显，但是随着我国宠物产业的迅速发展，宠物与城市之间的关系将成为我们不得不开始面对与思考的一个问题。

北京市宠物发展现状

北京作为我国的文化中心，一方面，市民对于宠物的饲养需求远较一般城市为甚，并且呈现不断增长的趋势；另一方面，相关法规仍然不能适应宠物管理的需求，相关设施也落后于宠物产业的迅速发展。

"截至 2006 年 10 月，北京市登记在册的宠物狗已达 55 万余只，而据专家估计，尚未登记的宠物狗还有相当数量，保守估算，目前北京市宠物狗的数量已经达到 100 余万只。"[1] 其他宠物的数目也相当可观。对北京的养宠物者进行的问卷调查显示，约有 88% 的人回答说养宠物的经历在 1 年以上，其中更有 62% 的人的养宠物历史在 3 年以上。[2]

在北京目前的状况下，对宠物的接受在很大程度上还仅仅局限于养宠物者中间，饲养宠物甚至开始成为城市中的一种亚文化。对于"爱宠"的人群来说，与宠物有关的东西可能都是他们追捧的对象，他们认为宠物是自己的子女、伴侣，以最亲昵的语言来称呼自己的宠物，他们与宠物一起吃饭、睡觉，为宠物购买各种不菲的用品、食品，外出时总不忘带宠物一起。他们对于宠物的感情，甚至会达到让非养宠物者

---

[1] 引自苏宝炜，李薇薇. 狗年的困惑——物管企业对小区犬只管理分析. 中国房地信息，2006.12，北京市公安局发布的统计数字。

[2] 根据作者对北京养宠物者进行的问卷调查，调查样本为60人。

难以接受的程度。而对于很多不接受宠物文化的市民来说，"宠物"也许和"动物"没有太大的区别，甚至可能还有对于宠物乃至养宠物者的厌恶感和恐惧感。他们无法理解养宠物者怎么可以和一只动物如此亲密，无法理解养宠物者对宠物的各种亲昵称呼与亲昵行为，认为他们是异类，有怪癖，对他们的生活无法认同。

　　市民对于宠物的认同感比较低，这也在一定程度上导致了北京的养犬立法往往以从严为原则。2003 年 9 月开始实施的《北京市养犬管理规定》中第 8 条规定："天安门广场以及东、西长安街和其他主要道路禁止遛犬。"第十七条规定："不得携犬进入市场、商店、商业街区、饭店、公园、公共绿地、学校、医院、展览馆、影剧院、体育场馆、社区公共健身场所，游乐场、候车室等公共场所；不得携犬乘坐除小型出租汽车以外的公共交通工具"。❶这些规定对于解决宠物与北京城市空间之间的矛盾起到的作用非常有限。

北京城市宠物空间

　　北京城市中的宠物空间可以分为两大类：一类是城市开放空间，包括街道、公园，以及社区中的公共空间等；另一类是以宠物冠名的空间，包括宠物公园、宠物市场、宠物商店、宠物医院等场所。

　　城市开放空间的分布由城市规划部门制定，目前很少关注宠物的存在。宠物冠名空间的分布则在比较大的程度上与城

---

❶ 引自《北京市养犬管理规定》，北京市人大常委会颁布，颁布日期2003-09-15

图 26-1
北京宠物公园、宠物市场分布图

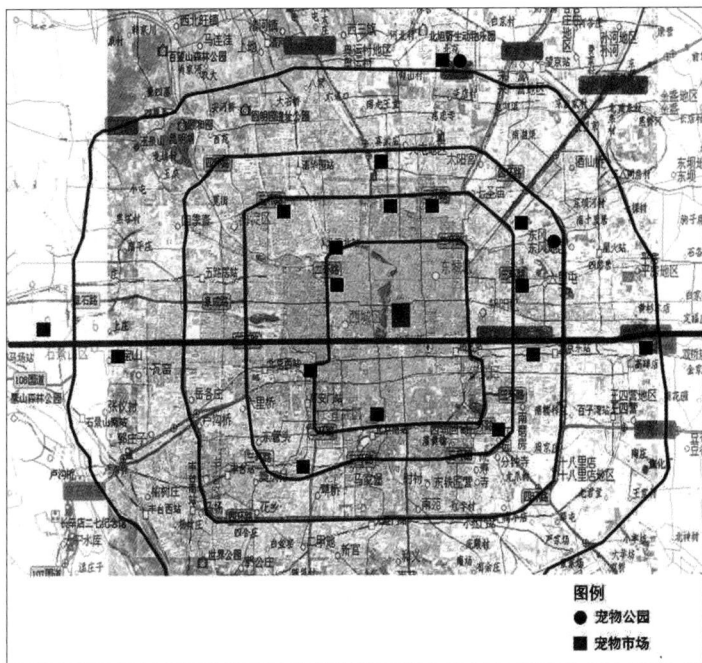

表26-1 北京各类宠物冠名空间分布
状况

	宠物公园	宠物市场	宠物商店	宠物医院
东城区			10	6
西城区		2	22	15
崇文区			6	4
宣武区		2	9	9
海淀区		1	37	26
朝阳区	2	9	59	41
丰台区		1	21	32
石景山区		2	10	7
郊区	2	2	35	28
总计	4	19	209	168

市居住区域的分布有关。宠物商店、宠物医院等规模较小、经营相对灵活的场所基本随居住区域均匀分布，其在各个城区内的数目如表 26-1 所示。宠物市场大多分布在交通方便的区域，如二、三环路附近。而如宠物公园这样需要较大用地的场所则不得不选择在离市中心较远的居住区域附近设置（图 26-1）。

相较于其他的城市开放空间，《北京市养犬管理规定》中对于宠物进入街道的限制是比较宽松的，但仍然不鼓励宠物在主要街道上进行活动。街道是很多养犬市民为数不多的选择之一，甚至是很多人唯一的选择。街道中的人行空间是有可能为宠物提供活动空间的地方，主要为一般街道中的人行道，也包括人行横道和部分隔离带。街道作为宠物空间，大多数是作为遛狗的空间，通过性较强，养狗者与宠物狗停留的时间相对较短，与其他人产生交流的机会也相对有限（图 26-2）。

图 26-2
街道上的养宠物者

　　提高街道作为宠物空间的品质，除了提高路面本身的品质之外，改善街道相关设施水平也很重要。

　　作为城市开放空间中最具吸引力的元素之一，公园本身有着供人停留与休憩的作用，人们在公园内也就有着多种的活动可能与交往可能。到目前为止，北京的注册公园已达 176 所，加上没有注册的公园，总数已达到 1000 多所。❶但众多的宠物却被隔离在了这些空间之外。许多历史遗迹公园大多在入口处标明禁止宠物入内，而对于海淀公园、玉渊潭公园、朝阳公园和北京动物园等市区内较大公园的询问结果也是任何种类的宠物都禁止入内；有些公园甚至表示如果私自携带宠物入园，一经发现就予以没收。这无疑表明，宠物现在还无法参与到市民在公园中的活动中来（图 26-3）。

　　而实际上，公园可以通过限制宠物进入时间、划定宠物活动范围，并适当提高对养宠物者的收费等途径，将宠物的活动引入园中。

图 26-3
被挡在公园外的养宠物者

　　由于从法规和实际情况两方面来说，街道和公园等城市空间都在限制着宠物的活动，社区中的公共空间就成为了城市市民与宠物进行户外活动的一个主要选择。其中包括社区街道、社区小公园等人们日常户外活动的区域，也包括旧城居住区域内的户外公共空间。但是，由于一直以来相应设施的

---

❶ 参见《本市公园总数达1000多所　2010年将达到500米见园》. 北京晚报. 2007年3月20日。"到目前为止，北京的注册公园已达176所，风景区26处。这些公园中除49所收费外，其他全部是免费公园，免费公园已占70%以上。加上没有注册的公园，北京的公园总数已达到1000多所。"

缺乏，宠物的活动造成了对环境的程度不同的影响。近年来，北京很多新的建成社区都考虑了宠物的因素，并设置了相关设施。在社区内的公共空间中，与宠物一起活动的居民越来越多，社区内的宠物商店和宠物医院等场所也随之逐渐增多。

　　社区内宠物的相对集中使得宠物所引起的一些社会与城市问题也尤为明显，其中最突出的是流浪宠物的问题。流浪宠物"'超过百万'还是一个较为保守的数字"。[1]它们由于患有疾病或者繁殖过量等原因而被遗弃，对于市民健康、社区环境、城市交通等方面都造成了一定的影响。这一问题的解决，主要还有待于相关法规的完善，特别是在对养宠物者需要承担的义务的规定等方面。

　　除了一般的城市公园外，北京还有一些由私人投资修建的宠物公园，专门为宠物和其主人提供一起进行活动的空间，园内通常有可供宠物使用的绿地、水池等空间和一些游戏器械。如位于朝阳公园内的酷迪宠物乐园、位于轻轨北苑站附近的国都宠物公园和位于北六环路以外的 GoGo 宠物公园等。在这些场所，活动者基本上都是养宠物者与爱宠物者，因此，人与人之间、宠物与宠物之间、宠物与人之间可能发生各种交流活动（图 26-4～图 26-6）。

　　但通过对这些宠物公园的调研来看，位于四环外的几个宠物公园的经营状况大多数并不理想，由于离市区较远，即使有些公园特意选择修建在轻轨车站附近等，但由于宠物并

图 26-4
某宠物公园中的活动设施

图 26-5
某宠物公园中的活动与交流

图 26-6
某宠物公园中举行的活动

---

[1] 引自《京城流浪宠物之现状》.北京娱乐信报.2005年4月25日。"IFAW中国办公室公共关系部的何勇先生称：'超过百万'还是一个较为保守的数字。他说，百万流浪宠物中，约80%为流浪猫。"

不被允许乘坐轻轨，再加上周围普遍缺少必要的商业、居民等的支持，有些公园甚至呈废弃状态。而即使是经营状况比较好的宠物公园，例如位于朝阳公园内的酷迪宠物乐园，也只能为城市中少数有车的养宠物者服务，服务范围受到极大限制。

宠物公园的发展可以与城市公园相结合，以使得分布更加合理。城市公园可以部分开放为宠物公园，宠物公园同样也可以为非养宠人提供开放空间。这是一个相互接受的过程。

宠物市场

指有一定的经营面积，有多家宠物经营者聚集的宠物交易场所。目前，可在网络上查到的北京宠物市场约有 20 家，如官园花鸟鱼虫市场、十里河华声天桥市场、天宁寺花鸟市场等，但其中大多以经营花鸟鱼虫为主，经营犬类、猫类等宠物的比例非常有限，经营犬类交易的大型市场仅有位于垡头的爱斯达名犬交易市场。[1]

宠物市场与其他以"市场"冠名的场所并无本质区别，活动主体为人，宠物则更多地充当了商品的角色，被放置于笼中，或在主人严密的监视下，供人买卖，而基本无法自由活动，也比较难产生和人的交流（图 26-7）。

宠物市场应该具有本身的场所特性，不仅提供给希望养

图 26-7
宠物市场

---

[1] 参见《走访:爱斯达名犬交易市场(组图)》. http://foster.aweb.com.cn/news/2006/9/4/14230090.shtml. 2006年9月4日. "北京爱斯达名犬交易市场在北京市司法局、所属的北京工作犬协会与朝阳区王四营乡，经北京市工商行政管理局，以及北京市政动物防疫部门的批准，经过一年多时间的紧张筹备，于2004年10月16日正式对外营业。这是北京市有史以来第一家经国家多个相关部门批准的，规模最大、管理最规范的名品犬种及花鸟鱼虫交易的大型专营市场。"

图 26-8
宠物商店

图 26-9
宠物医院

宠物者选购自己心仪的宠物的空间，同时也应该提供观看空间给那些对宠物感兴趣的人，让他们充分感受宠物的魅力。

其他宠物冠名空间

除宠物市场外，目前北京还有其他的宠物经营及服务机构约 400 家。经营内容包括宠物买卖、美容、医疗以及衣食住行等一系列商品销售和服务。[1]在这些空间中，最常见的是宠物商店和宠物医院。

宠物商店的经营内容主要为包括宠物食物在内的宠物用品，多位于街面或大型商场内，以人的活动为主。而其中的宠物由于已经摆脱了商品的身份，成为了有主人的宠物，也就具有了相当的自由程度（图 26-8）。宠物商店在提高选址的合理性之外，也应增强其本身的空间质量、店面形象对使用者的吸引力与可辨识性。

宠物医院是专为宠物进行诊断、治疗、护理的医院，通常被冠以"动物医院"的名称，包括较大型的综合性动物医院和小规模的宠物诊所等。在宠物医院中，宠物由于患病，一般不被允许进行过多活动，而是处于比较严格的控制之下（图 26-9）。宠物医院应让使用者以比较快的速度完成对其的使用，增大使用者前来的目的性。

---

[1] 参见《我国宠物产业发展的问题与对策》http://www.zgny.com.cn/ifm/consultation/show1.asp?n_con_id=87223 2005-12-31 信息来源：中国农业大学动物医学院 "北京拥有1600万人口，目前有宠物经营及服务的机构约400家，与国际发达国家的约1万居民支撑一家宠物机构相比，还有较大的空间。但国情不同，人们的生活条件和意识不同，会有很大的差别，不能等比。"

北京城市宠物空间展望

从动物保护的观点看，宠物应该与我们同样分享城市空间，"一般地说，一个善待动物的民族会把生命的尊严和价值看成无比重要的东西"。❶从公民权利的角度看，宠物属于城市市民的个人财产，必须得到保障。由此，提供给宠物合理的生存空间，提供给养宠物者合适的活动范围，也就是我们所必需做到的。

但是，由于社会发展水平限制、长期以来的固有观念，以及某些养宠物者道德修养不足等原因，造成北京养宠物者与城市空间之间的矛盾在一段时期内将仍然存在。而在与城市空间联系最密切的建筑与城市规划方面，却仍然没有引起足够的重视，也缺少与其他专业的交流与合作。针对这一情况，本文提出一种宠物空间的构想。

在短时期内，北京四环范围内不太可能有比较多的宠物公园出现，以满足众多无车市民的需要，因此，如何有效利用街道空间，提升街道作为宠物空间使用时的品质，就成为问题的关键。这一设想的实现可以参照居住区域在城市中的分布来进行，先在某些区域内进行实验，并逐渐以实验点为中心，向四周扩散建设，最终在整个城市范围的居住区域内，形成平均分布的局面。

在选中区域内具有一定宽度的街道上，以 50 米为距离设置专门的宠物区域，在每个区域中，采用特殊的地砖将该区域隔离开。地砖采用硬质橡胶材料制作、路面平整、柔软，不影响行走。地砖上带有特定的图案，采用宠物犬的脚印为原型，

❷ 引自动物福利法——中国与欧盟之比较. 常纪文. 北京: 中国环境科学出版社，2006.9

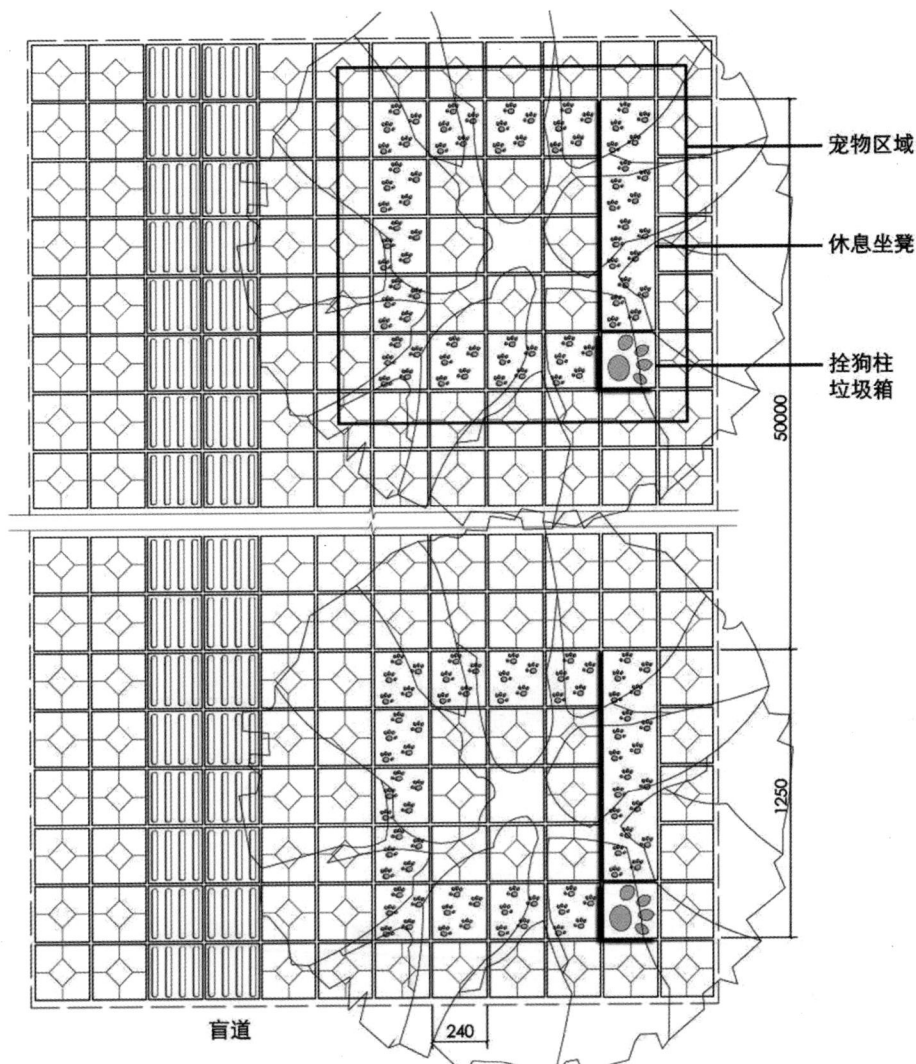

宠物区域

休息坐凳

拴狗柱
垃圾箱

50000

1250

盲道

240

图 26-10
宠物区域构想

呈现出宠物在自然中行走后留下印记的意象。在颜色设计上，橡胶砖本身为浅黄色，既有鲜明的提示作用，同时又与盲道的颜色相区别。宠物区域内设置拴狗柱与宠物垃圾箱，以方便养宠物者进入路旁的公共建筑，或者处理宠物的粪便等垃圾（图 26-10）。

对于养宠物者,这一设计有两个层次的作用。第一个层次,是提供给养宠物者相对独立的宠物空间与各种方便的宠物设施,让养宠物者能够与宠物一起进行散步等多种活动,并在不同的养宠物者与宠物之间产生交流。第二个层次,在视觉上的形象能够反映到人的心理上,产生心理上的安慰,让养宠物者感觉到宠物在城市中的生存空间,感觉到自己生活在一个能够包容宠物、关心宠物的城市中,从而有助于提高养宠物者的道德修养,规范养宠物者的养宠行为。

对于非养宠物者,这一设计的作用则是提供心理上的安全暗示,提醒人们这里可能有宠物经过,如果不喜欢的话可以避开。另一方面,对于那些对宠物的接受程度比较低的人来说,在提供视觉隔离区的基础上,也提供了一个去观察宠物、了解宠物、理解宠物的通道。

对于城市空间来说,这也提供了一种特别的景观元素,为城市的步行空间增添趣味。

养宠物者、宠物与城市空间的矛盾的解决,在于社会发展水平的不断进步以及养宠物者与非养宠物者之间的相互理解。希望本文能够引起城市规划与建筑工作者的关注。■

(本文发表于《北京规划建设》,2007 年 3 月刊)

27

行乞与当代北京城

戚积军　朱文一

古今中外话行乞

行乞现象历史久远，目前在城市中仍然经常出现，而且不太可能在短时期内消失，无论在国内、国外都是如此。"乞丐"二字在我国上古文字中就已出现，不过当时是以单音词出现的；二字合为一词使用，是从汉代开始；"乞丐"一词专门用来称呼讨饭之人是从宋代开始的。❶以安徽凤阳为例，这里人们自古就以外出行乞而闻名全国（图 27-1）。"打花鼓"是凤阳乞丐这一区域人群谋生的重要手段。❷凤阳人的明代开国皇帝——朱元璋与乞丐有千丝万缕的联系，据说，朱元璋平素不太喜欢娱乐，但对凤阳花鼓却情有独钟。❸

西方发达国家法制和社会保障体制相对完善，加上慈善机构和许多民间组织的救助，乞丐问题与社会治安和公众日常生活的关系相对稳定。以法国为例，据粗略估计，法国全境的无家可归者多达 8 万人。❹图 27-2 中乞丐取得合法资格，在地铁过道内弹奏行乞。有趣的是，法国乞丐似乎也颇受当地文化的影响，其"讨饭"风格中不乏潇洒与从容，有的乞丐举着"我想去巴西度假，谁能资助我几个硬币？"的牌子行乞；法国乞丐在遭到拒绝时同样很有绅士风度，在临走之前多会说"祝您今日快乐"之类好听的话；当然也有极少数"死缠烂打"的，

图 27-1
凤阳花鼓戏
（王振忠等著.《遥远的回响——乞丐文化透视》.上海人民出版社，1997. 插页）

图 27-2
在地铁过道内演奏
（法国巴黎，2004.5.9）

❶ 高永建著.乞丐.北京图书馆出版社，1998.绪论
❷ 王振忠等著.遥远的回响——乞丐文化透视.上海人民出版社，1997. 第50页
❸ 〔王振忠等著.遥远的回响——乞丐文化透视〕.上海人民出版社，1997. 第1页
❹ 法国乞丐讨饭也潇洒.陈源川.环球时报，2004.07.30

如果你以没有带零钱为由加以拒绝，有的乞丐会不知耻地说，街拐角处就有一个取款机！ ❶

我国对待流浪乞讨人员的法制和社会保障体制正在不断完善，孙志刚案件成为废止收容遣送制度政策过程中的焦点事件。❷ 为此，国务院颁布了《城市生活无着的流浪乞讨人员救助管理办法》，并于 2003 年 8 月 1 日开始实施。新的救助办法体现了从收容强制到救助自愿的一个进步，为流浪乞讨人员创造了一个相对宽松的法律环境，体现了党和政府对流浪乞讨人员的人文关怀，但也产生了一些新问题。

城市中行乞权与限制乞讨之间的矛盾显露出来，据 2004 年北京市救助管理事务中心的调研报告统计，旧收容遣送办法废止后，北京市流浪乞讨人员大量增加，在全市公安机关告知的将近 2 万名流浪乞讨人员中，自愿接受救助的仅占 15%；而 85% 乞讨人员拒绝救助，这类人员中有很大一部分属于职业化乞讨人员。

在城市中行乞的收入，比干农活收入高出很多。2004 年 9 月，北京市公安局公交总队民警将职业乞丐苗某带回派出所，经询问，苗某从 2002 年开始在北京行乞，以索要"救命钱"为由，在地铁里每天至少能讨要五六十元，粗略一算，一个月下来"收入"小两千元。京城乞丐的老家流传着"城里磕头，回家盖楼"、"外出乞讨转三年，给个县长都不干"的顺口溜。❸

---

❶ 法国乞丐讨饭也潇洒.陈源川.环球时报, 2004.07.30
❷ 2003年3月，在广州发生了一起案件.孙志刚——一个风华正茂的27岁大学生，因为没有随身携带身份证而被关进收容所，悲剧上演了：孙志刚被毒打致死。媒体报道了这一案件，全国哗然。不久，全国人大废除了实行多年的收容审查制度，代之以救助办法。
❸ 李婧等.京城乞丐 地铁磕头 回家盖楼.北京晨报, 2004.10.19

　　针对北京市政协有关划定"禁讨区"或"限讨区"的建议，北京市政府副秘书长李伟于 2004 年 9 月 21 日向政协委员表示，本市暂不划定"禁讨区"，同时也表示目前像天安门广场等重要场所，以及重大活动场所，都不会有乞讨现象。❶

　　虽然从社会学、历史学研究角度，有很多关于乞丐的书籍和相关资料，但城市规划和建筑学专业领域，对当代北京城乞讨现象的研究比较少，本文以北京为主要研究对象，通过实地调研探索了乞丐在城市中分布，以及行乞空间特征，并提出行乞的空间管理和未来演变。

城市与行乞

　　从北京市救助管理事务中心了解到，2003 年 8 月 1 日至 2005 年 7 月 31 日，全市累计救助人数接近 2 万人，其中东城区和丰台区救助人数较多，均超过 3 千人；西城区、宣武区、朝阳区、海淀区的救助人数也超过了 1 千人；其他各区县则人数较少。

　　东城区是 CBD 所在地，商业繁荣，驻扎许多外资企业，上班族收入丰厚，生活水平高，所以大量乞丐选择于此行乞，而且随时有可能遇上出手阔绰的外籍人士；乞丐们多出现在丰台区的原因则是人口构成复杂，丰台区是典型的城乡接合部，流动人口比例很大，城市公共空间凌乱，城市执法部门不便于管理；北京传统品字形商业格局——前门、西单、王府井也是乞丐较多聚集的地方；还有一些区域性商业中心，例如公主坟、

---

❶ 北京暂不划定"禁讨区".北京青年报, 2004.09.22

图 27-3
北京乞丐分布推测图 (2005.8.9)

西直门、东直门、双榆树等处也经常能见到乞丐；另外，有的流浪乞讨人员会选择北京火车站和西客站等交通枢纽作为行乞地点（图 27-3）。

行乞发生在城市公共空间内，不同城市公共空间对行乞空间分布有很大影响。作者在 2005 年 8 月某天调研中发现，前门以南约 800 米前门大街两侧（从前门牌楼到珠市口）共停留 17 名流浪乞讨人员。时值酷夏下午，有 2/3 的乞讨人员停留在道路西侧以躲蔽烈日暴晒，由于前门的地标作用，乞丐分布也受到前门辐射影响，离前门越近，乞讨人员分布越密集。在调研中进一步发现，店铺的经营种类影响着行乞空间发生，乞丐在店铺前停留的几率由大到小依次为：未开张商店—医药店—文化音像用品商店—服装店—食品店—餐馆，可以看出，乞丐较少停留的店铺，店主自行管理程度较高。

在各种恶劣天气中，下雨对乞丐影响最大，大雨在清洗了城市的同时，也横扫了街头乞丐，雨切断了乞丐与市民的联系；在北京，春、秋两季时常会出现大风天，这时乞丐们会选择避风角落行乞，例如地下通道等处；然而下雪的时候，情况会有所不同，尤其是大雪，不但不能阻止行乞，反而能把趴在地上衣衫褴褛的乞丐，映衬得格外醒目，地上积雪成为乞丐行乞的"舞台背景"。

北京的冬季还是较为寒冷的，民政部门在公安、城管协同下，组成联合执法队，沿街劝阻乞丐，发放各个救助站的电话联系卡，并告知乞丐可以到救助站接受救助；对不愿去救助站的乞丐，则发放事先准备好的食品、衣物，以帮助乞丐们抵御严寒。所以在北京基本消除了冬季乞丐被冻死的现象。

城市节点与行乞

　　城市节点指过街天桥、地下通道、地铁站等处，这些地点多方向人流汇聚，人员比较密集，具备构成行乞空间的主要条件。

　　过街天桥连接两侧人行道，同时保持着机动车道畅通无阻，行人站在过街天桥上，可以对城市道路及两侧建筑形成的壮丽景观一览无余。图27-4中过街天桥横跨潘家园附近东南三环路，上过街天桥台阶共分三段，有两个休息平台，乞丐坐在较高休息平台上行乞，较为显眼，在远处就能看见。乞丐为老年妇女，边上躺着一个幼儿，用来盛钱的工具是一次性方便面盒。过街天桥台阶两边为坡道，方便推自行车之人上下，而乞丐的位置正好挡住上过街天桥推车人的去路，因为经过这里的推车人不多，所以乞丐才能坐得比较安稳。

　　图27-5所示为丰台区的玉泉营环岛，位于北京市南三环西路上，是典型的城市接合部。在环岛西侧一处过街天桥上，两名自称是大学生的女孩跪在天桥上，头扎白布，其中一人怀抱缠着白纱布的骨灰盒，向过路行人乞讨回家的路费。据警方表示，这是换取路人同情的骗局，大家不要过多理睬，

图27-4

很远处就能看见（潘家园）

图27-5

过街天桥上的谎言（玉泉营环岛，北京娱乐信报）

遇上骗局应马上报警。乞丐们展示出来的悲惨境遇与过街天桥上开阔的城市空间形成鲜明对比；过街天桥位置高于一般城市公共空间，这种高差变化对乞丐来说能产生一种领域感，会觉得比较安全，这是行乞空间较多发生在过街天桥的原因。

地下通道与过街天桥功能相似。人们进入地下通道，随着视点逐渐降低，进入到了半封闭环境，人们接受的视觉量减少，有可能增加对其中乞丐的关注。图 27-6 中，乞丐位于王府井西侧，横穿长安街地下通道南面台阶的休息平台上。这是一名典型的残疾乞丐，上身曾经多处被烧伤，随身物品也十分简单。乞丐很安静地坐在那里翻看报纸，看起来与其他乞丐有所不同。虽然经过台阶进出地下通道的人并不多，还是有一些人施舍给这名处境艰难的乞讨者，以表同情。

混响时间是衡量音乐厅优良与否的重要声学指标，地下通道内混响时间则是动态的、可调节的，越靠近地下通道出口处，混响时间越短；越靠近地下通道内部，混响时间越长。这种相对比较隐蔽的环境，是弹唱乞丐，尤其是业余吉他歌手的理想表演场地。图 27-7 中，复兴门附近地下通道内一名男青年装备有三把吉他，边弹边唱，显然经过一番苦练，歌

图 27-6
安静乞讨（王府井）

图 27-7
地下通道内的歌声（复兴门）

声为枯燥的地下通道增色不少。

北京地铁每天接纳乘客超过百万人次，为人们出行带来了许多方便，但也有许多人不注意公共卫生，将喝剩下的饮料瓶随处乱扔。图 27-8 中，在地铁复兴门站，一位肩扛大型编织袋的男子引起周围乘客侧目。据了解，该男子是一名专门在地铁里捡垃圾的流浪乞讨人员，他每天买票进入地铁，只需半天工夫就能捡到很多被丢弃的矿泉水瓶和易拉罐等，收入颇丰。但他肩扛超大型编织袋，行走在已经拥挤不堪的地铁空间内，给乘客带来一些不便。

城市街道与行乞

城市街道的人流呈线性分布，行人与乞丐轻度接触。按乞丐在街道上驻留的位置，可分为街角、街边、街中行乞，不同位置的行乞空间各有特点。

街角指街道转角处，以及建筑物或构筑物之间错落所形成凹入的街道空间。街角的乞丐，以两面示人，处在街道相对独立的位置，行乞空间范围较小、较合理。图 27-9 中过街

图 27-8
大包裹（复兴门地铁站，京华时报）

图 27-9
较佳的行乞角落（中关村大街）

图 27-10
韵律（马甸）

图 27-11
不断有人施舍（成府路）

图 27-12
占据街道中央（公主坟）

天桥的台阶建在人行道以外绿地内，并没有破坏人行道的连续性，在台阶处产生凹口，形成一处安静的空间角落，为上下过街天桥的行人提供缓冲作用，丰富了人行道空间。乞丐在凹入人行道空间内行乞，与行人形成良好互动，清楚地展现了乞丐的行乞状况，行乞效率较高，所以街角是一处较为理想的行乞地点。

街边指建筑物及公共设施与街道的交界处，乞丐在街边行乞，以三面示人，占用了少量通行空间，所形成行乞空间范围适中。图 27-10 中乞丐地处北三环马甸立交桥东侧，盘坐在街边绿地旁，与绿地边休息的人们形成一组韵律，不经意难以发现乞丐存在，可以看出适合行人停留、休息的城市公共空间，同样对乞丐具有吸引力。

图 27-11 中华润超市位于成府路华清嘉园底层裙房，其中不乏一些外籍人员（以韩国人居多）来此购物。画面右侧乞丐坐在超市入口牌匾下拉着二胡行乞，悠扬的二胡声陪伴着进、出超市和路过的行人。在繁忙的城市空间中，市民包容乞丐的同时，也印证了自己在城市中的存在。大部分街道上乞丐会选择在街边行乞，虽然对行人行进方向有一定影响，但是没有使行人产生抵触情绪，行乞空间与城市公共空间关系比较合理。

街中指步行街、宽阔的人行道中央，以及非机动车道和机动车道。街中乞丐以四面示人，占据主要通行空间，形成行乞空间范围较大。图 27-12 中行乞的老太太位于公主坟环岛东南商业街上，这位老太太盘坐在街道中央，体现了超常勇气，她的行乞空间辐射范围也相应扩大，能引起行人们更多注意。仔细观察还可以发现，地面上盲道转四个直角弯，再加上有个行乞的老太太挡路，对利用盲道的人们的确是个挑战。

城市广场与行乞

北京城市广场可分成政治性广场、商业性广场、交通性广场、文化性广场等。作为首都，政治性广场的建设是北京一大特色，充分展现了一个国家的政治中心形象。天安门广场以及各级政府机构前广场，由于这些地方管理严格，几乎看不到行乞现象。而在商业性广场和交通性广场上，乞丐出现频率较高。

成府路与中关村东路交会处的华清商务会馆，可以看成是一处商业性广场（图27-13）。乞丐在台阶下哀求行乞，其视线与台阶上人们的腰部齐平，避免直视，起到了一定缓冲作用。乞丐站在那里比台阶上行人低很多，增强了哀求乞讨效果，同时与出入餐厅的人们在空间上具有一定隔离，广场高差变化影响行乞空间构成。

交通性广场如北京火车站前广场人员密集、流动性强，广场上增设购票窗口，购票旅客排起长龙（图27-14）。乞丐向排队购票的旅客乞讨，从队伍前面乞讨到后面，然后再向另一队乞讨。为旅客开设购票窗口多达几十个，所以一个循环下来，又换成全新的排队旅客，乞丐在此处往返乞讨，获得施舍的机会也很多。交通性广场上乞丐聚集的原因是客流变换频繁，乞丐在众多施舍者面前始终保持着陌生面孔，这一点对于乞丐能否获得更多施舍相当重要。

在文化性广场如西单文化广场上，人流穿梭的通道上，可以发现拾荒者守候在垃圾箱旁，将喝剩下的饮料瓶从垃圾箱中取出，用脚踩扁，以此来缩小空瓶体积，以便装在袋子中提运（图27-15）。在周边几个垃圾箱旁边也有类似拾荒者蹲守，他们一经发现行人将空瓶扔入垃圾箱中，便迅速上前捡拾。这样的捡拾活动给广场带来紧张感，出入图书大厦的购书者受到影响，不利于宽松的文化氛围形成。

图 27-13
高差（成府路）

图 27-14
客流变换（北京站）

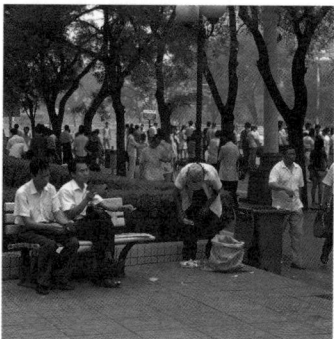

图 27-15
将瓶子踩扁装袋（西单图书大厦）

城市未来与行乞

从长远看，乞丐会在城市公共空间中逐渐消失，但是行乞作为一种空间行为将具有一定延续性，会转化成一些变异空间，这些变异空间与行乞空间在行为上相类似。未来城市中募捐活动的举办以及街头文化的开展，都可以借鉴目前城市行乞空间的分布和特征。

在城市中有组织地进行赈灾救助的募捐活动，就可以理解为变异空间。目前散落在城市的乞丐大部分是因为身有残疾或来自贫困地区，需要得到救助，这只是一些乞丐的个人行为，而更多需要救助的人却得不到慈善捐款。因此，建议根据现有行乞地点分布，在商业气息浓厚、人员密集、流动频繁的城市公共空间，由城市管理部门统一组织募捐活动，选派灾区代表或者残疾人代表在街头进行宣传，直观地介绍灾区和残疾人的境遇，并把捐款所得，由民政部门统一送往灾区或残疾人联合会。

支持卖艺、弘扬健康的街头文化也是一种变异空间。卖艺为城市增添了活力，传统街头杂耍也极富吸引力。如果民政部门联合其他城市管理机构，对申请卖艺的艺人进行考核，颁发上岗证，合理分布卖艺地点，确立一些较为合理的卖艺空间，例如选择某些入口、街角、广场转角等城市公共空间，并将这些艺人定期轮换，在保持演出多样性和个性化的同时，又有新鲜感，无疑能受到市民欢迎，为人性化城市的塑造添砖加瓦。■

(本文中图片除注明外，均为戚积军拍摄)

(本文发表于《北京规划建设》，2007 年 5 月刊)

28

殡葬空间在北京

兰俊　朱文一

殡葬与中国当代社会

中国人无论信教与不信教，或是信仰什么样的宗教，都执著于现世，希望长生久世，与天齐龄，对死亡一事讳莫如深，因而与死亡相关的殡葬业历来是个不被人看好的行业。以前从事殡葬的人，需要承受社会和家庭极大的压力，出于一种"不得已而为之"的状态。自20世纪50年代毛主席等中央领导人开始倡导殡葬改革以来，殡葬的主要形式已经由土葬变为火葬，近年来又兴起了绿色树葬和网络殡葬等新形式殡葬。殡葬形式的变革带来的是殡葬观念的转变。在当今城市国际化进程加快，多元文化不断碰撞的时代，人们似乎已经对殡葬的忌讳开始淡忘了。市场经济条件下殡葬行业作为特殊行业的高额收入的驱使，[1]以及其工作中现代化和科技化程度不断提高，导致殡葬行业对于以刚毕业大学生为主体的就业人群的吸引力不断提升，以至于出现名校学生竞争上岗的现象。[2]

在这样的社会背景下，城市殡葬空间特别是大城市中的殡葬空间作为殡葬行业主要行为的载体，必然会体现出与时代相应的特征。这与以往相比有了巨大的变化。作为中国政治和文化中心的北京，由于其悠久的历史和传统结合而呈现出特定的形式和内涵。

---

[1] 2006年3月30日，清明节前夕，国内著名媒体《南方周末》上发表了一篇题为《殡葬为何如此暴利——中国人丧葬成本调查》的文章。记者苏永通、朱红军，实习生杨涛。

[2] 《南方都市报》2006年8月16日登出名为《殡葬中心招聘吸引数高才　北大毕业生被淘汰》的文章。记者文燕媚。

殡葬与北京历史

明、清时期的北京，虽然皇家和平民都有殡葬仪式，但民间的坟冢多散乱布置，真正称得上殡葬空间的只是皇家的墓群形式。由于追求宏大的气势和开敞而有序的空间，皇家墓葬多选择在远离城市的地方，相土尝水而得到的"风水宝地"。往往是一个朝代的帝王悉数埋葬于此，如位于北京西北部的明十三陵和位于河北省境内的清代东西两处帝王陵墓。然而，它们距离北京城市较远，在现代城市背景下可以理解为公共殡葬空间和景观的结合物，具有很强的纪念性，但与当代北京城市公共空间的关系较弱，不在本文的研究范围内。

北京最早期的城市殡葬空间主要指"义园"和"义地"以及少量外国人的茔地等。所谓"义园"、"义地"是执政当局或会馆出资兴建的公共墓地，一般采用土葬形式。前者是一种社会福利的体现，而后者更多的体现为地缘和血缘的纽带，它们出现在明末清初，在清末发展完善。当时的义园和义地都在北京城"凸"字形以内，绝大部分分布在今天的崇文和宣武两个区（图28-1）。随着城市发展中卫生和环境等方面的要求，20世纪30年代出现的万安公墓作为现代意义上的城市殡葬空间成为今天北京殡葬空间的前身。经过"文革"的破坏后又恢复，北京城市中的殡葬空间也经历了从无到有、从少到多、从分散到聚集等演变过程，其功能也由于火葬和新形式殡葬的引入而不断丰富和发展。

殡葬与空间分布

在当代北京城市中，殡葬空间已发展为以公墓、陵园、殡仪馆等为主体的空间形式。从总体上看，当代北京城市城区殡葬空间分布的趋势是西多东少，北多南少，内城少而外城多，

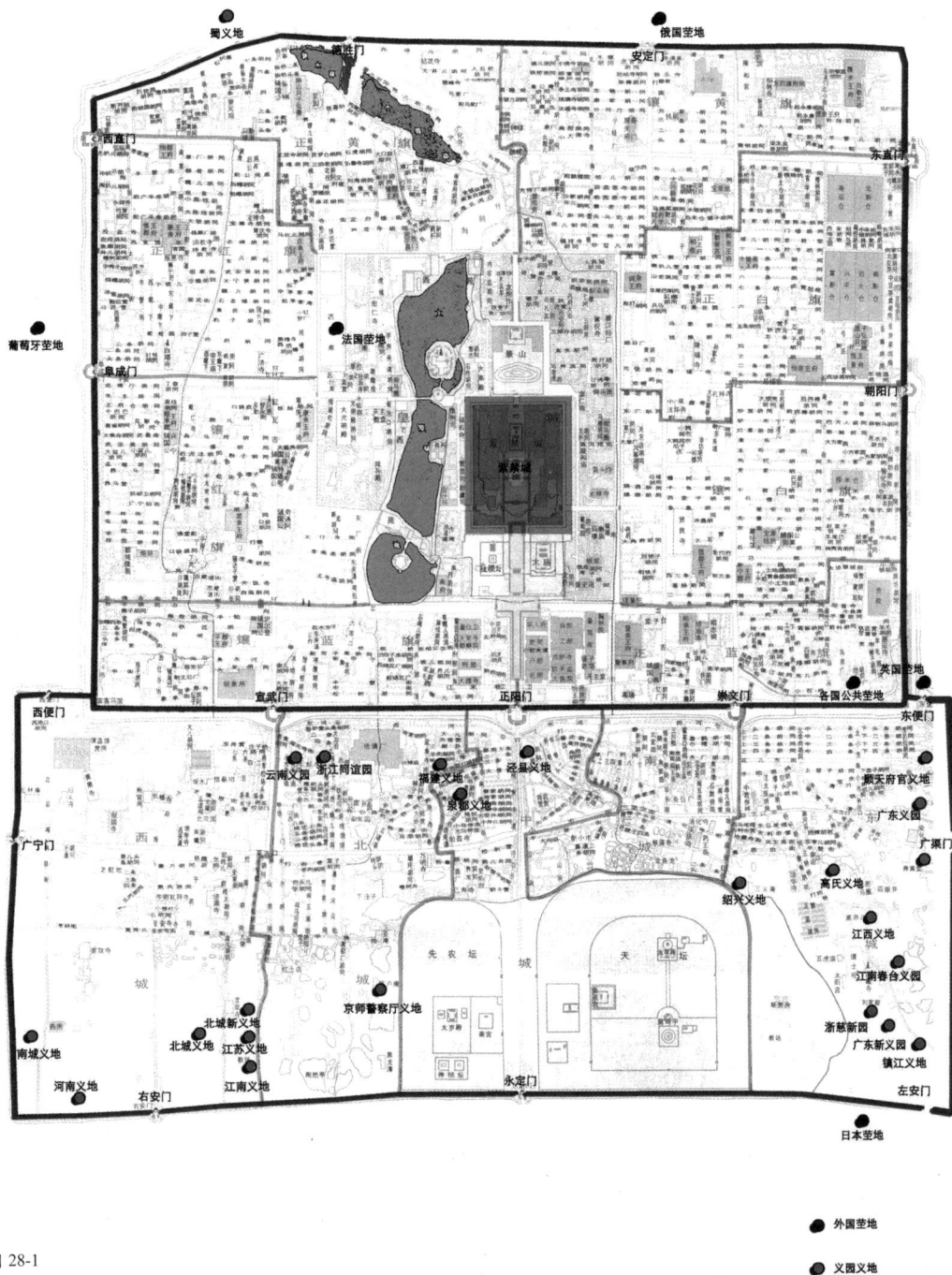

图 28-1

1919 年北京城市中的义园和义地

（兰俊根据《北京殡葬史话》中相关记载绘制）

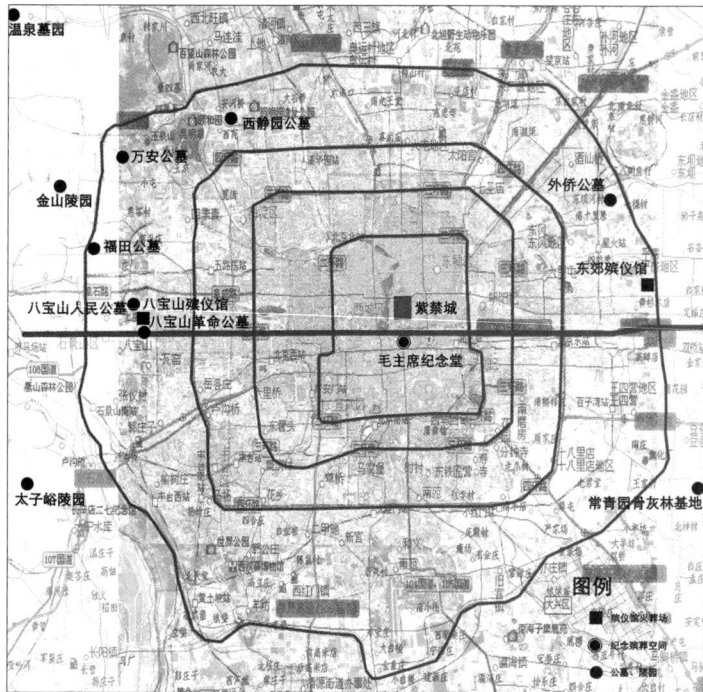

图 28-2
北京城市殡葬空间总体分布

尤其集中在香山、西山、八宝山一带的西部。而在十一个新城中，每个新城都有一套独立的殡葬系统及其对应的殡葬空间（图 28-2）。

城区内殡葬空间的分布大致延续明清时期和 20 世纪 30 年代的基本格局，有一些殡葬空间由于"文革"被毁在重建时外迁。由于北京西部有香山、西山等山脉，八宝山、老山等山体，南临永定河,符合风水上说的"背山面水,负阴抱阳"的"穴" ❶

---

❶ 王其亨. 风水理论研究. 天津: 天津大学出版社, 1998.其中对于传统空间中"穴"的定义。

的宝地特征，不仅是古代宗教建筑和纪念建筑聚集之地，也成为建国后新建城市殡葬空间用地的首选。所以现在北京城区的大型殡葬空间，包括八宝山革命公墓和人民公墓、八宝山殡仪馆、福田公墓、万安公墓，西静园公墓等都分布于此（图28-3）。而在现在北京城区东部，当年外国人的居住地设置的公墓，成为今天殡葬空间的雏形，比如外侨公墓。

　　位于十一个新城中的殡葬空间，结合新城规划在总体上呈现出散点布局的特征，在局部空间上则集中于所服务的社区附近，所谓"大分散，小集中"。

图 28-3
北京城市城区殡葬空间位置示意

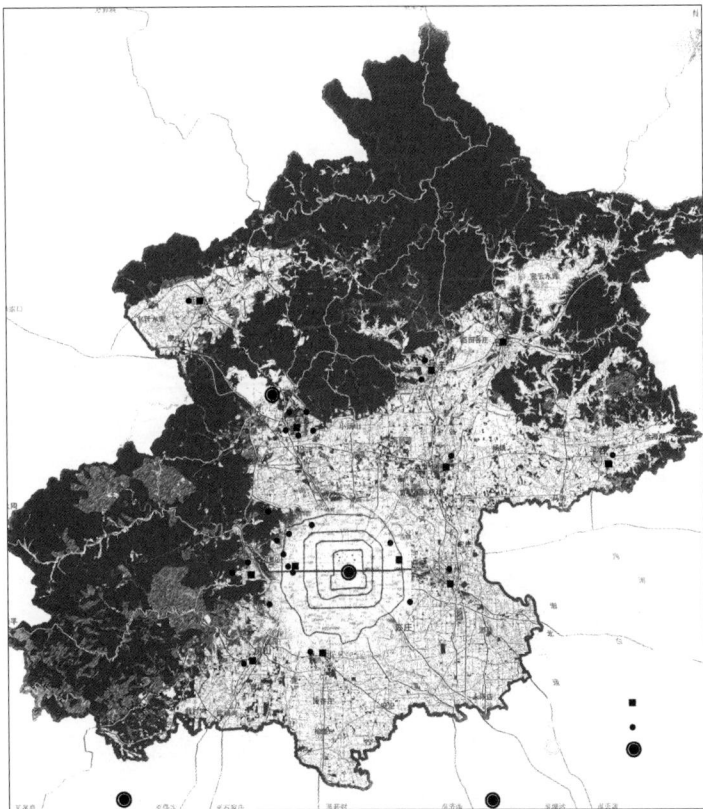

除此之外，殡葬空间还表现为伟人纪念馆、纪念堂等大型纪念空间，如毛主席纪念堂就是这样一种类型的殡葬空间。毛主席纪念堂位于北京城市中轴线天安门广场上，作为重要的城市中心，与其所担当的城市象征功能相对应。在这里，殡葬功能已经退居次席，而纪念和瞻仰的功能成为毛主席纪念堂的主导。

殡葬空间功能

当代北京城市中的殡葬空间，按照其功能的不同，可以大致分为殡仪馆、公墓、陵园、纪念性殡葬空间等若干类型。它们在城市空间分布和空间关系上呈现出不同的特点。

殡仪馆是随着火葬形式而出现的殡葬空间类型，是集告别室、等候室和火葬间以及整容室、业务室等服务后勤功能于一体的综合体。北京城区内的殡仪馆有两处。一处是位于西部石景山区的八宝山殡仪馆，另一处是位于东郊朝阳区的东郊殡仪馆，它们负担了整个城区近百分之八十的殡葬火化。而在新城中，每城有一个殡仪馆（亦庄由于离城区很近，没有独立的殡仪馆），在分布上采用"疏散"的策略（图28-4）。

在与城市的关系上，由于殡仪馆与市民的密切关系和使用相对频繁，往往分布在城市居住用地集中的地方，被"服务半径内"的市民使用（图28-4）。同时，殡仪馆往往位于城市主要交通线附近或直接与之相连，以方便使用并减少"送殡"等仪式途中的时间，比如八宝山殡仪馆就位于长安街西延长线的北侧，有直接面向长安街延长线的入口，而东郊殡仪馆位于东四环的东北侧，也有直接面向东四环的入口。然而，由于殡葬本身的禁忌性和仪式功能的需要，殡仪馆在城市总体空间分布上远离城市中心区，在与周围城市空间的关系上

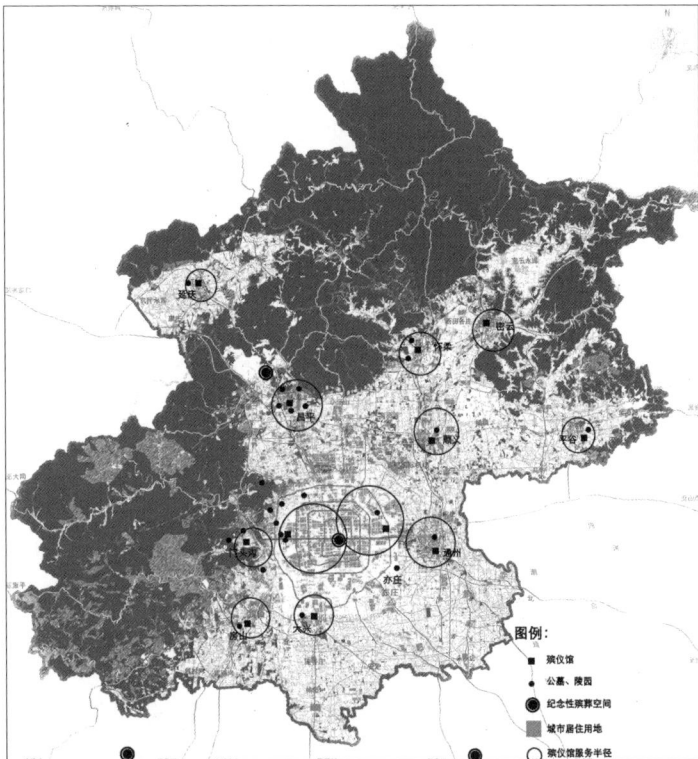

图 28-4
北京城市殡葬空间与居住区关系

图 28-5
八宝山殡仪馆主楼

图 28-6
东郊殡仪馆主楼

亦采用绿地或景观空间等形式进行"缓冲",以减少与城市的相互干扰。比如八宝山殡仪馆采用周围设置绿化隔离带和围墙的形式,而东郊殡仪馆则采用了在临街入口和实际使用空间之间设置过渡空间的方式。

殡仪馆本身空间营造多借鉴传统园林轴线构图手法,结合自然景观和人造雕塑渲染气氛。建筑形式多受"民族形式"影响而以"大屋顶"为主,比如八宝山殡仪馆主楼的"现代折中"式和东郊殡仪馆主楼的完全复古式(图 28-5、图 28-6)。

无论是老北京义园和义地的发展形式,还是当代北京城市中的"公墓"系统,均由公墓和骨灰堂这两种形式的空间组成。骨灰堂或称为纳骨堂、骨灰安置所，是随着城市死亡人口的急剧增加发展出的密集型公墓形式，是由原公墓水平展开的空间方式向竖直发展而形成的。

在总体空间分布上，公墓作为北京城市殡葬空间中数量最大的类型，分布规律与殡葬空间总体规律一致，亦即西多东少，北多南少，外城多内城少。

在与城市空间的关系上，公墓可分为两种主要类型。一种是与殡仪馆结合，分布在殡仪馆附近。这种类型的公墓，与殡仪馆在城市空间中的位置相同，邻近居住区，直接服务周围的市民，与殡仪馆联系紧密。同时，由于与殡仪馆在功能上互补完善，容易形成大型的殡葬系统。最典型的例子是八宝山革命公墓、人民公墓和八宝山殡仪馆组成的系统，使"八宝山"业已成为"殡葬"的代名词。位于顺义新城的潮白陵园与顺义殡仪馆结合，是新城中这种类型的代表。

相对于前一种类型，第二种类型的公墓在数量上占大部分，是公墓的主要类型，这类公墓在使用上具有随机性和时段性，主要分布在城市的外围郊区，远离城市中心区和居住用地，一般与城市绿地、山体或是景观等空间要素结合。从城市总体空间的角度可认为它们是城市绿地或景观的一部分。事实上，在历次北京城市总体规划中，以公墓为主的殡葬用地也确实被划定为城市绿地。北京城区的万安公墓、福田公墓、西静园公墓位于香山、西山和颐和园、圆明园风景区附近并与之融合（图 28-7、图 28-8），东郊的外侨公墓则与所在地七棵树村附近的绿化景观有机结合；新城中绝大部分公墓也都属于这种类型，比如门头沟天山陵园位于门头沟城区妙峰山东麓，与鹫峰国家森林公园毗邻；八达岭人民公墓位于八达岭高速

图 28-7
万安公墓与自然景观的结合

图 28-8
福田公墓与自然景观结合

图 28-9
福田公墓骨灰墙

图 28-10
万安公墓骨灰廊

西侧，附近有翠湖水乡度假村、稻香湖公园等大量自然和人造景观。

在自身空间的营造上，公墓中的墓地不论几何格网布置还是自然的有机形态构图，均以大量的植被绿化营造良好的环境，与周围的城市空间融合，少量的骨灰堂（墙、廊）等形式的建筑作为空间的节点与"环境"有机结合（图 28-9、图 28-10）。

陵园在历史上往往同帝王或是杰出人物或重大事件中死难的人联系起来，在祭奠之外又具有了很强的纪念性，比如20 世纪 20 年代末南京的中山陵就是为纪念"国父"孙中山而修建的。然而，具有讽刺意义的是，当代北京城市的陵园似乎是对上述的曲解，出现了有两类性质特殊的"陵园"。

第一类是以"陵园"命名的殡葬空间，其功能实际上却等同于公墓，而且主要是位于新城中的公墓，如通州区惠灵山陵园、平谷区归山陵园、昌平区天寿陵园、怀柔区凤凰山陵园等。与城市的关系上，这类"陵园"由于地处郊区，完全融合在周围的景观和绿地之中，因而本身就可看作一处"郊野公园"。用"陵园"命名一方面与城区内的公墓区别，另一方面也暗示其"公园"的属性。这也许是公墓以"陵园"名称出现的原因之一。

　　另一类"陵园"与之相反，往往不在城市空间中独立出现，而是包含于公墓中，与周围城市空间的真正联系也比较少。比如位于万安公墓中"李大钊革命烈士陵园"（图 28-11），位于八宝山革命公墓中的革命烈士陵园之中。

图 28-11
李大钊烈士陵园入口

　　纪念堂是一种特殊的殡葬空间类型。位于天安门广场上的毛主席纪念堂就是这样的殡葬空间。永存的毛主席遗体，实际上是将殡葬仪式无限延长，殡葬中具有纪念性的功能也因此被无限放大。毛主席纪念堂与人民英雄纪念碑，形成了天安门广场的纪念序列，在空间上体现出历时性和共时性的统一。

殡葬空间展望

　　北京城市中的殡葬功能已趋完善，基本满足了社会需求。但还应看到，殡葬行业还存在着管理上权责没能完全分开、重复建设❶和行业暴利等不良倾向❷。对此，2006 年 11 月 1 日出台的《北京市"十一五"时期民政事业发展规划》已经有针对性地提出了改善要求和计划，比如："大力提倡文明节俭治丧，按照绿色、环保、可持续发展的要求进行殡葬建设……加强殡葬管理法制建设，修订《北京市殡葬管理条例》，积极

---

❶ 根据民政部《关于进一步加强殡葬管理的紧急通知》（民函[2005]67号）中相关论述归纳。
❷ 2006年3月30日，清明节前夕，国内著名媒体《南方周末》上发表了一篇题为《殡葬为何如此暴利——中国人丧葬成本调查》的文章。记者苏永通、朱红军，实习生杨涛。

图 28-12
罗西设计的圣卡塔尔多墓地及骨灰堂（引自《20世纪世界建筑精品集锦》——第四卷：地中海地区.K.弗兰姆普顿著.张钦楠译.北京：中国建筑工业出版社，2001年）

探索行业准入制度、年检制度、执业资格认证制度……初步形成开放、竞争、有序的殡葬服务市场体系。"❶

从建筑和城市空间角度来看，北京城市殡葬空间还存在一些弊端，如整体格调不高、相互间缺乏关联、形式体现殡葬特色不足以及缺乏建筑与规划专业人员参与等，这已经影响到北京城市空间整体品质的提高。事实上，欧洲一些国家，对城市殡葬空间的规划和设计十分重视，比如意大利建筑师阿多·罗西（Aldo Rossi）就曾被邀请为意大利蒙迪纳市设计了圣卡塔尔多公墓及骨灰堂（图 28-12）。殡葬空间已经成为城市整体空间的有机组成部分。对于北京来说，殡葬空间及其与之相关的城市空间也需要来自建筑、城市规划和景观等专业方面的关注，需要加强殡葬空间与其他相关城市空间的关联整合，为提高城市空间品质增色！■

（文中图片除注明外，均为兰俊拍摄）

---

❶ 《北京市"十一五"时期民政事业发展规划》第三部分：主要任务第六点中关于加强殡葬管理和服务的说明。

（本文发表于《建筑创作》，2007年11月刊）

29

北京万安公墓考察

兰俊　朱文一

万安公墓兴建于 20 世纪 30 年代，是北京最早的公墓，也是当代北京城市中重要的殡葬空间。

位置

万安公墓位于北京市的西北部，地处香山南麓，西侧靠近西五环，东侧紧邻香山路。"近拥西山晴雪、丹枫秋叶"。[1]向东正对颐和园玉泉山，南北两侧是隶属于石景山区的香山采摘基地，内部花草果树繁密，尽管有车流量颇大的旱河路从中穿过，整个地段仍然幽静而清新。从北端的香泉环岛向南，高架路、汽车加油站等现代城市环境要素逐渐过渡为近乎自然的环境，两侧是一望无际的树林、草地，呼啸而过的汽车逐渐消失在远方高耸而繁密的林荫尽头。万安公墓是该地段内唯一承担具体城市功能的公共空间。

历史

建立于 20 世纪 30 年代的万安公墓，经过数十年发展和向外扩张后，于四五十年代由毕业于北平郁文大学并且做过建筑设计员的管理者王明德设计了其中的景观布局和部分建筑。[2]万安公墓墓园中至今有不少建筑和空间便是那时保留下来的。同其他公墓一样，万安公墓在文革中遭到了一定程度的破坏，南侧的围墙和部分骨灰廊被拆除，但墓园主体基本保持了完整。[3]从 20 世纪 70 年代开始恢复发展至今，万安公墓墓园逐渐拥挤，无法满足日益增加的殡葬需求。于是，万

---

[1]~[3]　周吉平. 北京殡葬史话. 北京: 燕山出版社, 2002

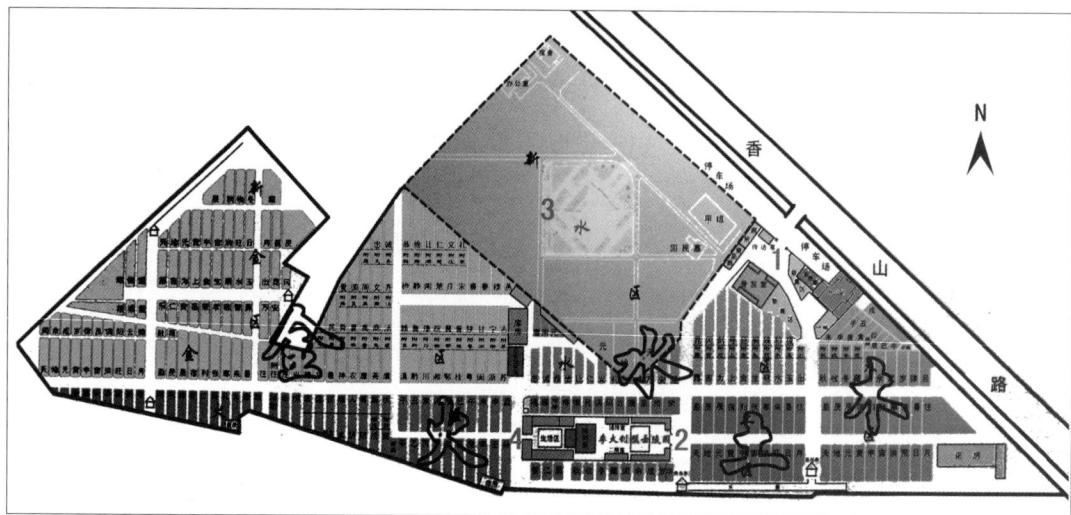

图 29-1
万安公墓总图
(兰俊根据万安公墓资料绘制)

安公墓在 2001 年和 2002 年两次扩充墓地规模，在原有墓园的西北和东北两侧征入两块地,使公墓占地面积达到 150 余亩，并在东北侧地块新设墓园次入口及"缓冲空间"，为未来留下了较大的发展空间。

空间

从总平面图上看，万安公墓"像一只昂首的巨龟"，[1]而其平面肌理与周围的农耕区完全不同，沿着正南北向布置，这是因为道路是南北向的。墓园内有一条东西贯通的主要道路，以石板铺地，路旁都是高高的松柏，向东、向西都有极强的纵深感。沿这条道路两边的地块分别以金、木、水、火、土命名五块墓地区，构成了万安公墓中的主要殡葬空间（图 29-1）。五区从东到西依次为木字区、土字区、水字区、火字区和金字区，这与周易中五行的相克关系对应（图 29-2）。每块墓地区都大

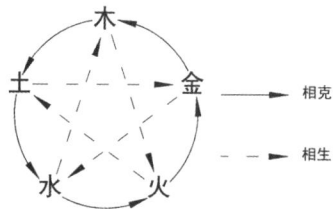

图 29-2
五行相生相克关系图（兰俊绘制）

---

❶ 周吉平. 北京殡葬史话. 北京: 燕山出版社, 2002

图 29-3
万安公墓大门与玉泉山顶的对景（兰俊根据 GoogleEarth 影像图绘制）

图 29-4
从万安公墓入口看玉泉山上的妙高塔

图 29-5
万安公墓新入口"缓冲空间"的营造

图 29-6
万安公墓南侧的骨灰廊

致规划成为三角形，三角形的一条边平行于东西轴线，相对的那个角指向正南或是正北方向。每区中都有相对独立的道路网络供人瞻仰和悼念。道路网络形成了若干组，根据传统的"千字文"如"仁、义、礼、智、信"等加以命名，组以下再分号，构成了结构清晰、系统完整的墓园空间。近年来征入的两块地分别以新金字区和新水字区命名，与原来的金字区和水字区合成一体。

　　沿香山路南侧和北侧分布主入口和次入口，主入口大门与玉泉山上妙高塔的连线，与门前的香山路垂直，大门将玉泉山顶的妙高塔框入景内，体现了中国传统建筑观念中的对景手法（图 29-3、图 29-4）。次入口营造一段"缓冲空间"序列，在围墙之外，沿公路设置一组硬质铺地，铺地两边设置进深很长的花圃，花圃之间的地面设置节时的停车位。花圃中种植较高的树木和花草，在公路和墓地之间形成了一个有效的"缓冲区"，将外界的干扰隔离（图 29-5）。

　　在墓园的南部，沿墙设置了长长的骨灰廊，绿柱红顶，梁绘彩画，在道路与骨灰廊相交的尽端往往设置一座骨灰塔终结（图 29-6）。在北侧新办公区的西侧边界也新建了长长的骨灰廊，只是形制比墓地南部的简化，仅剩下一片格子组成的墙（图 29-7）。

　　整个万安公墓遍植松柏绿树和草坪，特别是墓地区，松柏都是 20 世纪 30 年代公墓开始建立的时候种植的，树高均在 20 米以上，营造出公墓宁静、幽闭的氛围（图 29-8）。墓地内处处能体会到人性化的设计尺度。每块墓地中的小路，尽管宽度只在 1 米左右，但是通达性很强，能到达墓地的任何一个角落；墓区中分组沿主轴方向都有标牌标出，易于辨识；沿主要道路轴线，每隔一段距离就有供人休息的座凳，或是供人取水清洗墓碑的水池，既丰富了空间节奏又满足了祭奠者的使用要求（图 29-9）。

除此以外，万安公墓墓园中的老入口广场、老办公楼、新业务楼、李大钊烈士陵园等建筑和建筑群都很有特点。

建筑

万安公墓老入口位于墓园地东南角，是一组传统风格的建筑雕塑群，由入口广场、碑池、业务室、老骨灰堂等空间要素组成。入口广场是一个半封闭的广场，广场中心有一个圆形的碑池，碑池用白色的花岗石栏杆限定，下部八个水口雕饰成龙头状，池中央是作为万安公墓奠基石的赑屃[1]背上的大理石碑，上书"北平香山万安公墓奠基石"几个字（图 29-10）。广场四角各有一根八角石柱，石柱中部是石雕的祥云图案，而顶部则是"九子"中的嘲风。[2]广场西侧为墓园早期的老骨灰堂，两进院落，深蓝色墙面，石质仿瓦屋顶。入口两侧是传统建筑中常见的两座石狮，而石狮的旁边又各有一个赑屃背负一块大石碑（图 29-11）。业务室位于入口广场南侧，灰色的清水砖墙围合出一个两进的院落，院落的入口处是一座传统的木质"广亮大门"，单檐垂花，梁和坊上遍布彩画，山墙面的封檐板上镶有金属钉。两侧围墙上开有不同形状的窗洞，北房由于靠近入口，作接待用，中间正房是会议室，南房为办公室（图 29-12）。

[1] 中国传说中"龙生九子"中的一子，形似龟，是老六，平生好负重，力大无穷，碑座下的龟趺是其遗像。
[2] 中国传说中"龙生九子"中的一子，形似兽，是老三，平生好险又好望，殿台角上的走兽是它的遗像。

图 29-7
万安公墓新水字区的骨灰廊

图 29-8
万安公墓东西主要道路轴线景观

图 29-9
万安公墓人性化设计

图 29-10
万安公墓老入口广场

图 29-11
万安公墓老骨灰堂入口

图 29-12
万安公墓业务室入口

图 29-13
万安公墓办公区入口大门

入口建筑雕塑群主要保留了万安公墓建立早期的原貌，只是功能有部分调整并加建了少量临时性建筑作为过渡之用，比如老骨灰堂已经不再存放骨灰而作为新骨灰堂的业务室，老入口北侧也新建了门卫使用的临时建筑，入口区域的整体风格因此受到一定的影响，但总地来说还是体现出很强的传统殡葬空间特色。

万安公墓墓园中另一处老建筑和空间特色比较突出的地点是它的老办公区。老办公区位于墓园南部，李大钊烈士陵园的西面。主要空间为一方形的围合院落，南侧是作为墓园边界的围墙，东侧与烈士陵园相接，主要建筑在西侧和北侧。北侧建筑面对墓园中主要的东西道路轴线，而西侧建筑是老办公区主要出入口，所以使用了较多的建筑元素和空间处理方式，尤其是出入口处，门穿过建筑往西正对两侧都是松柏的东西向次要道路，形成"门下"的灰空间和向西很强的纵深空间。大门在建筑的正反面均使用"如意大门"形式，大门屋顶的正脊和斜脊上分别有螭吻❶和嘲风二龙，门两侧各立一只石狮（图 29-13）。整个院落主要空间由灰色墙面围合，在墙面和屋面顶部都加上石质的斜坡屋顶，门窗也统一采用木材、红漆，显得统一而有变化。

新业务楼❷位于墓园新水字区中央，四边都与地块边界平行，平面为正方形。外观为金字塔形，金字塔的四个面完全对称，交会于顶点，沿斜面开有天窗，斜面两两相交于四根巨大

---

❶ 中国传说中"龙生九子"中的第九子，螭吻，又名鸱尾，鱼形的龙。相传是大约在南北朝时，由印度"摩竭鱼"随佛教传入的。

❷ 万安公墓新业务楼由北京新纪元建筑工程设计有限公司设计，北京市香山公司负责施工，于2002年竣工并投入使用。

图 29-15
万安公墓新业务楼全景

的"屋脊",牢牢地支撑在地面上（图 29-14、图 29-15）。建
筑内部空间为一层，中部是一个完全对称的方形会议室，周围
四面沿外墙布置一系列业务用房和相关附属房间，在它们之
间的走廊上方就是外墙斜面上的天窗，室内光线柔和，空间
处理简洁有力（图 29-15）。新业务楼从整体意象上看，以金
字塔的形式隐喻殡葬建筑的特点，又结合了现代的设计手法、
空间处理方式，使用现代材料，使之在符合现代使用功能的
基础上不失传统建筑的神韵和殡葬建筑的特点（图 29-16）。

图 29-14
万安公墓新业务楼远眺

　　李大钊烈士陵园位于墓地南端，原本修建于 1983 年，❶
2006 年底维修完毕，是重要的爱国主义教育基地。陵园主体
是一个东西向且四面围合庭院，坐西朝东，西与老办公区相
接，东为墓园中一片骨灰塔林，占地 2200 平方米。庭院中心
是李大钊烈士的全身雕塑和李大钊及夫人赵纫兰的墓，墓体
后是邓小平同志题字的大石碑，上书"李大钊烈士永垂不朽"
几个字。院落的西侧是李大钊烈士革命事迹陈列室，与之相
连的南北两侧建筑曾作为公墓的办公室，现在只作辅助之用。
这相连的三座建筑都为单檐两坡顶，砖砌山墙，红漆的木梁柱，
部分梁上绘制彩画。经过改建和维修，在庭院中加入了庭院

---

❶ 李大钊烈士陵园官方网站http://www.wanancemetery.com.cn/lidazhao/index.html

图 29-16
万安公墓新业务楼室内采光顶

图 29-17
李大钊烈士陵园入口

图 29-18
李大钊烈士陵园远眺

灯饰、花圃竹子等景观元素，整体风格在传统的基础上融合着现代的气息（图 29-17、图 29-18）。

结语

时代在前进，社会在进步。随着人民物质文明和精神文明程度的不断提高，对于"生老病死"中"死"这一环的重视程度也与日剧增。因此，对于在当代条件下变化中的北京城市殡葬空间的研究也就显得较有意义。万安公墓作为当代北京城市中的殡葬空间的组成部分，从空间位置、总图布局和单体建筑的形态等方面都体现了中国传统建筑哲理与现代城市、建筑设计手法结合的特点，是当代北京城市殡葬空间一个特色鲜明的例子。■

（除注明外，本文所有图片均为兰俊拍摄或绘制）

（本文发表于《建筑创作》，2007 年 11 月刊）

30

北京国家级行政办公建筑探讨

王辉　朱文一

北京是新中国的首都，各级行政办公建筑遍布全城。在这些行政办公建筑中，作为国家级行政机关的办公场所，国家级行政办公建筑无疑是最有代表性的，它们数量众多，规模巨大。国家级行政机关包括：中共中央（含多个中共中央直属机构）、国务院（含国务院组成部委、国务院直属特设机构、国务院直属机构、国务院办事机构、国务院直属事业单位及国务院部委管理的国家局）、全国人大、全国政协、最高人民法院、最高人民检察院、各民主党派及各社会团体等。[❶]有数据显示，北京市区建成区面积为 490 平方公里，国家级行政机关及其附属单位占地 170 多平方公里，超过北京中心区的建成区面积的三分之一，并且占地大多集中在长安街、二环、三环等黄金地段。[❷]因此，作为城市空间中最重要的公共建筑类型之一，它们是北京城市公共空间的重要组成部分，对北京城市空间影响巨大。它们同时具有重要的实用功能和象征意义，所营造的空间意象已经成为北京作为政治中心的城市文化的一部分。

建筑空间分布

"二三六九中，全城来办公"，这真实反映了国家行政机关分散在二里沟、三里河、六铺炕、九号院和中南海办公的真实情况。[❸]可以说，国家级行政办公建筑的分布十分明显地呈现出"大分散，小集中"的局面，这种分布特征在建国初便已形成，并一直影响到今天（图 30-1）。

---

❶ 资料来源:人民网.http://politics.people.com.cn/GB/shizheng/252/9667/index.html.
❷ 王雷等.北京行政中心该不该外迁.城乡建设.2005年第9期
❸ 陈香.《首都东扩》披露 "新国家行政中心论".中华读书报.2005年1月26日

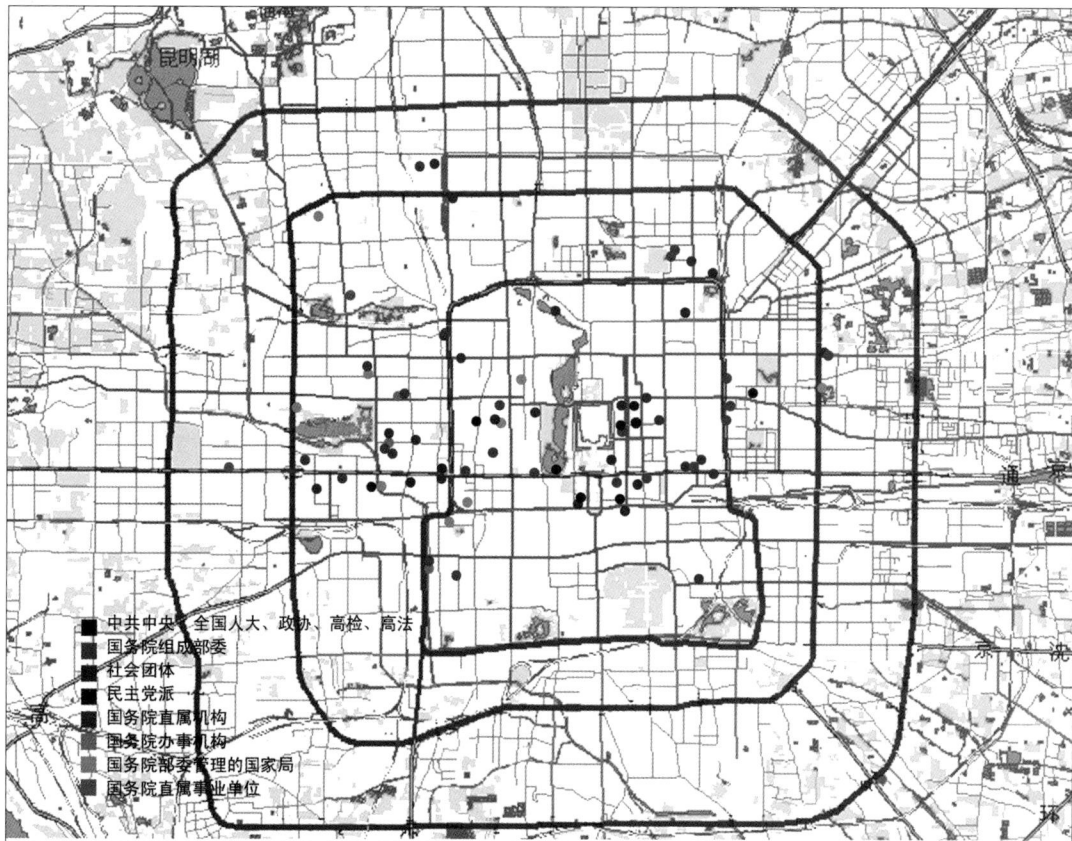

图 30-1
空间分布示意图

　　在建国初期，中央利用接管的敌产（大部分是王府、衙署），
分配给中央机关下属各部门作为办公用房，行使国家机关职
能。❶在其后进一步的发展过程中，由于梁思成、陈占祥提出
的在北京西郊集中建设"中央人民政府行政中心区"的建议未
被采纳，国家级行政办公建筑的建设缺少一定的规划指导，各
自为政，这样"就自然形成了行政机关分散布局的雏形"。❷当
时新建的这批行政办公建筑质量较好，数量较大，基本保证

---

❶ 董光器编著.古都北京五十年演变录.南京:东南大学出版社, 2006
❷ 李准."行政中心"析——旧事新议京城规划之二.北京规划建设,1995年第4期

了国家级行政机关工作的需要。在 1962 年进行的相关调研中，发现共新建国家级行政机关用房 132 万平方米，占新建筑总数的 20%，除各单位另行添建的附属用房外有 88 万平方米。[1]这些二十世纪五六十年代建的国家级行政办公建筑已经成为当代国家级行政办公建筑的主体，一直延续至今，并且仍在使用。虽然大部分经过了改建或加建，但地理位置大多没有发生变化。也正是由于这个原因，决定了国家级行政空间的分布保留了当时分散的特征。

另外，国家级行政办公建筑又呈现了一定的集中特征。首先，绝大部分的国家级行政办公建筑是集中于城市主要干道布置的，如长安街周边就集中了大量国家行政机关。这种沿干道布置的方式是受到各单位欢迎的，认为被安排在城市的脸面上，除了地位重要外，交通也极方便。[2]其次，国家级行政办公建筑的分布也具有一定集中的成组团的特征，它的好处是工作关系密切的单位，组织在一起感到很方便。如国家发改委、国家财政部、国家统计局等综合经济部门就集中布置于三里河地区。

建筑群体组织

国家级行政办公建筑在城市空间组织中起到了十分积极的作用，其高大的体量往往成为城市局部景观的核心，增加了城市空间的标志性和可识别性。

国家级行政机关都具有独立的专属用地和明确的用地范围。出于安全和管理的需要，这些单位往往用围墙将用地与

[1] 规划工作十二年总结之五:有关城区改建的几个问题.北京城建档案馆, 1962
[2] 关于在京中央级机关的房屋建筑及其在城市中的分布问题. 北京城建档案馆, 1962

城市公共空间隔开，形成了类似于传统合院的空间形态，自成一体，边界完整。这里需要说明的是，在改革开放前建设的行政办公建筑空间边界完整而封闭，公众的视线也被隔绝在外。发展到当代，虽然实体性的围墙边界已消失，但"隔离"并没有消失，实体性的围墙变成了视线可通过的栏杆等隔离物。

除了中南海等少数借用历史建筑办公的行政空间之外，大量的国家级行政单位的群体组织与传统院落空间并不尽相同，有的国家行政机关甚至新建了规模巨大的综合型办公大楼，将原先分散布局的各种功能集中在一栋建筑之中。这些国家级行政办公建筑主要通过围墙来围合空间，因此它们更多体现的是类似建国后"单位大院"的特征。建筑群一般包括规模较大的办公主楼，并以此作为群体组织的核心，使之处于平面组合的中心。以办公主楼为主的建筑群多呈对称状布置，整体气氛稳重庄严，建筑四周通过围墙与城市相隔，形成一个独立、封闭、内向的围合空间。这种群体组织方式有其自身的优点，如独立的轴线能够营造出庄严、肃穆的气氛，也有利于安全与保卫工作，便于管理。

由于围合边界完整，由办公主楼、大门、围墙构成的主入口空间成为国家级行政办公建筑对外交接的核心所在，也是整个建筑群体组织中对城市空间影响最大的部分，甚至可以成为整个空间组织中最重要的部分。主入口空间在空间组织上往往运用对称、轴线等手法，不但主体建筑和大门如此，如果条件允许还通过中轴线组织绿化、大片铺装等来衬托和强调。其中，由于显著的位置和高大的体量，办公主楼一般突出于周围建筑。根据其与城市道路距离的不同，对城市空间的影响也不同。有的办公主楼靠近大门，紧邻街道，几乎没有入口广场。这主要是因为建设时采用沿街建房的形式、

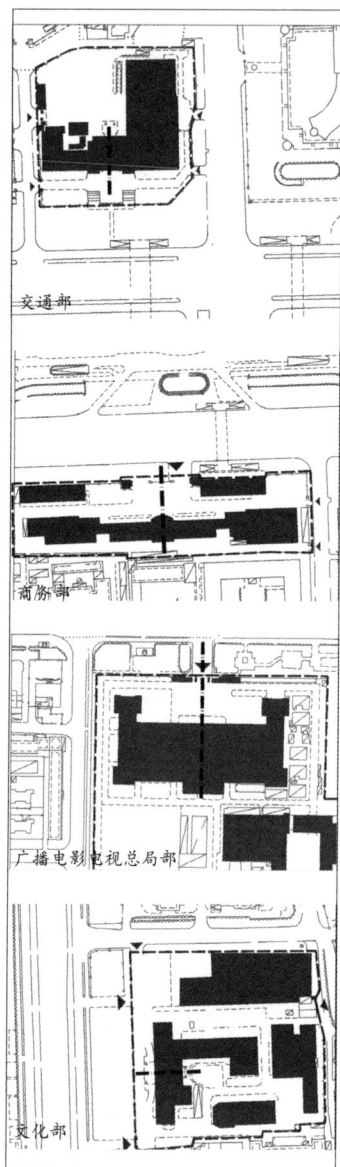

交通部

商务部

广播电影电视总局部

文化部

图 30-2
部分国家级行政办公建筑总平面图

图 30-3
部分国家级行政单位围合边界示意

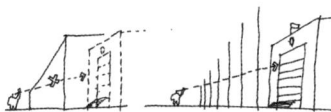

图 30-4
边界完整，从封闭的围墙到通透的围栏

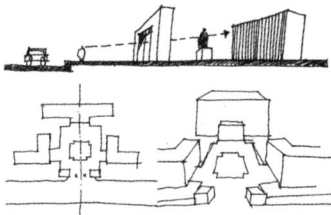

图 30-5
国家级行政办公主入口组织示意

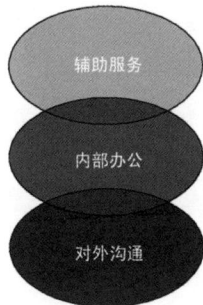

图 30-6
国家级行政办公建筑功能组织示意

建筑步骤是先沿路建房而后深入内部形成的。在这种布局中，建筑与道路之间的过渡空间较为狭窄，即使如此，大多数的办公主楼前仍然保留了栏杆等隔离物。有的办公主楼退后红线一段距离，形成了入口广场并布置绿化，这样建筑对街道的影响就要小很多。由于建筑退后道路红线较多而形成的空间也为欣赏建筑主立面提供了可能，从而更加突出办公主楼（图 30-2 ～ 图 30-5）。

建筑功能组成

当代国家级行政办公建筑与其他类型建筑相比，具有不同的功能要求和特定的功能组织，可以将其功能分解为三个组成部分：对外沟通、内部办公和辅助服务（图 30-6 ～ 图 30-8）。

对外沟通部分是行政办公建筑中直接对公众开放或与广大市民联系紧密、实现政府与公众沟通的部分。国家级行政办公建筑一直以来给人的印象是内向、封闭、不公开的，以内部办公功能为主，对外沟通功能比较欠缺。随着政府职能的改革，行政沟通越来越重要，国家级行政办公建筑也在逐渐强化对外沟通的功能，如建立行政服务大厅、加入听证室等交流场所、举行新闻发布会以及举办展览及公开参观日等活动。由于其对公众开放的特性，设计中应强调对外沟通部分的可识别性以及导向和指引设计，同时还需要在内部管理方法和安全设计的基础上进行合理的分区和流线设计。虽然加强对外沟通已成为行政办公建筑发展的趋势，但必须看到，大量的国家级行政办公建筑的对外沟通部分还较为缺乏。开放的部分仍然主要借助内部的办公空间如会议室开展对外沟通。另外，尽管新建的国家级行政办公建筑中大都包含了相当比重的公共空间如共享大厅等，但由于管理、安全保卫等

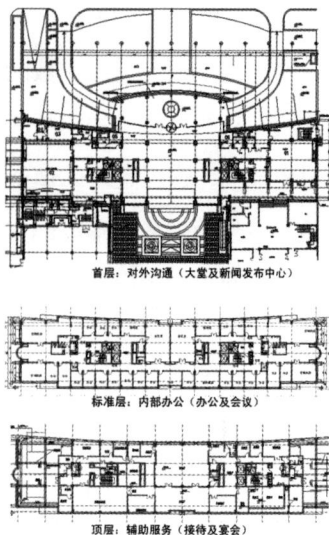

首层：对外沟通（大堂及新闻发布中心）

标准层：内部办公（办公及会议）

顶层：辅助服务（接待及宴会）

图 30-7
某国家级行政办公建筑功能组织

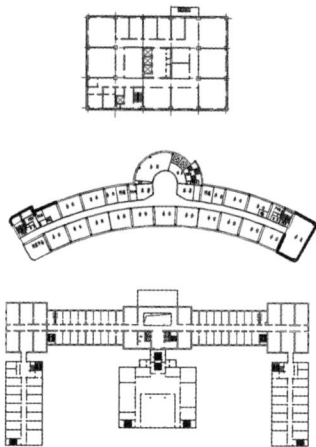

图 30-8
部分国家级行政办公建筑标准层平面

方面的考虑以及传统隔离思想的限制，这些空间并没有充分发挥其功能和精神上的效用，反而常常变成政府的"私人领地"。实际上，如果加强对这些空间的利用，真正发挥其公共的特点，使"对内"变为"对外"，可以充分表达政府公开透明的形象。

　　内部办公部分主要是指政府工作人员的办公场所，包括办公、会议等。内部办公往往是行政办公建筑中最基本也是比重最大的组成部分，在空间群体组织中也会成为空间的核心。会议一直以来都是政府的一种基本工作方式，因此会议空间也是行政建筑的重要组成部分。在强调政府加强对外沟通的大背景下，会议空间除举行内部会议外还增加了举行发布会、听证会等功能，因此更需要进行合理的分区和流线设计。

　　辅助服务部分是国家级行政办公建筑中另外一个较重要的组成部分，尤其在规模较大、级别较高的行政单位中出现概率较高，一般包括健身场地、食堂、会堂、医疗等场所，方便单位内部人员就近使用。这些服务空间一般位于行政办公建筑中较次要的位置，如在竖向垂直分层中往往位于低层，而在平面布局中往往位于主体建筑周边或后部，规划及建筑设计比较随意。

总地来说，这三块功能的组织又可分为集中式与分散式两种。所谓集中是指将所有功能集中于同一栋建筑物内，各部门以垂直竖向划分为主，结合平面组合分为多个功能分区。采用集中式平面的行政办公建筑的各功能之间相对距离较近，联系方便，其对外沟通功能与内部办公功能联系紧密或布置在一起，可以表达出"公开"、公众"可进入"的特征。集中式平面包括板式平面、弧形平面、点式平面等具体形式，其中板式平面较为传统，办公主楼主立面尺度也较大，符合公众对政府大楼的印象。所谓分散式是将各个功能分散于地段内的各栋建筑物内，所有的功能部分共同组成一个整体。这种形式的平面布置各部分不够集中，并且可能只有局部的沟通空间是对外的，而其他主体部分则仍然与城市隔离。

建筑形式特征

国家是想象的共同体，因此国家成其为国家并不是自然天成的，而是通过文化、心理的认同而构成的，而这种认同又是通过符号和仪式的运作所造就的。[1]为了强化对于国家的认同，国家级行政办公建筑尤其是办公主楼的建筑形式特征是平面化、符号化的，强调对公众的展示以及距离感，具体

---

[1] 高丙中.民间的仪式与国家的在场.北京大学学报(哲学社会科学版).2001年 第1期

体现为：一是建筑的中轴对称、主从对比；二是建筑单体设计中对民族传统形式的借用。

首先，国家级行政办公建筑尤其是办公主楼一般采用中轴对称的平面布局，具有明显的对称性，这一点在传统的行政办公建筑中体现得更为突出。对称的物体更容易突出于周边的环境，国家级行政办公建筑便借用对称的形式强化庄严、崇高、宏大的气势，给人以稳定、安全的感觉，强化国家的权威。

其次，建筑单体设计中对民族传统形式的借用也是国家级行政办公建筑形式的重要特征之一，大量的国家级行政办公建筑或多或少地借用了传统的民族形式。对于"民族形式"的追求，不但能体现传统美学观中轴线、序列、对称等构图手法，符合中国传统的审美需求，更为重要的是从文化认同的高度强化了政府对于国家管理的权威性和合法性。在借用民族形式方面，国家级行政办公建筑具体可以分为以下几种：一是大屋顶倾向，包括小亭子式；二是平顶小坡檐倾向；三是民族传统装饰倾向；四是隐喻传统倾向；五是借用传统历史建筑（详见图30-9）。

建筑符号象征

除了整体的建筑形式具有鲜明的特色之外，国家级行政办公建筑还通过一系列富有政治象征意味的建筑符号来强化自身属性。这里的建筑符号象征指具有政治意义的各种符号，它们是意义的浓缩价值的展现和情感的表达形式，是社会情感、信念和价值观的核心。❶

---

❶ 马敏.论"王者"、"核心"的政治历史逻辑.华南师范大学学报(社会科学版).2004年第5期

大屋顶倾向	平顶小坡檐倾向	民族传统装饰倾向	隐喻传统倾向	借用传统历史建筑
海关总署	发改委	铁道部	劳动和社会保障部	
交通部	建设部	信息产业部	司法部	
国资委	全国妇联	公安部	文化部	中南海

图 30-9
国家级建筑形式特征

如前所述，办公主楼、入口广场和大门三者形成固定的主入口空间组合，对城市空间产生影响。其中大门是国家级行政办公建筑与城市联系的唯一通道，门也是路径序列的入口和起点，富有很浓重的象征色彩。由于其重要性和安全性，大门却又是只可远观或经过，而不能任意停留的地方，大门口往往有荷枪实弹的警卫站岗，不准"闲杂人等"靠近，因此大门成为了威严的象征符号。尤其是在较为封闭的国家级行政单位外，来往的人们首先看到的是大门以及荷枪直立的警卫、栅栏，它在外观上生动地体现了那种国家权力的权威（图 30-10）。

除了大门、荷枪直立的警卫和栅栏之外，其他与国家政府直接相关的符号、标志如国徽、"为人民服务"标志牌也被用来强化建筑的象征色彩。另外，不同的部门功能也决定了在建筑象征方面的差异，比如全国妇联在细部上采用柔美的

图 30-10
"为人民服务"、警卫等构成了鲜明的国家象征

天女浮雕图案强调自身性质，而文化部则采用类似甲骨文的雕花铁艺图案突出文化色彩（图30-11）；其他公、检、法类建筑则经常突出国徽等庄严的政府象征符号体现自身的部门属性（图30-12）。

结语

综上所述，国家级行政办公建筑是城市空间中最重要的公共建筑种类之一，是一个城市作为国家首都的标志。作为国家领导者和管理者的工作场所，国家级行政办公建筑必然是城市政治生活的核心，它们与城市公共空间有着天然的联系，是其中的重要组成部分。而从城市设计角度可以更加全面的认知国家级行政办公建筑。■

图 30-11
富有象征意味的入口大门

图 30-12
左图为妇联在细部上采用柔美的天女浮雕图案来象征部门性质；右图为文化部采用的类似甲骨文的象征符号。

（本文发表于《建筑创作》，2007 年 10 月刊）

31

当代北京市级行政空间探讨

王辉　朱文一

所谓市级行政空间是指城市级别的行政单位所占据使用的城市空间，当代北京市级行政空间也就是当代北京市一级行政单位所占据使用的城市空间。市级行政单位由市委、市政府、人大、政协这"四套班子"为功能主体，各个系统又均有多个下属部门，如北京市政府系统就包括市人民政府办公厅、市政府组成部门、特设机构、直属机构、议事协调机构的常设办事机构、派出机构和临时机构等。❶这些行政单位承担了北京城市行政管理的大量工作，与公众关系紧密。与之相对应，当代北京市级行政空间数目十分众多，类型也十分多样。本文以当代北京市级行政空间为研究对象，通过调研、分析和总结，从基本概况、空间分布、空间类型以及发展建议这几个方面对北京市级行政空间进行了初步探讨。

基本概况

当代的市级行政空间实际上对应于古代的地方衙署，当时地方衙署一般位于城中心作为整个城市的统治中心而存在。而在皇城帝都中，由于皇宫位于城中心，衙署便只能位于皇宫前大道的两侧。在衙署空间中，前部为官员的办事空间，后部则是官员及家眷的居住空间，另外有的衙署还包括军营、仓库等附属部分。和同时期的其他类型建筑如宫殿、寺庙等相似，古代衙署也多是庭院式布局，建筑规模则视其等级而定。新中国成立后，除了借用传统建筑办公之外，新建的市级行政空间与传统衙署相比发生了很大的变化。但因为受到传统观念的影响，普通市民的参与依然没有被受到重视。因此，

❶ 首都之窗. 北京市人民政府网站http://210.75.211.196/indextype.jsp

当时建设的市级行政空间仍然较为封闭，主要通过大墙围合形成大院格局。

发展到当代，北京市级行政空间特征变得较为多元：一方面，它们在发展过程中大都或多或少地保留了部分传统封闭庄严的仪式化特征；另一方面，在当代建设"服务型政府"的背景下，这类空间又加大了为一般企业与市民提供公共服务的力度，承载了一定直接为公众服务的功能。

首先，当代市级行政空间在保留传统政府办公建筑的封闭、内向特征的同时，具有了一定的开放性特征。传统的行政空间对外开放性并不强，其功能以内部办公为主。而在经历了政府职能改革、政府建设确立了"服务型政府"的目标之后，大量的市级行政空间增添了接待大厅、公共服务、新闻发布等对外功能，传统的较为封闭的行政空间也开始向较为开放的行政空间转变。因此它们虽然延续了仪式型空间的特征，较为封闭、自成一体，但更重要的是，它们在发展过程中出现了部分开放的特征，增添了服务与沟通的功能，缩短了与公众的距离，减少了可进入的限制条件。空间的变化促进了交流和对话的发生，实现了政府与公众之间的沟通。当然在市级行政空间中，并不是全部功能都对外开放，而是部分功能的有条件开放。因此向市民开放的部分需要作单独的路径处理，与传统单一入口路径相区别，使对外开放路线既不影响政府内部的工作，又能保持一定的仪式化特征。

在建筑形式方面，当代北京市级行政空间同样十分多元，其中借鉴民族传统形式、对中国固有形式进行探索的市级行政空间仍然占多数。这一类作品以中国传统建筑为基本范式，对民族形式进行了新的创作实践。它们看上去雄伟壮观，富有纪念性，有益于表达民族自豪感和爱国意志。除了受到我

国民族传统形式影响的之外，其他市级行政空间的形式较为
多元，建筑风格并不统一，甚至一些行政空间已经完全不具
备"威严、庄重、封闭"这些传统行政办公建筑形式特征。
实际上，不仅建筑形式风格相差较大，市级行政空间的建筑
规模差别也很大。由于各行政部门对于内部功能要求的差异，
不同市级行政空间的规模相差很大，既有建筑面积达到数万
平方米的，也有建筑面积仅一两千平方米的。建筑规模的差
异也使建筑体量相差极大，一些市级行政空间体量很大，所
处地段也较好，因此对于城市空间影响也较大；但另外仍有
大量的市级行政空间规模并不大，所处地段也较为偏僻，因
此对于普通大众而言，行政空间辨识性和可达性均不高。

空间分布

相对分散、部分集中，这是对北京市级行政空间区位分
布的基本描述。这种空间分布状况的形成是和历史上行政空
间的规划建设密切相关的，在 1953 年北京市委就明确提出"行
政机关的布置，既不宜过于分散，也不宜高度集中"。❶五十
年来北京市级行政空间也充分体现了集中与分散相结合的原
则。(图 31-1 和图 31-2)

在建国初期，中央利用接管的房产分配给政府机构使用，
这样就自然形成了行政空间分散布局的雏形。在 1961 年所作
的调研中，北京市地区范围内，市、区、县级机关共有 102 个
单位，职工 40780 人，占地区总人口的 0.57%，占全部行政
机关职工的 36.5%，其中市级 85 个单位，21468 名职工。❷同

❶ 市委关于改建与扩建北京市规划草案向中央的报告.北京城建档案馆
❷ 北京市中央、市区级机关现状与规划.北京城建档案馆, 1961 年编

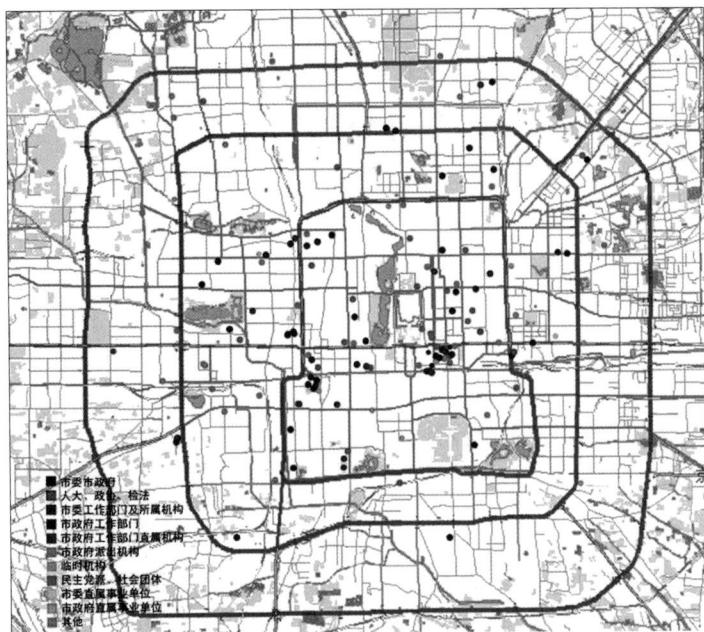

图 31-1
北京市级行政空间分布示意图

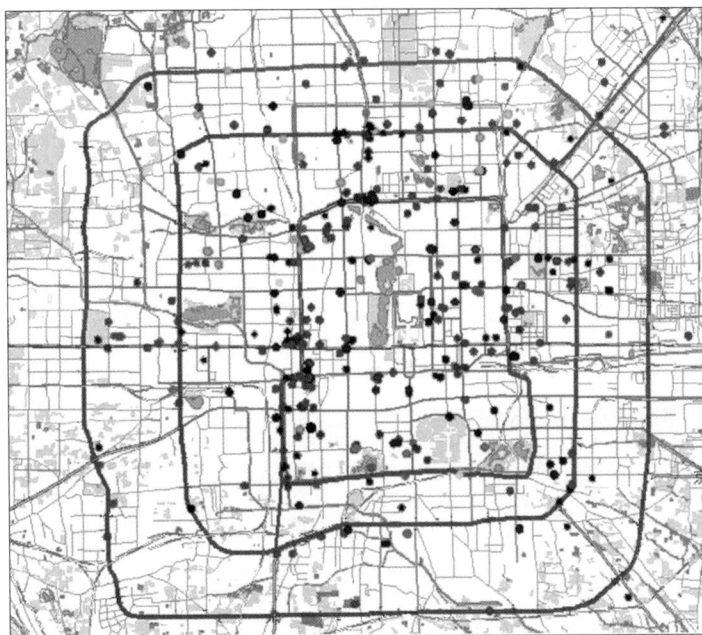

图 31-2
市级行政空间下属单位分布示意图。图中
不同颜色代表不同行政空间的下属单位

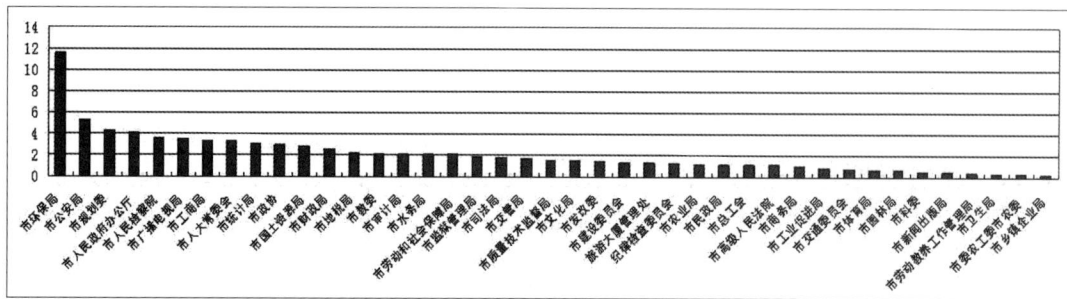

图 31-3
部分市级行政空间面积指标（单位：万平方米）
图片来源：清华大学建筑学院建筑技术科学系北京大型公建能源调查项目

样根据当时的调研发现，市级行政空间的分布主要是在城区，只有建工局、规划局、地质局、园林局在西郊，其他都在城区。分布主要集中在四处，一是当时的市府大楼，大大小小共有24个单位，以财贸、工业、交通、综合部门为主，共2400名职工；二是市人委、市委、团市委等集中在正义路台基厂一带；三是文化局、民政局、中苏友好协会等集中在长安街周边；四是规划局、建工局等集中在礼士路一带。❶ 除了这些之外，其他单位均较为分散。因此，当时市级行政空间在总体的分散布局中，就已经有行政空间在一些具体地段形成了部分集中，而这种空间布局状况也一直延续至今。

由于城市建设范围的不断扩大，当前市级行政空间的分布已经突破了旧城范围的限制。尤其是近年来随着政府机构的调整，一些新设立机构的分布更为分散，很多都突破了内城的限制，分布到了二环、三环之间甚至是四环周边。这些机构不仅分散的程度更高，一些市级行政空间所在的区位相对来说也不算优越，因此，从空间影响力来说，北京市级行

图 31-4
北京市人民对外友好协会借用旧城四合院办公，空间富有北京特色

图 31-5
借用历史建筑办公的市级行政空间。图为北京市人事局及北京市总工会，借用全国重点文物保护单位东交民巷使馆建筑群的法国兵营旧址办公

图 31-6
传统较为封闭的行政空间也开始向开放转变。图为市财政局服务大厅

❶ 北京市中央、市区级机关现状与规划、北京城建档案馆，1961年编

图 31-7
市路政局为方便市民而单独设立的行政许可大厅

图 31-8
借用民族传统形式、以大屋顶作为造型手段的市级行政空间。图为北京市政协办公楼

图 31-9
借用民族传统形式、以大屋顶作为造型手段的市级行政空间。图为北京市人大办公楼

图 31-10
借用民族传统形式的市级行政空间。图中北京市交通委员会、市路政局借用传统形式并进行了适当抽象

政空间要远低于国家级行政空间。不过即使如此，从大的区域分布的角度来看，市级行政空间在市区范围内仍然普遍存在着内多外少的相对集中的分布特征。市级行政空间分布在内城和外城之间存在着严重的数量反差，市级行政空间总数的近三分之二分布在内城二环之内的区域，而如果按部门性质来看的话，除了市委市政府下属事业单位以及一些近年来新成立的部门之外，其他年代较为久远的市级行政空间至少有九成分布于二环以内的城市区域。

空间类型

根据市级行政空间在城市空间中的不同形态特征，可以将它们分成合院型、独栋型两类，以进一步分析研究北京市级行政空间特征。之所以如此分类，是为了将关注点集中在空间的建筑群体布局、建筑外部空间及其与城市空间的相互关系方面。

由于受到传统思想的影响，较为封闭、便于管理的合院型布局仍然是市级行政空间的首选。合院型行政空间总体上还是院落空间，但除了借用古代院落的之外，大量的合院型空间与古代完全封闭的四合院并不相同，它们并没有完全的封闭，而是通过围墙、大门和主楼这一系列空间元素组成的入口空间来限定其内外的沟通，同时用办公主楼这个"核心"统摄整个院落，这实际上也是明显受到建国后出现的"大院"型空间的影响。因此，合院型空间既有借用旧城四合院的空间，更多的则是采用大院式布局的空间。

合院型空间有各自较为独立的用地，边界较为明显，与其他类型相比具有一定的专用性和私密性。由于组合建筑较多，合院型空间一般内部功能分散。为了便于管理并加强空间识别性，合院型空间通过院墙、大门等空间手法的处理，使入口空间独具特色。为了强调政府办公的性质，这类空间有的会在入口处树立"为人民服务"的醒目标牌，以此加强自身的象征性。通过这些方法，合院型空间往往具有一定的空间识别性，能与周边城市空间加以区别。

在内部空间的组织方面，合院型空间的各种功能主要呈平面状分散布置。开放部分与内部办公部分的分散布置，一方面可以使内部办公功能突显，强调自身的行政办公属性，但同时由于合院本身的私密特征，以及随着单独设置办公部分后管理的加强，实际功能主体对于公众的"开放性"和"可进入性"反倒降低了。当然有些合院由于规模较小，尤其是旧城内的合院式空间，并不设置门卫，虽然人流混杂，但开放性很强。

有一些合院型空间利用其面临两条街的特点，除了主入口之外，在另一面增加了次入口，并将开放部分直接对外。这样两条路径能分别设置，就使办公人流与办事人流分开，减少了相互的干扰。主楼、入口小广场和大门三者形成固定的主入口空间组合，单向的对外展示自己。次入口虽然在建筑形式和布局上比较简单，对街道影响不大，但是由于它是开放部分的主要入口，是另一个人流集中的地方，直接体现着行政建筑开发的氛围，因此也具有重要意义。

独栋型是指市级行政空间的所有功能部门集中于同一栋建筑物内的配置。与合院型相比，横向院落的组织方式已让位于主体大楼的竖向垂直交通系统，各部门通过垂直竖向划分和平面组合分为多个功能分区。目前为应对城市日益紧张的用地状况，行政空间往往整合各部分功能向高层发展。独栋型的内部功能较为紧凑，各部门联系方便，工作效率比较

图 31-11
借用民族传统形式的市级行政空间。图中北京市地税局借用传统形式并进行了适当抽象

图 31-12
北京市环保局通过透空大门的空间处理手法使入口空间具有了一定特色，形成了合院型的布局

图 31-13
北京市人民对外友好协会借用旧城四合院办公，形成富有北京特色的合院型空间

高。同时，空间对外开放部分与内部空间联系紧密，如果加强与市民的联系，会增加行政空间整体的对外沟通性特征，这样也可以营造行政空间"可进入"的形象氛围。但另一方面，要在一栋建筑内设置太多机构，有时会造成平面形式较为复杂迂回。另外，如果尺度、比例处理不当，建筑容易显得过于庞大，给人以压抑的感觉。

由于独栋型用地往往较为紧张，大部分主体建筑紧邻街道，建筑成为街道的直接围合界面。建筑与道路之间的过渡空间被压缩，两者联系较为生硬，并无多少空间处理，现有过渡空间往往单纯地成为交通用地如地面临时停车之用。用地的紧张还会导致多种路径的合一，这会导致流线的复杂和管理的困难。

需要指出的是，一些新设立的行政单位并没有自己的独立用地，它们只能租用或购买其他办公楼作为办公空间，另外有一些行政单位在发展过程中由于用地紧张，如需再增加规模，同样需要通过这种方式解决用房问题。此类空间是依附于其他城市空间的一类空间，往往与其他不同职能单位共用空间。由于它们所使用的办公楼多为近年来新建的规模较大的独栋型办公楼，因此也将它们归为独栋型空间。这类空间数量并不多，但作为一种较新的行政空间模式，应该引起关注。由于依附于其他空间，这些市级行政空间作为客体的存在，其形态特征取决于其依附的主体城市空间，因此它们作为行政空间的特征并不明显。

发展建议

北京存在大量的市级行政空间，对城市空间影响非常之大，但目前它们与公众还相对隔离。调研中发现，其实大量市

图 31-14
北京市公安局森林公安分局、市园林绿化局通过入口大门的处理围合内部空间，并在入口处设立"为人民服务"标牌以突出自身性质

图 31-15
较为典型的合院型空间，通过大门围合内部空间

图 31-16
北京市规委内部功能较多，形成合院型空间

级行政空间规模并不大，它们又与市民生活联系紧密，另外此类空间与国家级行政空间相比安全要求并不高。因此建议，未来市级行政空间可以进一步加强与公众之间的沟通，逐步消除隔离。

首先在总体布局方面，要区分场所的性质，做到收放适度。开放场所应结合室外空间设计，做到内外空间的流通，提高开放空间的利用价值。另外，市民进入向其开放的场所需要单独的流线处理，这样才能不致影响内部正常的工作，既突出市民的参与、体现出行政空间的开放性，又考虑行政空间内部办公人员的使用要求。

要加强沟通、逐步消除与公众的隔离，空间的开放部分就是整个空间的处理重点。开放部分既可以处于现有行政空间内部，也可以拿出来作单独处理。如将其置于现有行政空间之中，实际可以营造出行政空间"可进入"的形象氛围。另一方面，目前市级行政空间开放部分的功能还相对单一，除了提供一定的行政服务之外，主要就是信访和听政。因此建议，可以在这些开放部分适当添加一些功能，增加活动的多样性，设置如市民接待大厅、供市民参观的行政信息发布及展览等公共空间，使开放不致流于空泛。

如前所述，市级行政空间数量众多，与国家级行政空间大量分布在内城相比，市级行政空间的分布更为分散，很多市级行政空间分布已经突破了内城的限制。不仅分散的程度更高，市级行政空间所在的区位相对来说也不算优越。市级行政空间的分散导致它们的可达性与标志性不足，同时对于城市功能整合以及城市效率提高都极为不利。针对这一问题，建议在将来的建设中需要区别对待，适当集中建设。

在规划建设市级行政空间时，可以设置集中办公区和建

图 31-17
北京市发改委并无独立用地，主体建筑紧邻街道，作为行政空间的特征也并不明显

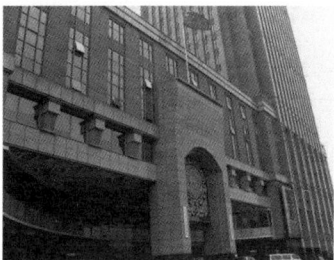

图 31-18
北京市无线电管理局与市西站管委会借用某独栋办公楼办公，直接对外

设建筑规模较大的办公楼，如有可能可以在将来的规划中单独划分市级政府拥有土地的范围，在这些地区专门为政府规划集中用地。在建设过程中可将所属多个部门集中在某栋建筑规模较大的大楼内集中办公，集中使用，统一调配。如进行机构调整可将简单的部门合并或拆分，而对于规模较小的部门或办公设施建筑规模较大而由一个部门使用将造成浪费的，可以安排两个以上甚至多部门在同一栋办公楼内办公，真正实现提高政府办事效率、方便民众办事的目的。■

（文中图片除注明外均为王辉绘制或拍摄）

（本文发表于《建筑创作》，2008 年 5 月刊）

32

北京区级行政办公建筑考察

王辉　朱文一

在北京，以各区政府以及下属职能部门为代表的区级行政单位数目众多，承担了北京各区的行政管理工作，与市民联系紧密。与之相对应，当代北京区级行政办公建筑十分多元，类型多样，呈现出十分丰富的面貌。与国家级或市级行政办公建筑相比，区级行政办公建筑与公众关系更为紧密，空间也更为开放。它们承上启下，在保持与上层机构联系的同时，又要与辖区内居民保持紧密联系，提供各种行政服务。因此，区级行政办公建筑的组成有其独特的地方。首先，各区政府为了能更好地管理基层、服务市民，均向基层派出行政机构加强管理。为了加强与基层普通居民的联系，更好地开展服务工作，近年来北京各区还纷纷设立了由多个职能部门集中办公、专门提供行政服务的行政服务中心。有些职能单位还专门将行政服务功能剥离出来成立行政服务大厅。这些新类型建筑的出现也正说明了区级行政办公建筑组成的独特之处，它们包含从行政机构、建筑规模到空间特征都相差甚多的多种类型。

本文首先从空间分布以及建筑形式这两个方面对北京区级行政办公建筑进行整体论述；其后从各区政府和下属职能部门这两大类区级行政办公建筑展开论述，深入考察区级行政办公建筑类型，揭示其特征和规律；最后对北京区级行政办公建筑的发展提出了建议。

空间分布

与其他级别行政办公建筑相比，区级行政办公建筑的分布明显要集中得多，区级行政办公建筑一般比较集中在各区的适中地点，并且一般会以区政府为中心，下属职能部门主要集中在区政府周边，少数较分散，个别职能部门、专业局离得较远。

　　区政府是整个区级行政办公建筑的核心，这一点在区级
行政的空间分布方面体现得也十分明显。在各区的区划范围
内，区政府往往位于较为中心的地段，交通情况十分良好，方
便到达。作为承上启下的一级行政办公建筑，除了位于区域
中心影响下属职能部门分布以外，区政府的分布也明显地受
到了城市中心的辐射影响。(图 32-1) 以城八区政府分布为例，
内城四区（西城、东城、宣武、崇文）的区政府均位于二环内，
它们已经处于整个城市的中心，因此交通情况是否良好成为
区政府选址的最重要因素，西城区与宣武区政府就位于西二
环边。而外部四区（海淀、石景山、丰台、朝阳）的区政府
选址在考虑交通情况的同时纷纷向内城一侧偏移，这四区区
政府并未完全选址在各区的区划中心。其中，石景山区政府
区位最远，但仍位于长安街边，海淀区政府位于三环、四环

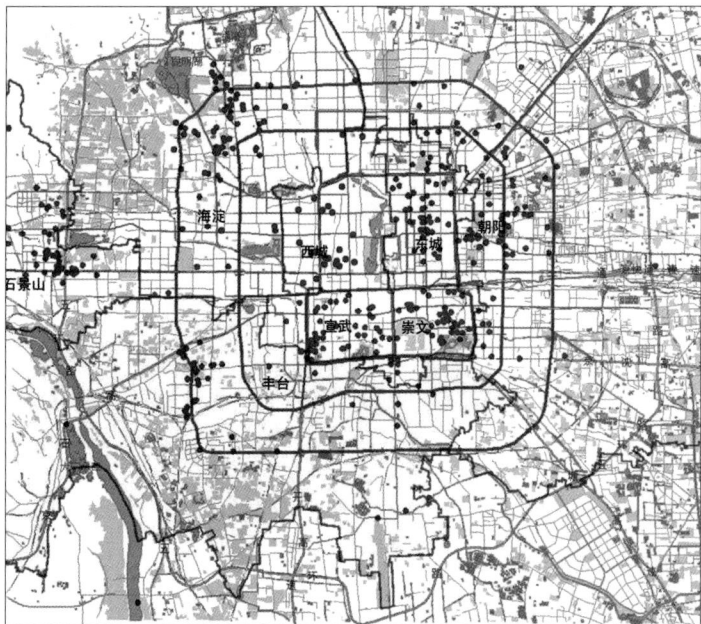

图 32-1
北京城八区区级行政办公建筑分布示意

间，丰台区政府位于四环边，朝阳区政府则位于二环、三环间，很明显它们的分布均向城中心发生了偏移。

除了各区政府外，各区下属职能部门的建筑规模并不大，一些新建的职能部门已经实现了集中规划建设。这些区在新建行政办公建筑时设置了集中办公区并设计了规模较大的建筑单体，以实现多部门集中办公。因此，与其他级别政府机构不同，各区下属的很多职能部门的分布是相对集中的。另一方面，虽然这些区的下属职能部门实现了集中办公，但由于自身建筑形象不明显、建筑风格不突出，因此它们的辨识度比较低。再加上这些职能部门往往位于城市次干道边或胡同中，可达性和辨识度更低。与这些地处偏僻、形象并不鲜明的职能部门不同，当前新出现的各区行政服务中心呈现出了全新的面貌。行政服务中心是近年来在我国建设"服务型政府"的背景下出现的一类以提供公共服务为主要目的的行政机构，是"政府有效整合其职能，在一个集中的办公地点为公民提供全程式、快捷、公开、透明服务的一种公共服务形式"，❶主要以集中的开敞大厅为办公地点，空间开放而透明，向市民及企业提供各种行政服务。由于要为企业和公民提供各种服务，因此交通便利、方便寻找成为区县行政服务中心选址的首要考虑因素；另一方面，由于行政服务中心还承担着一定的招商引资功能，因此行政服务中心选址除了考虑交通便利之外，还要尽量选择优越的地段。作为区级行政办公建筑，与其他部门的联系成为决定行政服务中心选址的又一因素。

---

❶ 吴爱明. 我国行政服务中心的困境与发展. 中国行政管理. 2004年第9期

建筑形式

行政办公建筑的形象总是同"威严、庄重、封闭"等词联系起来。这说明行政办公建筑在发展过程中已经形成了一定的风格特征。但区级行政办公建筑却与人们传统观念中的行政办公建筑有所不同，类型十分多样。除少数建筑如各区政府仍然具有"威严、庄重、封闭"等传统行政办公建筑特征之外，大量的区级行政办公建筑形式非常多元。本文试图从借用古典形式、布局中轴对称以及形式活泼多样这三个方面介绍其建筑形式特征（图 32-2~图 32-9）。

区级行政办公建筑形式的一大特点就是对于古典形式的借用。在传统的行政办公建筑中，建筑形式大量借用了民族传统的形式，体现了对中国传统形式的探索。对于民族传统形式的追求，不仅能体现传统建筑创作手法中的轴线、序列、对称等造型方式，形成建筑空间的庄严气氛，符合中国人的传统审美需求，更为重要的是，传统民族形式从文化认同的高度强化了政府对于国家管理的权威性和合法性。因此，当代北京区级行政办公建筑也大量借用了中国传统的民族形式，如大屋顶、斗拱柱式等。

另一方面，区级行政办公建筑在借用中国民族传统形式之外，大量新建的区级行政办公建筑还借用了西方古典的建筑形式。这些建筑体量高大，通过三段式立面以及拱券等古典形式处理手法来加强建筑的庄严感；而建筑细部更是大量借用线脚、柱式等西方古典建筑手法，尝试借用西方古典的建筑形式来表现政府的权威。

区级行政办公建筑尤其是办公主楼一般采用中轴对称的平面布局，具有明显的对称性。可以说，造型的中轴对称也一直是传统行政办公建筑的一大特征。大量的区级行政办公建

图 32-2
朝阳区政府建筑借用了传统柱式、斗拱等形式

图 32-3
朝阳区政府建筑借用了传统屋顶造型与院落布局

图 32-4
东城区政府建筑借用了传统大屋顶、小坡屋檐等建筑形式

图 32-5
借用了西方古典建筑形式的某区行政办公建筑

图 32-6
西城区某行政办公建筑借用了西方古典建筑中的拱券形式

图 32-7
海淀区某行政办公建筑借用了西方古典建筑形式

图 32-8
借用了西方古典建筑形式的某区行政办公建筑

图 32-9
古典山墙、圆形条窗等西方古典形式与警徽、"为人民服务"牌等符号相结合的海淀区某行政办公建筑

筑便借用对称的形式强化庄严的气氛，既强化了国家政府的权威，又给人稳定、安全的感觉。通过对称轴线组织起来的建筑群体更为庄重严肃，也更符合行政办公建筑的建筑性质。在中轴对称的空间布局中，大门、入口广场和主楼形成的中轴对称的主入口空间序列最为典型，对城市空间影响也最大。它一般位于空间的正前方，面向城市的主要街道，在空间组织上往往运用对称、轴线等手法。为了强化对称的空间布局，这些建筑还往往通过轴线序列来组织绿化、雕塑、大片铺装等空间元素，起到衬托主体建筑对称布局的作用。总地来说，这种中轴对称的形式既符合区级行政办公建筑的庄重性质，又使建筑形式带有了一定的传统特色。

虽然大量的区级行政办公建筑形式并没有摆脱传统行政办公建筑的影响，但不可否认的是，由于区级行政办公建筑的独特性，与普通市民距离更近，建筑规模也并不大，因此很多新建的区级行政办公建筑也摆脱了传统的束缚，呈现出活泼多样的建筑形式。这些建筑与以往敦实、厚重的行政办公建筑形象不同，建筑形象更为多元，风格也十分活泼。这种形象风格上的多元使得空间更为亲民，摆脱了传统行政办公建筑以自我为中心的封闭的空间形态。可以说，这些区级行政办公建筑已经初步形成了与政府建筑性质相呼应的、既能表达行政建筑的庄严又较为亲民的建筑形式特征。

建筑类型

本文从区政府和其下属职能部门这两大类展开论述，进一步深入考察区级行政办公建筑。

在整个区级行政办公建筑体系中，区政府建筑无疑是规模最大、形象最为气派的，对于城市空间的影响也最大。一定程度上，区政府建筑对于城市空间所产生的影响甚至超过了某些国家级、市级的行政办公建筑。

在区级行政办公建筑中，区政府建筑规模最大。以城八区的区政府为例，八栋建筑的平均建筑面积达到近 4 万平方米，其中海淀区政府面积达到 5.8 万平方米；而居于内城的西城区与宣武区政府面积均达到了 4 万多平方米。通过对区政府建筑分布情况的介绍，可以知道，这八栋建筑均位于城市中心地带，其中内城四区区政府均位于二环内，它们已经处于整个城市的中心，而外部四区区政府也纷纷向内城一侧偏移。在这种情况下，这些规模巨大的政府建筑无疑会对北京内城城市空间产生压迫，建筑的巨大尺度必然对周边城市空间产生巨大影响。

通过调研发现，区政府建筑不同于其他区级行政办公建筑，不仅建筑规模巨大，而且建筑形象更为庄严气派。建筑物多呈对称状布置，整体气氛偏向于稳重和庄严；政府主楼居中，两侧是辅助用房，之间是围合而成的广场或庭院；建筑群四周通过围墙与城市空间相隔，形成一个独立、较为封闭的院落空间。由于具有独立的轴线、封闭的院落，因此能够营造出政府办公建筑特有的庄严肃穆气氛。

区政府建筑主楼往往高大、壮观，采用大的建筑尺度，并均为中轴对称的布局，以此成为局部城市空间的中心；主楼前一般布置广场，广场除了作为停车、疏散之用，同时可以对主楼起到烘托的作用，可以为展示主楼建筑立面提供一定的视距（图 32-10～图 32-12）。

区政府建筑的另一个特点就是建筑空间较为封闭。区政府建筑规模较大，具有自己的独立用地，用地周边均以围墙相围。虽然当代建筑周边实体性围墙并不多，围墙往往是视

图 32-10
海淀区政府规模较大，形象庄严

图 32-11
宣武区政府建筑同样规模较大，形象庄严

图 32-12
西城区下属多家单位联合办公

图 32-13
经过改造的朝阳区民政局形式活泼新颖，
成为了朝阳区政府办公工程的样板

图 32-14
朝阳区民政局庭院内部

图 32-15
海淀区人事局面临城市干道，底层布置中
关村人才市场，空间十分开放

图 32-16
西城区政府建筑形象简洁现代

线可通过的栏杆等隔离物，但区政府与公众的隔离依然存在，政府建筑前的广场仍然被政府所占据内部使用。即使通过各种手段处理，如围墙透空、加入大片草坪绿化等，空间视觉上对公众开放了，但内外也只能隔墙相望。另外由于建筑的轴线布局、中轴对称，以及区政府前保安人员的巡视等原因，当代北京的区政府建筑依然显得封闭。

各区下属职能部门的建筑规模并不大，面积从数百平方米到数千平方米不等。与其他级别政府机构不同，一些区的下属职能部门实现了集中规划建设，这也是各区县下属职能部门建设中的一大特色。这种做法能够提高政府的办事效率、方便民众办事，同时也能形成相对辨识度较高的行政办公建筑。如崇文区政府在建设下属职能部门时，将所属多个部门集中在一栋大楼内办公，同时将区行政服务中心设置在大楼底层，方便了各部门的联系协调。总地来说，对于规模较小的部门而言，单独建楼并不经济。为了节省政府投资、使建筑布局更为合理，可以在区下属职能部门建设中安排两个甚至多个部门在同一栋办公楼内办公，既方便了各部门的业务联系交流，同时也方便了民众办事。

各区下属职能部门建筑规模虽然不大，但建筑形式往往十分多元，较为活泼。同时，这一类建筑空间更为开放，与公众联系也更为紧密。而在建设服务型政府的背景之下，当前越来越多的各区下属职能部门出于服务公众的需要，纷纷将自身承担的服务职能剥离出来专门成立了下属的行政服务厅，此类空间以服务大厅作为建筑的主体部分并直接对外，因此空间更为开放（图 32-13～图 32-16）。

由于条件所限，大量的区县下属职能部门是利用旧有房屋来办公的。在发展过程中，这些老旧房屋已经不能满足不

断增长的办公需求，因此北京一些区县下属职能部门对办公
用房进行了改建，采取加建或局部改建的方式，依托于现有
空间来建设新办公空间。虽然改建的办公空间没有完全新建
的宽敞，但同样整洁、舒适，也具有较好的办事环境。此类
空间对于充分利用城市空间、提升城市空间品质具有重要作
用。当前城市空间中仍然存在大量一般的、并不引人注目的、
不甚美观的城市空间。一些区职能部门正是利用这些并不引
人注目的城市空间进行改建，建设新办公空间如行政服务大
厅，这样既能节省城市用地，又能变消极为积极。更为重要
的是，这种因陋就简、不追求豪华的精神一改以往衙门形象，
真正实现了亲民的、透明的、开放的服务型政府形象。因此，
这种利用现有空间的做法值得大力提倡并加以推广（图 32-17、
图 32-18）。

图 32-17
某依附于立交桥下、利用现有城市空间的
区级行政办公建筑远景

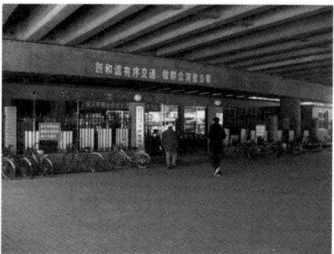

图 32-18
某依附于立交桥下、利用现有城市空间的
区级行政办公建筑形象

发展建议

　　如前所述，区级行政办公建筑规模相差较大、形象多样。
它们多数并没有明确的建筑风格，一些甚至没有自己的独立
用房，往往是租用其他办公楼作办事场所。在进一步的发展
过程中，要特别加强区级行政办公建筑的规范建设和相互联
系。一些分散的部门可以借用与区政府相邻地段办公，而区
政府如有能力可以将部分规模较小的下属职能部门吸纳进来，
形成多部门联合办公的局面。

　　在整合区级行政办公建筑时，需要特别加强规模较小的
区下属职能部门的改建工作，它们数量众多，与城市空间联
系紧密，但同时普遍缺乏认知度，建筑形象较为凌乱。因此
需要特别加强对这部分职能部门的形象改造工作。对此，可
以利用一定的区域特征，为同一区县的各个下属职能部门设

计统一的标志牌,强化不同区县下属职能部门的体系化、整体性与空间特征的区域化特征。在不破坏原有建筑整体形象的前提之下,在入口或外墙悬挂各种标牌或装饰物,标明位置,使其与邻近的地方有显著区别,又能强调行政办公建筑的身份。由于标牌或装饰物具有较强的适应性与灵活多变性,可以随着不同性质、不同风格、不同地区的建筑而调整,犹如舞台布景道具,较为经济简洁。■

(文中图片均为王辉绘制或拍摄)

(本文发表于《建筑创作》,2008 年 5 月刊)

33

北京城八区政务大厅考察

王辉　朱文一

政务大厅❶是近年来在中国建设"服务型政府"的背景下出现的一类以提供公共服务为主要目的的行政机构，是"政府有效整合其职能，在一个集中的办公地点为公民提供全程式、快捷、公开、透明服务的一种公共服务形式"。❷政务大厅建筑主要以集中的开敞大厅为办公地点，空间开放而透明，向市民及企业提供各种行政服务。政务大厅这种集中提供行政服务的办事模式，符合中国行政许可法的立法精神和关于集中审批的规定，具有明确的法律依据。❸也正是在中国行政许可法正式颁布以后，政务大厅建设出现了高潮。❹有关部门统计，到2005年10月底，中国各级政务大厅已经发展到3314家。❺可以说，政务大厅的影响已扩大到政府的各个部门，成了整个"服务型政府"建设的推进器。政务大厅的出现改善了政府与公众之间的关系，加强了两者的沟通，方便了民众的使用，真正体现了政府"以民为本"的行政理念。

在这样的背景之下，北京各区县也纷纷建设了自己的政务大厅，本文就是以当代北京城八区的政务大厅建筑为研究对象，通过调研、分析和总结，试图对政务大厅建筑这一新建筑类型进行研究探讨。

---

❶ 作为一种新型的行政服务机构，目前中国各地行政服务中心的名称并不统一，包括行政服务中心、政务大厅、廉政大厅、行政审批服务中心、政务服务中心、企业服务大厅等。本文则以政务大厅作为这种新型的行政服务机构的名称。

❷ 吴爱明. 我国行政服务中心的困境与发展. 中国行政管理, 2004年第9期

❸ 中国行政许可法第三章第二十五条规定："经国务院批准，省、自治区、直辖市人民政府根据精简、统一、效能的原则，可以决定一个行政机关行使有关行政机关的行政许可权。"第二十六条规定："行政许可需要行政机关内设的多个机构办理的，该行政机关应当确定一个机构统一受理行政许可申请，统一送达行政许可决定；行政许可依法由地方人民政府两个以上部门分别实施的，本级人民政府可以确定一个部门受理行政许可申请，并转告有关部门分别提出意见统一办理，或组织有关部门联合办理、集中办理。"

❹ 张霁星. 行政许可服务中心职能作用及发展分析. 中国行政管理, 2006年第2期

❺ 段龙飞. 我国行政服务中心建设. 武汉: 武汉大学出版社, 2007

表33-1 北京城八区政务大厅基本情况统计

	建筑面积（m²）	时间	建筑使用情况	入驻部门数	服务内容
东城	21000	2006	独立使用	34	企业事务及市民事务办理
朝阳	2750	2000	租用综合办公楼	19	企业事务办理
丰台	1800	2004	与其他政府部门合用		企业事务办理
崇文	4500	2005	独立使用	35	企业事务及市民事务办理
宣武	1700	2004	与其他政府部门合用	18	企业事务办理
西城	2400	2004	租用综合办公楼		企业事务办理
海淀	12000	2005	租用综合办公楼	28	企业事务办理
石景山	3350	2004	与其他政府部门合用	30	企业事务办理

政务大厅概况

北京各区的政务大厅建筑规模并不大，它们承担的基本职能包括审批服务、咨询服务和监督投诉等。在北京城八区政务大厅中，有的只负责办理有关企业设立及经营活动中的各种审批事项，现阶段各区为招商引资也都在强调自身的企业服务职能。有的政务大厅则在强调企业服务职能的同时，将一些面向普通市民的非审批类的服务性事项也集中在政务大厅办理，如东城、崇文两区的政务大厅，由于建筑规模较大并独立使用，因此入驻职能部门更多，承担的职能也更多（见表 33-1）。❶

政务大厅所承担的这些职能使它具有了不同于传统政府机构的全新的工作方式，政务大厅往往采用集中横向多个部门、集中办理事务的办公方式，这就改变了传统行政机构条块

---

❶ 表33-1中数据均来自各区政府网站

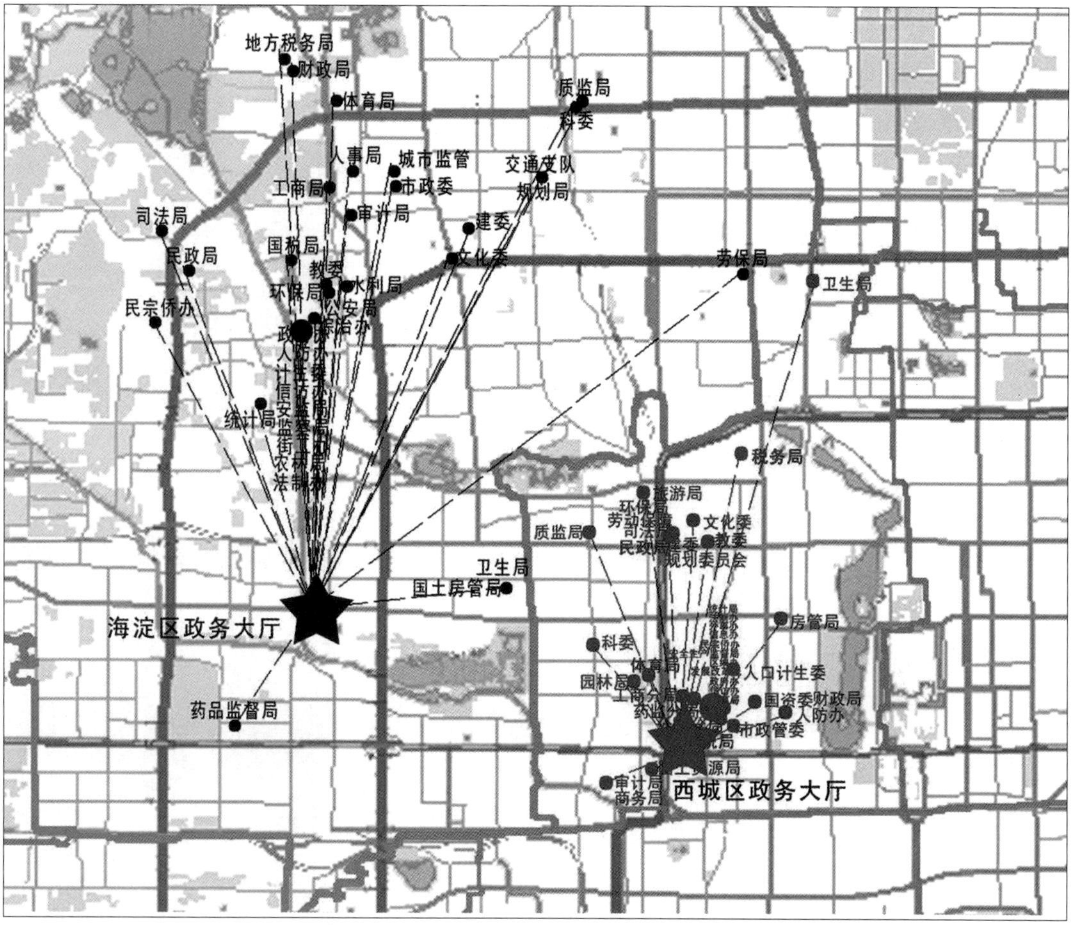

地方税务局
财政局
体育局
质监局
科委
人事局　城市监管
工商局　市政委
审计局
司法局
民政局　国税局
教委
环保局　水利局
民宗侨办　公安局
药监局
计信防办
统计局
农林法制办

交通支队
规划局
建委
文化委

劳保局
卫生局

税务局
旅游局
环保局
劳动监察
质监局　司法局
民政局　规划委员会
卫生局　教委
国土房管局
科委　体育局
园林局　工商分局
药监局
人口计生委
国资委财政局
人防办
市政管委
资源局
审计局
商务局　西城区政务大厅

海淀区政务大厅
药品监督局
房管局

图 33-1

海淀区、西城区政务大厅与区职能部门分布示意图

（政务大厅集中了各部门同时办公，对办事模式进行了创新）

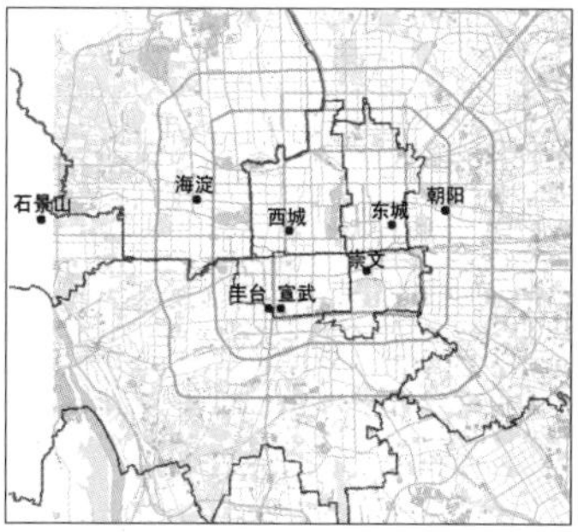

图 33-2

北京城八区政务大厅分布图

石景山　海淀　朝阳　西城　东城　丰台　宣武　崇文

分割、各部门不相往来、各自为政的情况（图 33-1、图 33-2）。新的工作方式可以概括为："一站式办公、一条龙服务、阳光下作业"。❶ "一站式办公"是指进一道门办所有事。过去政府各职能部门分布于全城东西南北，办事人员不知道在哪里办，"烧香找不到庙门"，即使知道也要满城跑来跑去。一

❶ 四川省政府研究室调查组.对绵阳市行政服务中心的调查.四川行政学院学报2001年第2期

些部门"门难进",办事情要出示证件,要填会客单,要办登记手续,手续麻烦。现在政务大厅的出现使多个职能部门集中在一幢楼内,每个部门都有服务窗口,一般的事可在中心全部办完。当人们走进了政务大厅,一个部门一个窗口对外,各个部门集中办公,各个环节相互衔接,流水作业,实现了"一站式办公"。"一条龙服务"是指由窗口代办所有工作。以前群众常常反映"事难办",一个事在一个部门内办也要反复跑,现在,每个部门设一个窗口,老百姓来办事只与窗口打交道,窗口接件后送本部门各科室及时处理,在规定的时限内办好由窗口交给服务对象。"阳光下作业"是指办事全过程公开透明,电子查询系统把来办事的人引导到应去的窗口,各窗口单位互相连通,相互之间无隔断,来办事的人与工作人员面对面平起平坐,办事程序公开。

政务大厅特征

正是由于政务大厅的工作方式不同于一般政府机构,因此当代北京政务大厅同样改变了以往传统行政办公建筑常有的"门难进"、"烧香找不到庙门"的封闭"衙门"形象,展现出了不同于一般行政办公建筑的空间特征:开放和透明。(图 33-3 和图 33-4)

过去行政办公建筑往往较为封闭,建筑之外用围墙围合,入口警卫森严,这就使行政办公建筑与外部城市空间相对隔离;而建筑内部的办公空间则被分割为一系列面积不大、封闭的办公室,每间办公室相对独立,由单独的门连接到走廊等公用空间。这种布置使各办公室之间相互隔绝,空间封闭,内部业务和外部业务也不进行区分,所有的行政业务均分散在这些小办公室内完成,群众办事感到诸多不便。

图 33-3
与传统行政办公建筑相比,政务大厅更为开放和透明

图 33-4
与传统行政办公建筑相比,政务大厅内部办公更为透明

　　在政务大厅出现之后本来分属于不同职能部门的多项行政服务内容集中到了政务大厅内，市民可自由进入大厅，身份并不受限，也不需要办理任何手续。这就与过去市民到政府部门办事必须要办理各种手续如出示证件、填会客单等情况大相径庭。市民进了门在大厅里就可以办所有事。这就改善了政府与公众之间的关系，加强了两者的沟通，塑造了开放、亲民的政府形象。由于大厅式办公服务的特点，政务大厅室内设计又与近年来其他类型公共空间如银行办事大厅、售票大厅等较为相似，因此对普通市民而言，政务大厅十分亲切，开放性更强。而在外部，当代北京政务大厅一般与周边城市空间联系也较为紧密，建筑周围一般没有围墙等隔离物，具有很强的开放性城市空间特征。

　　这些政务大厅在外部建筑形象方面与人们印象中的传统行政办公建筑形象不同，近年来才开始兴建的这些建筑形象更为透明、轻盈，这既从深层含义体现了政府的透明和建立服务型政府的决心，也是城市快速发展、建筑技术不断进步的必然选择。政务大厅形态特征十分透明，由于大厅直接对外，因此大片玻璃幕墙成为主要的造型手段，摆脱了以自我为中心的封闭的整体空间形态。同时建筑往往也采取对称布局，使建筑又具有一定象征意义，既符合了亲民的要求，又强调了自身行政建筑的性质。

　　而在内部空间设计方面，由于内部大厅空间较为开敞，因此办事行为均在公众视线之内，行政服务全过程公开透明。走进大厅，电子查询系统把来办事的人引导到相应的窗口，办事过程中市民与工作人员坐在平台两边，一对一的面对面交谈，相互间没有任何隔离物。这就改变了以往封闭单间办公易出现的"暗箱"操作和将执法者与群众隔离开来的办事作风，使政府工作完全透明。办事大厅中还设有各种现代化电子查询设备，可查阅中心的职能和服务内容，指示牌标明各窗口单位的具体位置，还有办事服务指南，各种审批事项的审报材料、办事程序、承诺期限和收费标准等一目了然。这些措施既有利于申请者节约时间与资金成本，也有利于政府内部进行组织的重新整合，优化办事流程，真正使行政服务透明化。由于政务大厅室内设计与其他类型公共空间如银行办事大厅、售票大厅等较为相似，一些政务大厅为应对较大的人流量还启用了排队叫号系统，使来大厅办理不同业务的人员实现了有效的分流，这就使政务大厅显得更为亲切和开放。

政务大厅构成

政务大厅建筑与其他类型建筑相比具有不同的功能要求和特定的空间构成。为了更深入地研究政务大厅建筑，我们将其分解为过渡交接空间、公共交流空间和内部办公空间三个部分并分别加以分析。

过渡交接空间主要是指在政务大厅建筑与其周边车行道之间形成的以步行交通为主的空间或区域，它担负重要作用，是政务大厅同周边城市空间连接的纽带，也是内部建筑空间与外部城市空间的过渡。过渡交接空间影响公众对政务大厅的直观感受，是表达政府形象的重要因素。另外，交通联系与组织也是过渡交接空间应该满足的功能。对于政务大厅来说，人流车流进出频繁。以北京市某区为例，该区政府政务大厅日均接待办事人员为1500余人次，高峰时期日接待量则超过2000人次，办事人员反映交通不便的问题更加突出，其主要原因就是建筑前停车场车位不足且不规范。因此造成该政务大厅门前经常出现进来出不去的混乱场面，这一问题给企业

图 33-5
丰台区政务大厅室外的过渡交接空间因势
利导地设立了众多宣传栏

图 33-6
丰台区政务大厅室外的大型停车场，解决
了市民前来办事的停车问题

图 33-7
政务大厅的对外沟通空间方便了市民使
用。图为崇文区政务大厅室内

和办事人员带来诸多不便。例如，政务大厅进出场地、建筑及地下车库的各类交通流线难以准确区分，地面临时划分的停车位不规范；再如，一些规模较大的政务大厅，由于内部机构较多，单独设置的出入口位置不当等。大部分政务大厅拥有专项用地，具有明确的用地范围，与道路的过渡空间是开放性的。作为一个向公众开放的场所和区域，人们更易接近。(图 33-5、图 33-6)

公共交流空间即为建筑中直接对公众开放或者是与广大市民联系紧密、实现政府与公众沟通的部分。这部分空间是当代政务大厅的核心部分。历史上中国行政建筑的对外沟通功能比较欠缺，行政建筑给人的整体印象是内向、封闭、不公开的。而政务大厅的公共交流空间集中在大厅之中，由开敞透明的多个窗口组成，每个窗口对应着一个政府办事机构。服务大厅不存在时间预设、身份预设和行为预设，这极大地增加了公共交流空间的公共性特征。只要在办公时间内，任何公民均可以自由进入。在服务发生时，在大厅的服务台两端，政府工作人员与公众与面对面直接交流，传递信息；同时，政府工作人员与民众平坐在平台两边，两者实现了平等对话，相互间没有任何隔离物，一对一交谈，这就将办事人员与群众紧密联系到了一起(图 33-7)。

在内部办公空间方面，政务大厅实现了透明式办公，内部人员办公方式可分为：一是即时即办，对程序、条件简单、要求提供完整材料的事项在大厅即时办理；二是前审后批，对程序、条件相对复杂不能在大厅即时办理的项目，实行审、批分离，由大厅"窗口"完成项目有关材料的初审，再由部门按规定程序和方式批准确定，最后由大厅"窗口"回复申报人。当公众提交事项较为简单时，政务大厅可即时即办，并

图 33-8

在内部办公空间方面，政务大厅实现了透明式办公。图为崇文区政务大厅室内

图 33-9

在内部办公空间方面，政务大厅实现了透明式办公。图为东城区政务大厅室内

图 33-10

东城区政务大厅规模最大，办公大楼共 11 层，其中 1 层、2 层、5 层为政务大厅办公场所。

且在大厅即时办理的过程完全呈现在公众眼前。作为政府部门与公众分别使用的主要功能内部办公空间和公共交流空间往往直接相连，之间为玻璃隔断，以保证办事程序公开透明。在大厅的服务台，政府工作人员与公众面对面直接交流传递信息。有的服务厅还特别设立了小工作室,内容包括复印扫描、资料查阅、接待会议等 (图 33-8、图 33-9)。

人性化设计

在内部陈设上，政务大厅的软硬件均体现了"以民为本"的服务理念，这体现了现代行政建筑为广大市民服务的宗旨，它标志着行政建筑的功能组合正朝着人性化方向发展。政务大厅的各种设备的配置主要是从方便公民办事的角度出发来布置 (图 33-10 ～图 33-18)。

在政务大厅的硬件设施方面传统"衙门"的形象完全不见了，大厅宽敞、整洁、舒适、温馨，极大地改善了市民办事的环境。政务大厅内设有大屏幕、各部门的分布图、咨询台、填写样本、接待桌椅、休息室、办公平台等。在柜台上摆放了办事须知，大门及显眼处张贴了示意图，同时还安装了公用电话、饮水机、休息桌椅等便民设施。市民进入大厅有水喝，

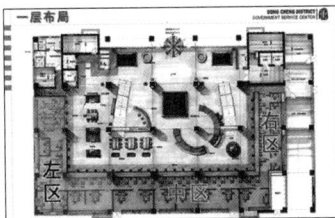

图 33-11
东城区政务大厅一层平面

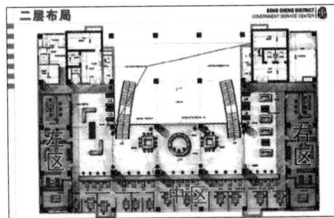

图 33-12
东城区政务大厅二层平面

图 33-13
东城区政务大厅室内清新简洁

图 33-14
东城区政务大厅入口处的东城区域模型

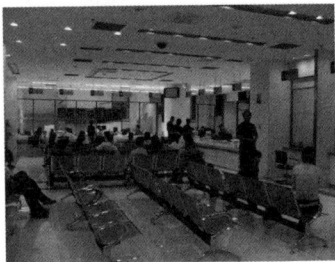

图 33-15
政务大厅为方便市民而设立的等候座椅

图 33-16
崇文区政务大厅入口墙壁上的天坛标志

有椅子坐，有休息与咨询洽谈的场所，这些都成为空间的有机组成部分。政务大厅还充分考虑了残障人和老年人等特殊群体的使用。一些政务大厅在公共设施方面基本上实现了无障碍化，门口精心设计了无障碍通道，专门修建了无障碍卫生间等，有的还设置了供肢体残疾人使用的电梯。为了更好地体现自己面向全区服务的特征，一些区政务大厅还纷纷设计了富有区域特色的标志物以增强自身的辨识度，如崇文区政务大厅就是以天坛图案作为大厅的标志。

除了在硬件设施方面充分考虑使用者之外，政务大厅还通过触摸屏、显示屏、各种政府网站、网上专门的公共服务平台等多种形式和渠道，及时公开行政服务信息和受理各种事项的申报材料，保证企业和市民的知情权和监督权。企业和市民通过互联网即可实现网上提交、网上下载表格、网上查询结果和网上行政投诉。可以说，在满足驻区企业和市民上门申请的同时，政务大厅还借助数字平台开展工作。大厅内就设有各种现代化电子设备，市民通过这些设备便可查阅中心的职能和服务内容，同时可以办理各种事项。随着计算机网络技术日新月异的发展，数字平台为政务大厅更好地开展服务提供了机遇和手段，政务大厅借用各种数字平台创造出与传统空间截然不同的虚拟场所，具有独特的空间意义。

图 33-17
政务大厅中的现代化电子设备

结语

随着"服务型政府"建设的深入以及各地政务大厅的不断出现，政务大厅越来越被人们所关注，政务大厅的行政服务作用也会越来越大。但作为刚刚出现的一类全新的建筑形式，关于政务大厅如何建设还在探索的过程之中。虽然政务大厅的内部使用方式已初步形成，但政务大厅建筑外观的风格还并未形成。如何形成政务大厅与政府建筑性质相呼应的、既能表达行政建筑的庄严又较为亲民的建筑特征，还有待进一步探讨。■

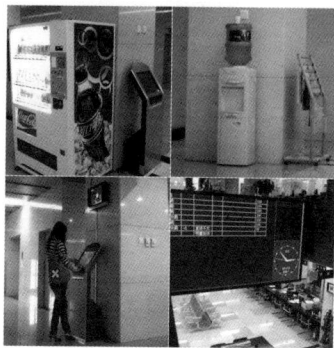

图 33-18
政务大厅内的各种人性化设计

（本文中东城区政务大厅平面图图片来源于东城区行政服务中心网 (http://xzfwzx bjdch. gov.cn/bszn/winmap.htm)，其余均为王辉绘制或拍摄）

（本文发表于《建筑创作》，2007 年 11 月刊）

34

街道办事处与当代北京城

王辉　朱文一

　　街道办事处作为中国城市的基层行政组织，在城市基层管理和组织、服务城市居民等方面起着重要的作用。1954 年12 月第一届全国人大常委会第四次会议通过的《城市街道办事处组织条例》中明确规定了街道办事处的三个主要任务，即办理市、市辖区人民委员会有关居民工作的交办事项，指导居民委员会的工作，和反映居民的意见要求。❶

　　从开始设立街道办事处到建设服务型政府目标被提出之前，北京各街道办事处用房一直是传统布局的行政办公楼，街道工作中的内部和外部业务并不进行区分，所有工作均在一个个小办公室内完成，群众来街道办事感到并不方便。随着中国经济的高速发展和城市现代化进程的不断加快，一方面，由单位制变革而引发的"单位人"向"社会人"的转变等情况，要求作为基层行政组织的街道办事处在承担一定的行政管理职能的同时必须承担起更多的社会职能；另一方面，建设服务型政府目标的确立则要求街道办事处在加强基层管理的同时，更要为辖区居民提供更多的服务。为顺应这一形势、更加方便群众办事，街道办事处必须增强自身的公共服务职能，因此，从提高公共服务质量出发，按照便民、务实的原则，北京各街道办事处对各自承担的行政业务进行了分类和梳理，同时纷纷对原有街道办事处用房进行了新建、加建或改建，专门设立了行政服务大厅。这些新建、加建或改建的行政服务大厅直接用于为辖区百姓办理各项服务，居民需办

---

❶ 李洁.居住型"街区下的街道办事处角色重塑——对北京市朝阳区劲松街道办事处的个案研究.中共天津市委党校学报,2006年第2期

的就业咨询、最低生活保障金、老年证、残疾人证、婚育证明等，都可以在其中一次办理完毕，这就改变了原先街道办事处下辖各居民委员会的二传手、接力棒角色。❶

北京各街道办事处的这种变化使它们成为为群众服务的载体，同时，通过为居民群众办事，它们也成为了政府与群众联系的桥梁。曾有北京市领导这样评价北京街道办事处的变化："把管理寓于服务之中，推动了政府职能转变，方便了广大人民群众。人大代表、政协委员在服务大厅设立接待窗口，听取群众意见，拓宽了党和政府与人民群众联系的渠道。特别是大厅内设立了民愿接待窗口，倾听群众呼声，把矛盾化解在基层，体现了政府为人民服务的宗旨，解决了群众的急难问题。"❷

本文正是针对在新形势下做出调整的北京各街道办事处展开调研，从空间分布、基本特征、类型分析以及发展建议这四个方面对北京城市街道办事处空间规律进行了初步探讨。

空间分布

北京城市管理组织体系中的区政府、街道办事处、居民委员会实际分别对应于城区、街区与社区，其中街道办事处对应于基层街区，因此当代街道办事处的数量和分布与基层街区划分高度相关。另一方面，自 1954 年《城市街道办事处组织条例》通过之后，由街道办事处以及居民委员会组成的

❶ 北京市社区建设工作领导小组办公室.北京市社区管理体制改革试点经验汇编
❷ 见"抓住基层党建关键 积极推动社区建设".《北京日报》2004年7月3日第一版

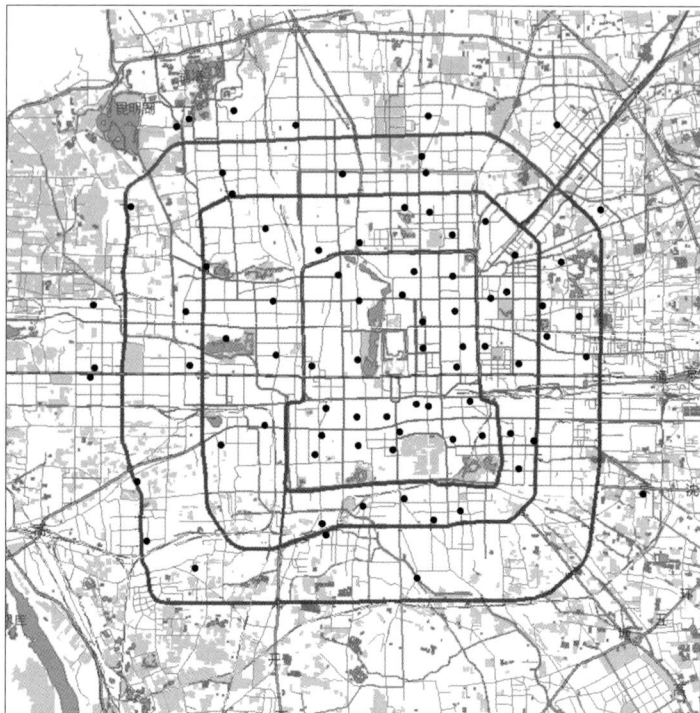

图 34-1
北京城八区街道办事处分布示意图

北京基层行政管理体系已基本建立，当时建设的大量街道办事处一直延续至今，并且仍在使用，这是影响当代北京街道办事处分布的另一个重要原因。

　　由于街道办事处分布与基层街区的高度相关性，每个街道办事处的管辖面积相差并不太大，在城市范围内它们的分布基本是均匀分散的，并构成了均衡分布的网状结构（图 34-1）。从目前北京城八区面积和街道办事处数目，可以估计城八区内街道办事处的平均服务面积：城八区内街道办事处为 101 座，城八区面积是 1368 平方公里，每一个的服务面积大约是 10 平方公里。当然北京各个区的面积是不一样大的，街道办事处数量的分配在每个区也不尽相同，也不可能

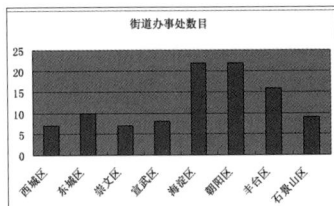

图 34-2
城八区街道办事处数目比较

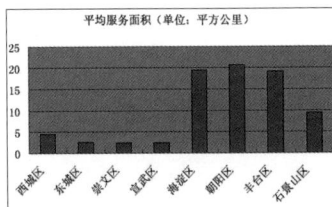

图 34-3
城八区街道办事处平均服务面积比较

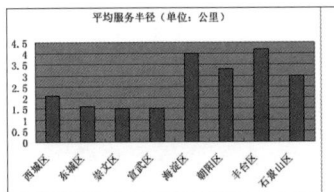

图 34-4
城八区街道办事处平均服务半径比较

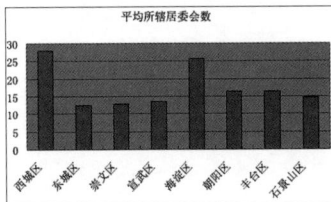

图 34-5
城八区街道办事处下辖居民委员会数比较

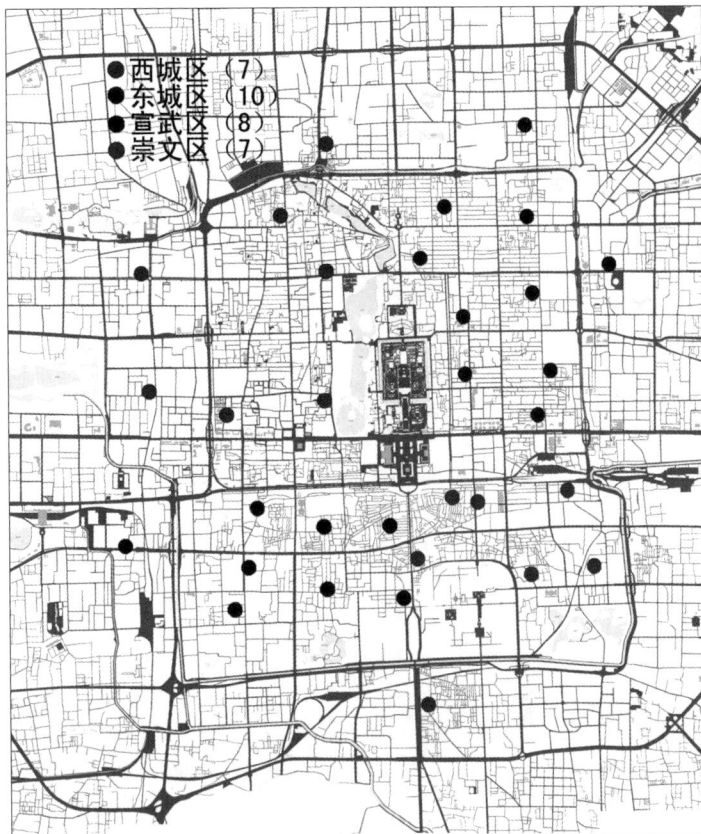

图 34-6
内城四区街道办事处分布示意图

完全均布。比如朝阳、海淀、丰台、石景山等城乡交接区的居委会的密度要小很多。内城四区西城、东城、宣武、崇文的街道办事处分布密度要大得多（图 34-2 ～图 34-5）。

　　根据北京内城四区街道办事处的分布图（图 34-6），可以明显看出大多数街道办事处分布在城市支路边，极少数位于城市主要干道边，因此北京各街道办事处在城市中的认知度并不高。同时，这也从另一方面说明它们与各自辖区联系较为紧密、服务对象主要是各自辖区内居民的情况。通过西城

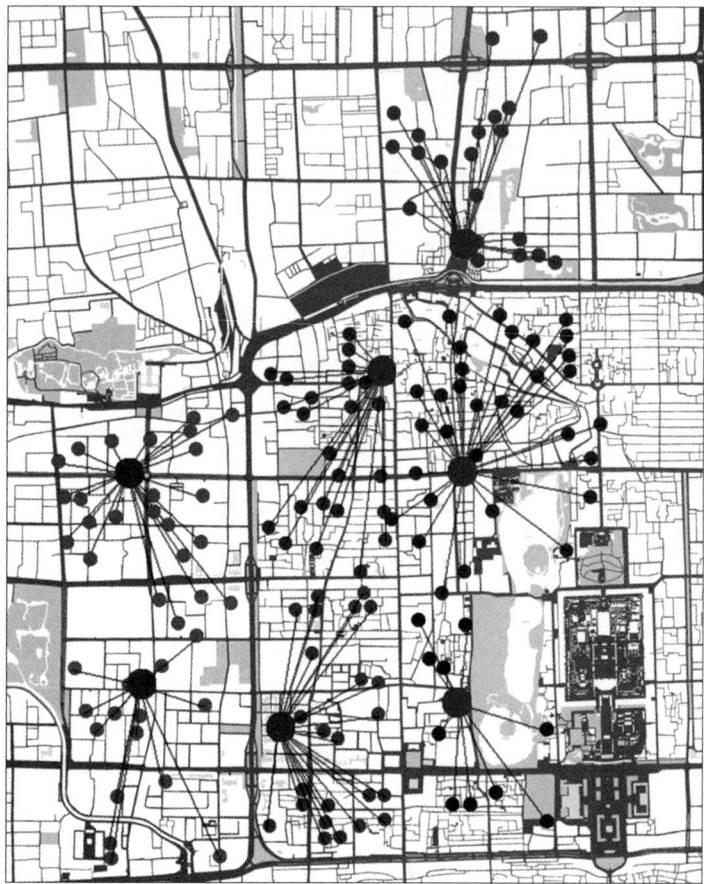

图 34-7
西城区街道办事处与下辖居民委员会分布
关系示意图

区街道办事处与下辖居民委员会分布关系示意图（图 34-7），
可以更好地了解街道办事处的这一属性。西城区 7 个街道办
事处中，有 4 个位于各自辖区的中心或接近中心的位置，与
辖区下属居民委员会联系紧密；另有 3 个位于各自辖区的边
缘位置，但无一例外均邻近较为重要的城市道路，方便前来
办事居民的到达。可见，街道办事处作为承上启下的行政机
构，并没有市、区政府那样在整个城市尺度中具有较高认知度，

图 34-8
开放透明的当代北京街道办事处摆脱了传统行政办公建筑的"衙门"形象

图 34-9
街道办事处开敞的大厅办公体现了行政服务的透明性，室内设施也更为人性化

相反，它们与基层社会联系更为紧密，对于各自辖区内的群众生活产生了重要的影响。

基本特征

当代北京街道办事处在整合自身各项职能、增加行政服务大厅之后，展现出了不同于一般行政办公建筑的开放和透明的特征，改变了传统行政办公建筑常有的"门难进"、"烧香找不到庙门"的"衙门"形象（图 34-8、图 34-9）。

过去街道办事处往往按封闭式方法布置办公空间，办公空间被分割为一系列面积不大、封闭的办公室。每间办公室相对独立。这种布置使各办公室之间相互隔绝，不利于流程性事务的办理，空间的封闭也不利于统一的监督和管理。再加上以往街道办事处办理内部业务和外部业务并不进行区分，所有的行政业务均分散在这些小办公室内完成，因此这种办公方式很不开放，不便于群众办事。在街道办事处积极推进服务大厅建设之后，本来分属于不同职能部门的多项服务内容集中到了街道行政服务大厅，这就解决了群众"每办一件事就要进一个门"或"找不着门"的难题，❶改善了政府与公众之间的关系，加强了两者的沟通，塑造了开放、亲民的政府形象。另一方面，街道办事处一般与周边城市空间联系较为紧密，与以往传统与公众隔离的"衙门"形象不同，当代北京的街道办事处一般没有围墙等隔离物，具有很强的开放

---

❶ 北京市社区建设工作领导小组办公室. 北京市社区管理体制改革试点经验汇编: 108

性。市民在办公时间内可随时进入街道办事处办事或者参观，身份并不受限，也不需要办理任何手续。过去市民到政府部门办事必须要出示证件、填会客单、办登记手续，进去了还可能找不到办事的人，这种情况在今天的街道办事处已经很少看到了。

在外部建筑形象方面，街道办事处与以往中心对称、主次分明并且敦实、厚重的行政办公建筑不同，尤其是近年来经过加建或改建的街道办事处形象更为透明、轻盈，这既从深层含义体现了政府的透明和建立服务型政府的决心，也是城市快速发展、建筑技术不断进步的必然选择，同时也满足了依托原有办公建筑进行加建或改建的要求。室内开敞的大厅办公更体现了行政服务的透明性。行政服务全过程公开透明，大厅中设有现代化电子查询设备以及办事服务指南，可以把来办事的群众引导到窗口。办事人员与工作人员平坐在平台两边，一对一的"零距离"面对面交流。这就改变了以往封闭单间办公易出现的"暗箱"操作或将公务员与群众隔离开来的情况，使政府工作高效而透明。在大厅内部"衙门"的形象同样不见了，服务大厅宽敞、整洁、舒适，极大地改善了市民办事的环境。市民进入大厅有椅子坐，有休息与咨询洽谈的场所，这些都成为内部空间的重要组成部分。有的服务大厅还特别设立了小工作室，内容包括民愿接待、资料查阅、工作接待、议事洽谈、人大代表接待等，这一系列措施真正使政府形象"透明"了起来。

类型分析

北京各街道办事处一直具有自己的独立办公用房，但这些办公用房大多建设年代较早，且使用中大多内外功能不分。

图 34-10
部分新建的街道办事处
左图为金融街街道
右图为紫竹院街道

近年来，各街道办事处纷纷对原有办公用房进行改造。通过实地调研，根据当代北京街道办事处改造程度的不同，可以将街道办事处分为新建及改建两种（图 34-10、图 34-11）。

新建型是指街道办事处在发展过程中完全新建办公用房或租用其他综合型办公楼的情况，近年来一些街道办事处在面临城市大规模改造时往往采用这一模式，租用其他综合型办公楼更是为应对北京城市日益紧张的用地状况下的必然结果。在与其他城市空间联系方面，新建型一般具有良好的交通易达性和充分的空间吸引力，能够适应功能和变化的需求，也反映了社会的实际需求。它们往往能在入口前留出一定的空间，解决好交通、停车问题。在建筑形象方面，由于包袱较少，此类型街道办事处往往十分开放透明，完全摆脱了传统封闭沉重的行政办公建筑形象。由于建设时间较新，形象新颖，它们在城市空间中具有一定的标志性；为了加强自身属性，许多建筑采取了对称布局，这就使建筑具有了一定象征意义，在符合了亲民要求的同时，又强调了自身行政建筑的属性。

改建型街道办事处主要指街道办事处通过改建来实现功能的转换，满足各种办公功能的需要。尤其是当此类街道办事处在增设行政服务大厅时，一般采取加建或改建的方式，新大厅往往直接依附于原建筑。由于原有办公建筑仍然存在，因此加建或改建后的空间体现出一定的兼容特点。街道办事处规模并不大，因此加建或改建后开放透明的行政服务大厅成为整个街道办事处的主体；而原有办公用房则因为造型简单、年代久远成为空间的配角。由于此类街道办事处在建设时拥有独立用地并依托于现有条件，因此它们与周边城市空间结合往往较为紧密。虽然改建型的室内空间如服务大厅一般没有新建型的宽敞，但同样整洁、舒适，具有良好的办事环境。服务大厅内同样设有引导台、报刊阅览区、休息区和饮水台等，使办事群众享受到休闲式的行政服务。总的来说，改建型街道办事处具有极重要的启发意义。由于北京城市单中心发展、发展用地紧张的局限性，这一类空间的重要性在于它们在一定程度上代表了北京城市大量一般性的行政建筑的发展方向。改建的建设思路同城市更新发展战略之间也能有较好的契合；另一方面，这种新空间模式体现了对广大市民的尊重，能够提供适应新时代需要的空间物质条件，因此对未来的行政空间发展意义很大。

发展建议

街道办事处的变化为其他政府机构树立了榜样，但为了实现建设服务型政府的目标，单靠基层街道办事处设立服务大厅对外服务是远远不够的，必须依靠其他部门的配合。目前北京许多政府职能部门也纷纷将服务功能剥离出来成立专门的行政服务大厅，各区还纷纷成立了由多个职能部门集中办公专门提供行政服务的行政服务中心，这些行政服务大厅以及行政服务中心需要适当整合，形成几级联动的局面，在

图 34-11
部分经过改建的街道办事处

服务管理上形成上下结合、自成体系的运转机制。街道办事处作为其中"承上"尤其是"启下"的重要一环，更需要在指导并联系基层社区居委会工作方面发挥更大的作用。目前北京已有一些案例可供参考，如北京市劲松街道服务大厅与社区居民事务代办站的信息沟通、办事协调作了精心设计和安排，实现了为民服务"无障碍"对接。街道推出了"双十"，即向十个社区派出十个由机关公务员中挑选的协调代办员往返于街道与社区之间，沟通信息，解决实际问题。这种贴近群众的"零距离"服务，增进了政府与居民之间的亲和力。❶因此，将街道办事处和居民委员会这两个平台有机地结合，开展多方位的便民服务，可以更好地服务于辖区单位、百姓，为居民提供各得其所的需求。

　　如前所述，目前北京一些街道办事处存在着一定量的改建型空间，即采取加建或局部改建的方式，依托于现有空间来建设新办公空间。虽然改建的街道办事处一般没有完全新建的宽敞，但同样整洁、舒适，也具有较好的办事环境。此类空间对于充分利用城市空间、提升城市空间品质有重要作用。当前城市空间中仍然存在大量一般的、并不引人注目的、不甚美观的甚至消极的空间，这些城市空间往往不被人关注，成为"无关紧要"的"消极"城市空间。经过改建的街道办事处正是利用这些并不引人注目的"消极空间"建设新办公空间如行政服务厅，这样既能节省城市用地，又能变消极为积极，更为重要的是，这种因陋就简、不追求豪华的精神一

---

❶ 吴刚.提升街道社区公共服务品质,推进城市基层政府办公方式的变革——关于北京市劲松街道办事处公共服务创新的案例分析. 中国行政管理学会2004年年会暨"政府社会管理与公共服务"论文集, 2004

改以往衙门形象，真正实现了亲民的、透明的、开放的服务型政府形象。因此，这种利用现有空间的做法值得大力提倡并加以推广。事实上，除街道办事处之外，北京还存在大量规模并不大、认知度较低但同时又与居民生活联系紧密的行政办公建筑，如各区政府下属各职能部门等，对于它们的更新改造还应该加强，这对于提升城市空间品质具有十分积极的意义。■

（文中图片均为王辉绘制或拍摄）

（本文发表于《北京规划建设》，2007 年 6 月刊）

35

派出所与当代北京城

王辉　朱文一

　　派出所一词源于公安派出所的简称，根据字典定义，"公安"是指社会治安，而"派出所"则是指我国公安部门的基层结构，主要管理户口和基层治安等工作。❶全国人大常委会于 1954 年 12 月 31 日颁布的《公安派出所组织条例》是派出所设置的法律依据。《条例》规定："公安派出所是市、县公安局管理治安工作的派出机关。"这一法定性质明确了派出所既不是一级公安行政组织，也不是城市街道或乡镇人民政府及其他行政组织的基层组织，而是公安机关根据工作需要，派驻在一定地区，代表它按照法律规定的权限对所辖区域的社会治安进行管理的公安基层组织。❷

　　经过五十多年的发展，派出所的职能定位发生了一系列转变，由原来以户口管理为主的职能转变为以治安管理为中心的职能，当代派出所具有了打击、防范、管理、建设和教育等多方面功能。❸可以说，派出所担负着人民群众的人身财

---

❶ 外语教学与研究出版社:现代汉语规范词典、语文出版社,2004年第一版：451;974

❷ 黄辉,叶氢.关于公安派出所规范化建设的思考. 政法学刊,2002年4月

❸ 1954年第一届全国人大常委会第四次会议通过并颁布了《公安派出所组织条例》。《条例》第一条规定：为了加强社会治安，维护公共安全，保护公共财产，保障公共权利,市、县公安局可以在辖区建立公安派出所。1962年,公安部颁布了《公安派出所工作细则》(试行),规定：公安派出所的主要任务是，依照国家治安管理法规和上级公安机关规定的权限，预防和制止反革命分子及其他刑事犯罪分子的破坏活动，管理社会治安，维护公共秩序。1987年,公安部三局提出《关于改革城市公安派出所工作若干问题的意见》,指出：派出所工作应当以治安管理为中心，以户口管理为基础，改变过去以户口管理为主的职能。1988年,公安部根据当时严峻的社会治安形势，提出了"以治安管理为中心,以户口管理为基础",将公安派出所建设成为"多功能、综合性、保一方平安的战斗实体"的改革方针与目标，要求公安派出所在维护社会治安工作中发挥更大的作用，承担更重的任务。1989年4月24日,公安部三局又提出了《关于解决城市公安派出所工作改革中几个问题的意见》,提出了要坚决贯彻"以治安管理为中心，以户口管理为基础"的工作方针。1997年, 公安部在苏州召开了"全国公安派出所工作会议"。会议提出要以建立和落实责任制为核心，迅速把派出所的重点调整到治安防范和管理上来，使派出所真正成为公安机关防范和管理的主力军。2002年3月,公安部在杭州召开了全国公安派出所工作会议，部署加强以人口管理为重点的公安基层基础工作，在全国大中城市全面推行社区警务战略，切实加强公安派出所规范化建设。详见宗恺《对公安派出所职能研究的再认识》一文,上海公安高等专科学校学报,2006年4月。

产安全的重任，是与老百姓生活休戚相关的行政部门。

据统计，目前北京市公安局有办公用房的派出所共有 436
个。[●]这四百多个派出所与首都人民生活密不可分，作为首善
之区的重要政府部门，它们为构建和谐社会发挥了不可忽视
的作用。本文以北京的这些派出所为研究对象，从基本概况、
空间分布、建筑形象以及发展趋势几个方面对北京的派出所
进行探讨研究。

基本概况

从权属情况来看，北京的派出所属于自管和公管房产的
188 个，占总数的 43.12%；属于政府和单位提供的 231 个，
占总数的 52.98%；租用社会房屋的 17 个，占总数的 3.89%。
在所有派出所中，独立办公的 351 个，占总数的 80.5%，合用
办公的 85 个，占总数的 19.5%。从房屋状况看，房屋状况完
好的 146 个，占总数的 33.49%；房屋状况一般的 262 个，占
总数的 60.09%。[●]

为了更好地说明派出所的基本情况，可以北京市某区的
48 个派出所情况为例加以说明。在这些派出所中，建于改革
开放前的有 11 个，建于 20 世纪 80 年代的有 6 个，建于 20
世纪 90 年代的有 20 个，而在 2000 年后建成的有 11 个。从
建设时间来看，除了改革开放前建成的一小部分之外，大量
的派出所是在改革开放后尤其是 20 世纪 90 年代以后建设的，

●● 翟永太、关注派出所"变脸"：和谐北京的新元素.人民公安报，2006年12月27日，
第5版。

这也与北京城市建设及发展的速度相一致。从建筑规模来看，这些派出所大小不一，相差悬殊，建筑面积从一二百到数千平方米不等。实际上，派出所建筑规模的确定与其驻地的人口密度以及治安情况密切相关。其中，在传统单位大院或公园景区中设立的派出所普遍面积较小，这主要是因为这些地方往往区域情况简单，治安相对良好。另外，位于城乡结合部的派出所建筑面积往往也较小，也是因为这些区域人口密度较低、管理工作相对简单。

空间分布

在北京的 436 个派出所中，从区域分布看，市局直属系统有 41 个，城八区有 197 个，郊区有 198 个。而从整体分布情况来看，北京的派出所分布也是比较均匀的，但由于内城人口密度较高，情况复杂，因此，内城四区以及内外城区结合部的派出所分布密度要比其他区域高得多（图 35-1～图 35-5）。

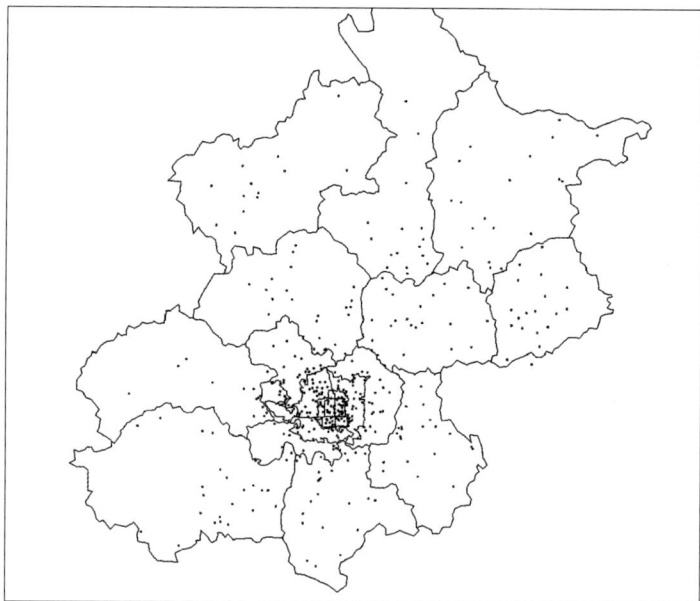

图 35-1
北京城 18 区县派出所分布示意图

图 35-2
北京城区内派出所分布示意图

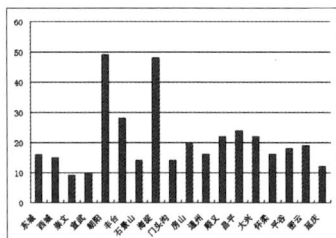

图 35-3
北京 18 区县派出所数目比较（单位：个）

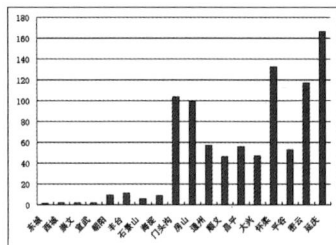

图 35-4
北京 18 区县派出所平均服务面积比较
（单位：平方公里）

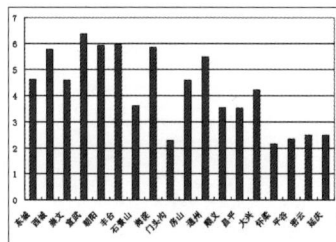

图 35-5
北京 18 区县派出所平均服务人口
（单位：万人）

　　落实到具体的分布地点方面，以往的派出所设置是以行政区划来划分的，也就是说，派出所管辖范围是以传统街区的范围来限定的，派出所通常都参照街道办事处的地域划分原则设置。这种设置安排对辖区人口和社区复杂程度的差异缺乏充分考虑。在后来的发展过程中，新建设的派出所往往根据实际情况的需要而设立，有的设置在繁华大街、市场地段，还有的设置在公园景点和要害敏感地段等。

　　需要指出的是，近年来随着城市的快速发展以及大型居住社区的不断建设，城市居民越来越向大型居住社区集中，这就要求城市管理、治安管理也要相应地社区化。派出所的设立也开始回归社区，并以社区为依托。以北京回龙观、天通苑为例，北京市公安局分别于 2006 年和 2007 年在这两个最大的居住社区设立了派出所。据有关报道，在回龙观设立派出所之后，回龙观地区的 110 出警速度，将由原来的 8 分钟缩短至 5 分钟以内。而自 2004 年以来，北京警方就针对本市一些大型社区人口密度大、社区矛盾复杂、人户分离严重等实际情况，筹建社区派出所。和传统派出所不同的是，社区派出所和社区居民的距离更近，服务更便捷有效。❶北京市在大型社区设立派出所的做法，不仅缩短了出警时间，更能及时有效地为居民提供服务，更重要的是将这些具有服务职能的行政机构的触角真正深入广大社区居民中。这也符合了《公安派出所组织条例》中规定派出所"应当根据地区大小、人口多少、社会情况和工作需要设立"，"必须密切联系群众"的相关规定，这种变化也将更加明确派出所的便民原则。

总的来说，派出所作为民警工作、警民联系的一个载体，其设置是否科学与合理与其是否能有效完成任务，同时是否能方便联系居民密切相关。派出所设置地点应根据管辖区域内居民的利用、与其他行政机构的联络、交通、通信等情况来决定。可以将所在地的面积、人口状况（包括流动人口的数量等）、民族构成、经济状况（产业结构和生产水平等）、交通状况、人口整体水平、其他政府基层组织建设状况等作为设立派出所的主要依据或分项考察指标。

建筑形象

由于历史原因，传统派出所往往并不引人注目，不易寻找、辨识度低，这既是因为派出所多数处在偏僻地方，市民不易

---

❶ 社区设立派出所是一种服务典范.新京报,2006年3月20日,第A2版.

到达，更是因为以往派出所外观形象简陋，标识不明显、不统一。以前的派出所形象纷杂无章，很多派出所借用一些旧房屋，只是简单地挂个牌子，因此一直以来派出所建筑形象并没有形成特有的建筑风格，建设也乏统一的标准。

为了解决这一问题，确立派出所独有的建筑性格特征，同时加强派出所的正规化、规范化建设，公安部出台了统一派出所建筑外观形象的措施。从 2005 年开始，公安部开展了统一公安派出所外观标志和建筑外观形象的工作。在这样的大背景之下，北京市也从 2005 年开始了统一派出所建筑外观形象改造工作。

针对北京公安派出所数量多、建筑类型复杂的情况，北京市统一了派出所的形象标识。派出所建筑外观形象统一为警蓝色和白色，并将这两种颜色装饰到派出所门头、檐口、墙裙和建筑外立面墙面上。同时，一些具体标识也进行了改造。以改造后的建筑门头要素为例：门头中心位置是警徽，左边是中文"公安"、右边是英文"POLICE"的对称构图，标识清晰规范。经过改造后的派出所标识清晰，蓝白相间的设计庄重、醒目，统一了派出所外观，树立派出所建筑风格，方便了群众辨识。派出所的性质决定其必须为百姓提供一个易识别的形象。虽然派出所承担的任务重，但往往传统派出所建筑体量并不大。因此在改造前即使对于一个当地居民来说，也不能一眼认出某座建筑就是派出所。在改造后通过统一颜色（警蓝和白色）以及统一标识的运用，强化了派出所的建筑性质，这些元素的反复出现，大大加强了派出所的辨识度。可以说，派出所改造成功地运用了几种简单的建筑元素达到了整个北京派出所外部形象的统一和规范。另一方面，统一派出所外观形象有助于提升其建筑品质，树立公安机关的良好形象。

统一外观后的公安派出所显得既庄重严肃又亲和大方，这既符合派出所严肃庄重的形象要求，又体现了作为行政机关服务于民、以人为本的执政理念（图 35-6 ～ 图 35-13）。

　　建筑外观的统一规范对内部的设置和管理提出了新的要求，规范派出所建筑外观的举措也同时延伸到了内部的设置。许多派出所纷纷降低办事柜台，为办事群众设置饮水机和座椅等，对派出所内部地上、床上、桌上、墙上的物件和图表等都进行了规范，使内部也得到了整齐划一。

　　派出所内部设置的改革，也有效促进了派出所的规范化建设。如统一窗口便民设施，实行"八统一"，即公示栏、内勤规范和职责、便民卡栏、桌签、公告栏、意见箱、胸卡和民警照片统一规格和标准，统一报表，使派出所的规范化管理水平明显提高。通过这些改造，派出所内部环境卫生干净整洁，物品摆放整齐，办公秩序井然，给人耳目一新的感觉；许多派出所实行了低台敞开式办公，为办事群众准备了椅子、沙发、饮水机等；多数派出所公开了群众办事须知、警民联系方式、办理程序、收费标准，专门设立了警务公开栏，印制了宣传手册，增强了工作的透明度；各地派出所普遍实行了 24 小时值班制度、备勤制度，有专人值班，负责接待群众，维护办公秩序 (图 35-14、图 35-15)。❶

发展趋势

　　为了进一步加强警民联系，建立警方与社区的协作关系，推进警务活动的社会化，一方面，派出所在警力资源配置上向社区倾斜，建立派出所警务站联系机制，即在派出所辖区

---

❶ 翟惠敏: 执法为民意识明显增强、执法服务水平显著提高、全国派出所工作面貌一新.法制日报,2003年11月7日。

图 35-6
东城区建国门派出所

图 35-7
东城区交道口门派出所

图 35-8
西城区月坛派出所

图 35-9
西城区福绥境派出所

图 35-10
改造后的福绥境派出所

图 35-11
海淀区大钟寺派出所

图 35-12
海淀区双榆树派出所

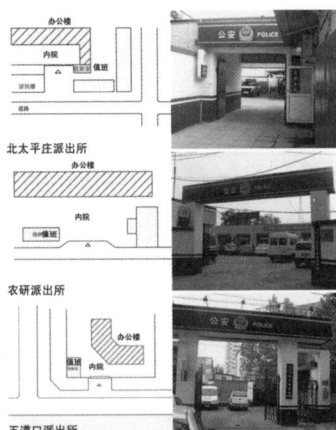

图 35-13
三个派出所均利用院门作为形象改造中的
重要元素，同时利用内院解决了停车问题

图 35-14
建筑外观的统一促进了内部设施的改造，
更加方便群众

图 35-15
派出所在内部设置了座椅、宣传手册等多
项便民设施

下设置若干个警务站，形成以社区为依托、以警务区为纽带的办事结构。另一方面，派出所还增加与居民联系，面向广大群众开展咨询服务，听取群众意见建议，解决群众实际困难。与社区群众面对面交流，听取社区居民对公安工作的意见和建议。各公安分局在社区同时开展了"警务室开放日"活动。派出所还在本辖区内设立了咨询服务点，民警们与居民面对面交流沟通，提供咨询，解决问题，并进行安全防范宣传。这一系列举措都使派出所取得了公众的支持，实行警察与群众的合作，密切警民关系，增强公众维护社会治安的参与意识，同时立足了社区，面向了全社会。❶

为了更好地加强自身宣传，北京各派出所还纷纷构建了网络信息平台，这也成为派出所服务的新形式。以北京某派出所网站为例，网站有派出所介绍、政务公开、办事指南、警民直通车等多个栏目。网站的开办为公众了解公安机关的有关信息资料以及进行法律咨询及网上办事提供了方便。这些栏目形式多样，内容丰富，突出体现了派出所服务于民的办

❶ 全国公安机关"警民相约警务室"活动全面启动,13.3万个警务室"笑迎八方客".
人民公安报,2007年2月12日第1版。

事理念。网络平台的建立改变了传统派出所的工作模式，构建了又一处公安机关能够及时传递信息的网络平台，加强了警民之间的互动，真正实现了社会基层管理的全民参与。一些没有条件建立网站的派出所，也以黑板报或简报的形式向辖区居民进行大力度宣传，让更多的人参加到社会治安管理体系中来。

结语

派出所通过规范化建设创造出了自身独特的建筑风格，形成了与政府建筑性质相呼应的、既能表达行政建筑的庄严又较为亲民的建筑特征。这也为其他政府行政办公建筑的建设和改造树立了榜样。作为行政服务的主体，其他政府部门也可以通过这些规范化建设增强自身的辨识度和影响力，从而更好地完善服务体系、提高服务水平，增强与居民的联系。■

（本文发表于《北京规划建设》，2008 年 1 月刊）

36

居委会与当代北京城

王辉　朱文一

在计划经济体制时期，中国基层社会管理以单位制为主，由街道办事处和居民委员会[1]这两个基层行政组织配合开展工作。随着单位制的解体，居委会成了中国城市行政管理体系中最基层的组织，承载着重要的组织管理功能。在当代社区制发展的背景下，居委会开始强调以服务为核心，管理上从强调行政控制演变为强调居民参与，要求社区各项事务的处理市民等都必须体现社区居民的广泛参与，摆脱了以往管理中命令式、服从与被服从的上下级行政命令式的模式。[2]在1989年通过的《中华人民共和国城市居民委员会组织法》中，明确地规定了城市居民委员会的性质、任务等内容：居民委员会是居民自我管理、自我教育、自我服务的基层群众性自治组织；居民委员会的主要任务包括政治整合、公共服务、民间调解、治安维护、政务协助、民意表达等。

居委会除完成上级布置任务外，一方面要为社区居民提供多种形式的社区服务，方便居民生活；另一方面，在目前社区自治普遍不足的情况下，[3]还必须组织开展各种各样的活动，吸引居民广泛参与，最终实现"以服务群众为重点、以居民自治为方向、以文化活动为载体，努力把社区建设成为公共服务完善、社会安全稳定、生活环境良好、邻里互助友

---

[1] 为行文方便，本文以下将街道办事处和居民委员会简称为街道办和居委会。

[2] 何海兵. 我国城市基层社会管理体制的变迁:从单位制、街居制到社区制。管理世界，2003年第6期

[3] 自治功能发挥不够，一是由于过多承担政府及街道办事处下派的工作任务，没有足够时间去组织开展社区民主自治活动，致使社区居委会的桥梁纽带作用没有得到充分发挥；二是社区居民对社区建设参与的程度还不高，不少居民认为社区居委会工作与己无关，特别是社区在职居民很少参与社区事务。社区居民会议、自治章程、听证会等制度只在自治层面发挥作用。详见由北京市民政局基层政权建设处编写的《关于首都建设和谐社区的若干思考》一文。

爱的社会生活共同体"。[1]为完成各项工作，除基本的办公用房外，近年来居委会还纷纷增添图书室、文化活动室等新的室内活动空间，有的居委会还与社区服务站相结合共同布置。除此之外，居委会还广泛利用室外场地开展各项活动，并往往与室外空间相结合布置健身器械、宣传栏设施等。

由上可知，居委会作为最基层的行政组织，在城市居民生活中扮演了重要的角色。据统计，北京共有居委会2514个，[2]这些居委会与当地市民生活联系紧密，是城市日常生活空间的有机组成部分，也是对城市公共空间的灵活性补充。本文针对北京城市居委会展开调研，从居委会的分布与服务面积、居委会的基本特征、居委会的不同类型这三个方面对北京城市居委会的情况进行了初步探讨。

分布与服务面积

北京城市管理组织体系中的区政府、街道办、居委会实际分别对应于城区、街区与社区。因为居委会对应于基层社区，所以居委会的数量和分布与基层社区高度相关。在城市范围内居委会的分布是分散的，构成了均衡分布的网状结构。

从目前居委会的数目和北京市区面积，可以大约估计一下这些居委会的服务面积。整个城八区共有居委会1841个，而城八区总面积是1368平方公里，[3]一个居委会的服务面积

---

[1][2] 加强社区建设，落实以人为本——努力构建社会主义和谐社会的首善之区。北京市民政局

[3] 居委会数目根据北京市公共服务信息网（http://www.bjcs.gov.cn）计算所得；面积资料来源：北京政府网站

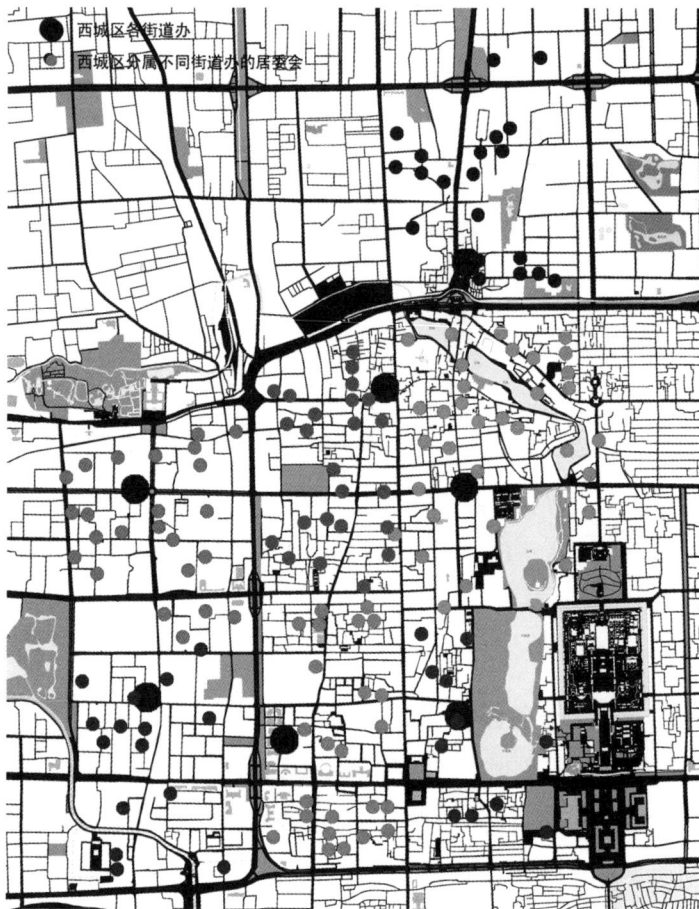

西城区各街道办

西城区分属不同街道办的居委会

图 36-1
西城区居委会分布示意图

应该大约是 0.74 平方公里。当然，北京各个区的面积是不一
样大的，居委会数量的分配在每个区也不尽相同，也不可能
完全均布。比如朝阳区、海淀区、丰台区等城乡交接区的居
委会的密度要小很多。内城城区如西城区居委会分布密度要
大一些。可以根据西城区的居委会的分布，估算内城地区的
居委会的服务半径：西城区居委会有 195 座，区面积 31.66 平
方公里，❶因而一座居委会的服务面积大约是 0.162 平方公里，

---

❶ 资料来源：北京政府网站http://www.beijing.gov.cn/chinese_new/index.asp

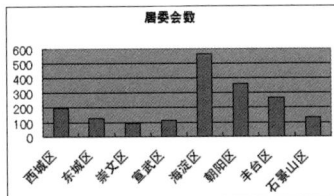

图 36-2
城八区居委会数目比较

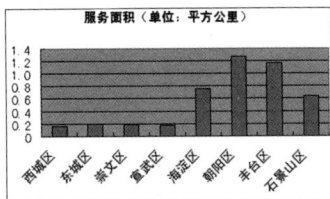

图 36-3
城八区居委会平均服务面积比较

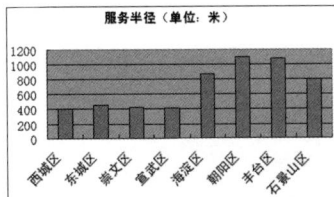

图 36-4
城八区居委会平均服务半径比较

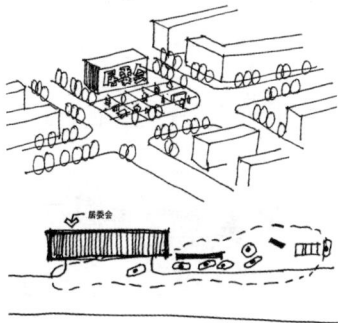

图 36-5
居委会与当地居民活动联系紧密

也就是 400 米 ×400 米左右的范围内就有一座居委会，这个服务半径还是比较人性化的。在这种尺度条件下，居委会及其附属设施方便了群众的生活，补足了城市社区服务网点的不足，是城市功能不足的补充。除此之外，分散均布的居委会促使整个城市空间更加细腻和丰富（图 36-1 ～图 36-4）。

基本特征

居委会的公共性特征体现在，一方面居委会为社区居民提供了多项与居民生活紧密联系的服务，并且这些服务大多具有大众化、公益化色彩，因此服务的公共化程度很高；另一方面，居委会通过有组织的活动将居民调动、组织起来，居委会管理者与居民共同努力去实现社区自治。活动内容多样，包括宣传、教育、文体和娱乐活动等。这些居委会组织的以目的为导向的活动也催生了以价值为导向的交往活动，激发了其他活动，增加了居民之间的交流。这种以组织活动达成自治的方式体现了民主参与的现代意识，具有公共性特征。由于居委会的这一特征，社区居民被联系了起来。居委会的公共性也促使整个社区具有了舆论、监督、安全保障功能，创造了以邻里守望相助为形式的社区亲情（图 36-5）。

居委会与当地居民生活密切相关，在城市空间的微观层次上，表达了当地的信息、经济和文化，给予当地居民强烈的共鸣。因此居委会具有明显的当地性特征，有可能成为居民心目中的特定场所。

首先，居委会依托于城市社区，与城市社区形态联系紧密。北京城市社区类型多样，包括传统旧城街道型社区、计划经济时代形成的单位型社区以及由于住房制度改革、大批商品房建设而形成的新型社区等，各种社区城市环境、居民

构成各有不同。作为依托社区的基层组织，居委会反映的都
是特定社区的场所感，居委会的空间特征也与当地的空间环
境有一定关联。

其次，居委会提供的服务和组织的活动都与周围市民日常
生活密切相关，引起当地居民的聚集，从而引发其它活动，所
以空间带有了当地特有的情感。这种来源于日常生活的情感，
容易形成特有的场所感。尤其在传统大院型社区或街道型社
区中，由于地域空间界限较为明显，社区内居民交往较为频繁，
人际关系比较密切，更容易使居委会成为具有归属感的场所，
关于居委会的感受、记忆和价值直接与生动的和独特的场所
有关（图 36-6）。

居委会呈现出明显的室外化特征，这是因为居委会需要
组织各项活动，其中多项活动需要依靠室外场地，因此居委
会往往依赖周边空地。周围环境成了居委会室内空间的扩展
和补充，室内外空间充分交融，共同构成整体的居委会空间。
相对于其他建筑物，居委会尤其是室外设施的形象并不固定，
对于周围的街道和建筑物产生了一定的影响。在居委会外的
空地，市民可以在这个空间中选择看宣传栏、交谈，通过彼
此间的交流化解了单调的空间，这种非固定性意义更能反映
居委会的特性和对周围环境的扩展。

因此居委会空间往往能够聚集多种活动，居民也有多种
选择。为了强化场所特征、明确使用属性和吸引居民参与，
大量公共设施如健身器械、宣传栏被布置在居委会周边空
地。这些设施可以供社区居民进行公共活动之用，促使社区
居民共同活动、相互交往。通过硬件设施以及有组织的文体、
娱乐、休闲活动，居委会为社区居民提供了充分发展个人爱
好的空间、场地和组织形式，并在这些活动中培养了公民意

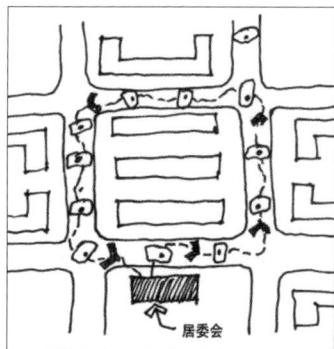

图 36-6
居委会管理人员室外的随机管理

图 36-7
居委会及室外设施引发的活动

识、参与意识、自治意识，增强居民对社区的认同感和归属感（图 36-7）。

居委会加强对于周边室外空间的利用，也是目前居委会用房紧缺的必然结果。2001 年 5 月 22 日市政府以政府令（第 78 号）的形式，对北京市居委会办公用房作了详细规定。但无论是新建小区，还是老旧小区，都存在居委会办公用房不达标的情况。在新建小区，大都由于开发商不按规划投建或建成后另作他用，不愿提供居委会办公用房；在老旧平房小区，则存在置换困难、租赁经费紧张等原因。多数老城区、老小区的服务设施已经陈旧、萎缩；一些新建小区也未能很好地执行和落实相关配套服务设施的标准。这些都制约了社区服务设施整体功能的发挥，难以满足居民的生活需求。以宣武区为例，社区网点大都是违法建筑、临时建筑，随着城市建设的推进，不可避免地呈现萎缩趋势。❶

类型分析

根据居委会有无自己独立的办公用房以及与其他公共空间联系的不同，可以将居委会分为独立型及依附型两种。

独立型居委会具有自己的独立办公用房，可以直接与外部公共空间相联系。其中一部分居委会位于城市街道或胡同边，直接与城市道路相邻，其他则布置在居住区内，往往与社区中心绿地或广场相结合（图 36-8、图 36-9）。

位于城市道路边的独立型居委会由于受线性的街道空间影响，具有明显的外向、流动的特征，同时居委会也反作用

---

❶ 完善社区服务 促进和谐社区建设. 北京市政协联合调查组

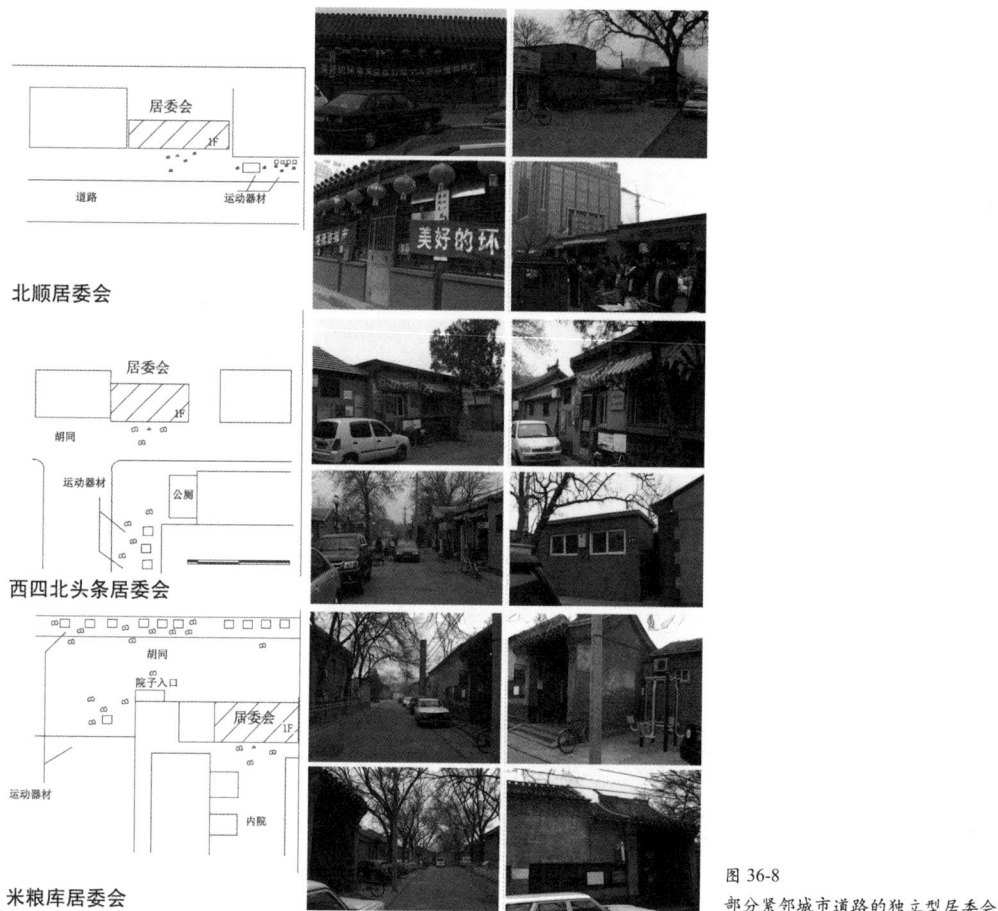

北顺居委会

西四北头条居委会

米粮库居委会

图 36-8
部分紧邻城市道路的独立型居委会

于街道空间，构成了街边的小型停留集散空间。虽然居委会的服务对象以本社区居民为主，但由于城市街道具有的公共交通功能，大量人流经过居委会，部分市民会不同程度地使用居委会空间尤其是室外设施，大大提高了居委会的公共性特征。此类居委会主体建筑一般体量不大，大部分利用旧房屋作办公用房，一般说来也有所改建和添建。由于主体建筑一侧没有充足的室外空间，有的居委会便将室外设施布置在街对面或周边其他空间。这种居委会面临的街道生活气息往

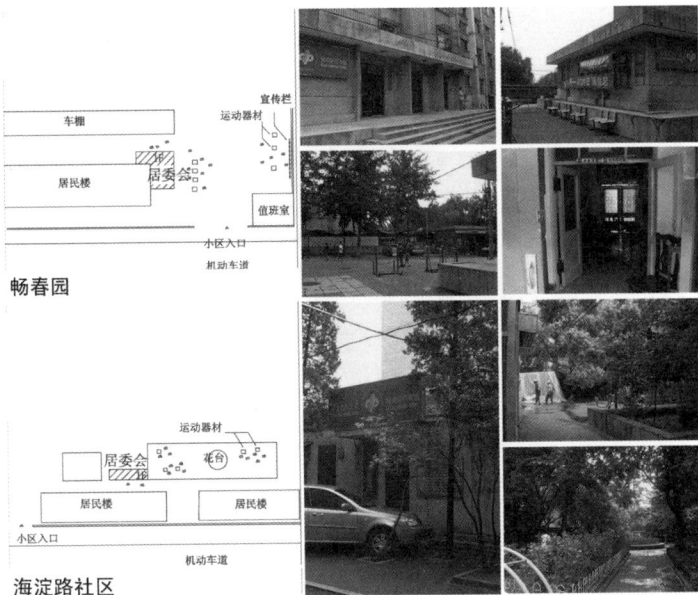

图 36-9
部分位于居住区内的独立型居委会

往较浓，有些是北京旧城中的胡同或小巷，人流量并不大。
居委会的存在激发了这些街道空间的活力，影响着城市空间
的形象。

　　位于居住区内的独立型居委会也具有自己的独立办公用
房，其主体建筑布置在社区的中心空地边，往往与社区中心
绿地或广场相结合，与社区生活联系紧密。由于居委会服务
主体以本社区居民为主，其空间与社区空地结合，可以吸引
更多居民到来。由于此类居委会依托社区空地，具有充足的
室外空间，因此活动的组织十分方便，居委会也会大量利用
室外空地。除了居委会组织的活动之外，场地还承载了居民
其他各种自发性的活动。但从整个城市空间角度来看，此类
居委会处于社区中，除本社区居民外人流量并不大，因此较
为内向、静止。

依附型居委会空间是指居委会没有自己的独立用地，租用社区中的住宅或办公楼作为办公空间，是依附于其他城市空间的一类居委会。这样必然降低了居委会的公共性，这也是此类居委会的最大问题。

由于依附于其他城市空间，一方面此类居委会的形态特征完全取决于其依附的主体城市空间；另一方面，由于缺少与街道等城市公共空间的直接联系，依附型居委会与外界空间的联系强弱依赖于依附主体的公共过渡空间。此类居委会往往也会充分利用这些公共过渡空间如门厅、走廊等，在其中布置各种宣传设施。由于依附型居委会大都位于建筑底层，因此有部分居委会直接破墙开门，与室外直接连通，加强与外界的联系（图 36-10）。

结语

北京城中新开发的商品小区开始出现采用物业公司进行管理服务的方式，再加上其他社会组织的介入，许多人对居委会的地位和作用产生了疑惑。事实上，在当代城市社区类型十分多样、不少社区还不可能实现完全自治的情况下，许多领域居委会发挥的作用还是不能代替的。居委会是维系居民与外界的纽带，将居民与各种社会组织、政府联系起来，同时又是城市公共空间的重要补充。因此，必须重视并研究它们，才能创造更加和谐美好的城市。■

（文中图片均由王辉绘制或拍摄）

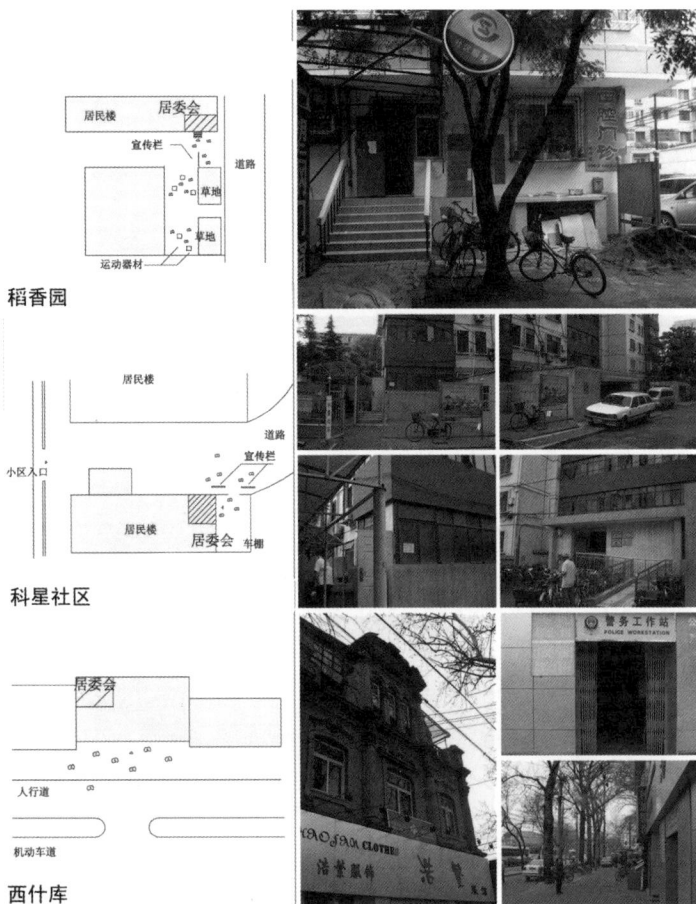

稻香园

科星社区

西什库

图 36-10
部分依附型居委会

（本文发表于《北京规划建设》，2007 年 5 月刊）

37

驻京办与当代北京城市空间

王辉　朱文一

驻京办的由来

明清时代各地在帝都北京设立的会馆可以算是驻京办的前身。与驻京办官方机构的性质不同，当时的会馆是基于同乡需要而自然产生的一种半官方半民间的组织，具有一定的自治色彩。

在新中国成立后的计划经济时代，国内经济基础薄弱，各级地方政府人员到京城办事，中央并不负责接待，各地领导都需要解决住宿、就餐的问题。为了解决这些问题，一些地方政府先后在北京设立自己的办事处，其主要功能便是给地方领导提供接待服务，解决到京办事人员的吃、喝、住、行问题。❶ 改革开放以来，随着各地经济的日趋繁荣、经济往来的频繁，原有驻京办已不能适应不断增长的需求，各省区市政府争相在北京抢占地盘，建造新的驻京办。

驻京办是驻京办事处的简称，一般认为的驻京办实际包括"办事处"与"联络处"两个级别。其中"办事处"是省、自治区、直辖市、计划单列市、经济特区以及中央级大企业的派出机构，由国务院正式批准设立，隶属于国务院机关事务管理局"各省区市政府驻京办事处机构管理司"管理。目前，北京共有 52 家"办事处"，包括天津、上海、河北、山西、内蒙古、辽宁、吉林、黑龙江、江苏、浙江、安徽、福建、江西、山东、河南、湖北、湖南、广东、海南、广西、贵州、云南、西藏、陕西、甘肃、青海、宁夏、新疆、重庆、四川、沈阳、大连、长春、哈尔滨、南京、宁波、青岛、武汉、广州、成都、西安、厦门、深圳、珠海、汕头、香港、澳门、新疆生产建

❶ 孙东海.办事处怎么办.决策咨询, 2000（1）

设兵团以及各大企业如一汽、东风集团公司等。"联络处"则大多是地级市以及大中型国有企业的驻京机构,隶属于北京市经济技术协作办管理。各地区、地级市以及以下的政府驻京联络处达597家。"办事处"加上"联络处",合计649家。(图37-1)北京成为办事处云集之地,有专家称为中国独有的"驻京办事处现象"。[❶]为方便研究,本文选取具有代表性的52家"办事处"作为研究对象。

在计划与市场的双轨经济体制[❷]影响下,当代驻京办的主要职能由原来的工作接待逐渐转向了经济服务。为了搜集与本地经济建设相关的信息,驻京办广泛开展在京各部委及社会各界人士的联络联系工作,广泛收集、整理、传递各类信息。这被形象地概括为"跑步(部)、向前(钱)"[❸]、"四跑":跑资金、跑项目、跑信息、跑感情。[❹]

另一方面,在商品大潮冲击下,驻京办的接待服务职能延伸并拓展出了新的商业经营模式。许多驻京办已作为经营实体参与商业活动,陆续开办饭店、餐厅等,形成由衣、食、住、行、玩等组成的产业链条,[❺]这是各省区市驻京办在市场化下的必然发展。

空间分布

各级驻京办散落于北京城市各个角落,希望通过对52家"办事处"的研究揭示出驻京办的分布规律。

如果在驻京办分布图上(图37-2)以天安门为中心点画

黑龙江　浙江
湖北　广州
重庆　贵州
甘肃　广东
江苏　宁波
福建　宁夏

图 37-1
部分独立型驻京办大楼

❶❶ 孙东海.办事处怎么办.决策咨询,2000 (1)

❷ 彭述刚,何沛东.论地方政府驻外机构及其去向——兼谈环境对行政管理的影响.探索,1999(5)

❸❹ 子旋,晓舟.风雨驻京办.时代潮,2002(18)

图 37-2
驻京办空间分布示意图

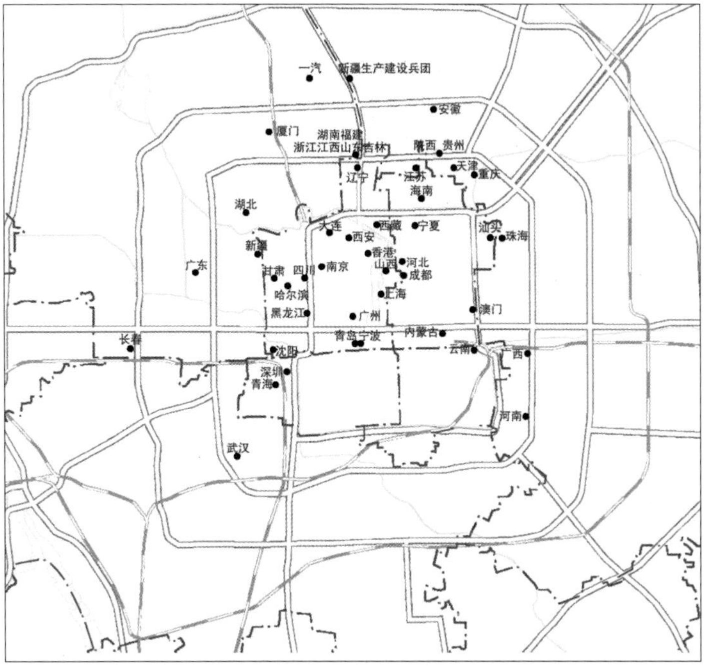

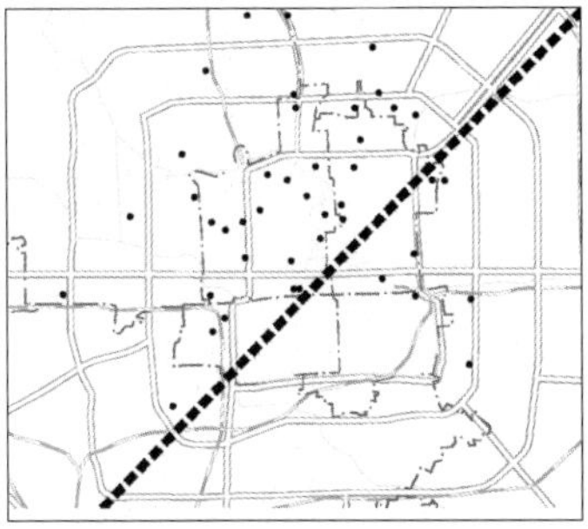

图 37-3
驻京办分布密度

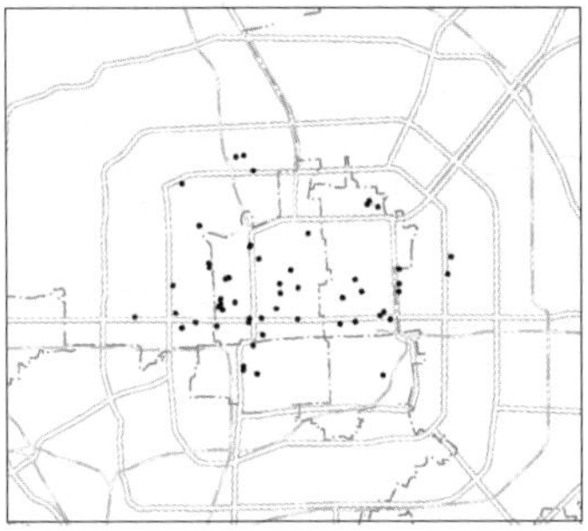

图 37-4
国务院下属单位分布图

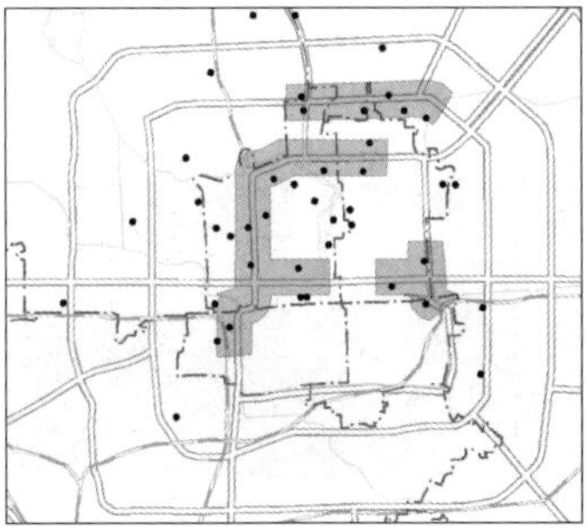

图 37-5
与主要城市道路联系紧密

一条 45°线，可以发现驻京办普遍集中分布于该线西北的地理范围内。在该区域内分布着 40 多处驻京办空间，几乎占驻京办总数的 90%（图 37-3）。在与国务院下属各单位分布图（图 37-4）进行比较后发现，驻京办与北京城市中的国家级办公空间分布具有较高的关联度，这也正反映了驻京办"跑步"与国家行政机关联系紧密的特征。

另一方面，驻京办空间往往分布在路口、环路边等城市关键的节点空间，且位于北京的经济商业中心等高价位地区，因此对城市公共空间影响较大，成为城市重要节点空间的重要组成部分。大量驻京办与二、三、四环以及长安街这四条城市主要交通道路相邻或相近，其中少量零散分布，大部分较为集中，通过主要道路相连成片（图 37-5）。

空间特征

为了体现各地的地方特色和经济实力，更好地完成"交易型"行为，驻京办空间均不同程度的强调地域性特征，不断提升着自身的地方特色。

一方面，各地驻京办以全国各省、市地名命名，并以"xx 大厦"或"xx 驻京办"为代表的大型文字招牌加以标识。带有全国各地地名标志的大厦均能在北京城市空间中找到，这也构成了北京城市的一道独特风景。驻京办通过地名标志在稠密的城市肌理中标示自己，同周边城市空间加以区别。这样既加强了自身的可识别性，宣传、展示了自己，又可以标示空间的存在，指引路径，为使用者到达驻京办提供指示（图 37-6）。

另一方面，驻京办的对外商业服务尤其是餐饮服务也体现出浓郁的地方特征，富有地方特色的各色菜肴已成为驻京办的无形招牌。北京作为首都，大量来自全国各地的外来人口扎根于北京，尽管他们已融入北京，成为新北京文化的创造者，但对于家乡的饮食文化仍具有深厚的感情。驻京办为这些在京老乡再尝家乡风味创造了空间，同时也实现了联络老乡感情的目的。除了吸引老乡之外，驻京办所代表的浓郁、正宗的地域饮食也成为吸引其他市民、宣传自身的有效手段（图 37-7）。

不同行政级别的驻京办具有不同的规模，县一级地区驻京机构一般包租几间客房或办公室作为办事地点；地市级政府驻京机构多包租整院或整楼，有的也出资建造了自己的综合大楼；省级驻京机构大多投入巨额资金建造综合性大厦。即使规模相似的驻京办空间也往往会具有十分不同的空间特征，因此，驻京办呈现出丰富多样的空间特征。在内部功能方面，

图 37-6
各式各样的地名标志

图 37-7
具有浓郁地域特征的驻京办饮食空间
左图为新疆驻京办餐厅

计划经济时代的驻京机构以租用或购买民房作为办公及接待之用，功能单一。而近年来兴建的驻京办空间，早已不满足于住宿、餐饮等单一功能，空间强调复合化。住宿、餐宴、办公、会议、康乐、购物样样齐全，驻京办既是办事处的办公场所，又是接待服务设施和营业性实体，满足了不同功能的需要。

驻京办空间具有明显的开放性特征，驻京办所承担的商业功能如住宿、餐宴、康乐、购物等使它呈现出不同于一般行政办公建筑的开放性。驻京办的地方风味餐厅、住宿部等商业部分对公众直接开放，除满足在京老乡的需要之外，也吸引了大量北京普通市民前来光顾。与一般行政办公建筑不同，普通市民可自由进入，身份与行为并不受限。另外，驻京办以综合性大楼的面貌呈现在城市中，与周边城市空间联系也较紧密，具有很强的开放性城市空间特征。

由于历史的原因，直到今日驻京办所承担的沟通地方与中央的行政职能往往仍不为人所知，驻京办存在着透明度不高的问题。虽然是地方政府派驻北京的政府机构，但公众对于驻京办的行政职能并不了解，因此驻京办才会被人们冠以"办私处"[1]、"第二行政中心"[2]等别号。驻京办为了获取经济信息建立了多层次的信息网络，成立了联络老乡感情的"同乡会"、"联谊会"，面向的主体并不是一般公众，而是在京的官员或来自同一地域掌握各类资源的各界人士，其信息交流行为被排除在公众的视线之外。随着我国政务公开的进一步开展，政府与公众沟通的进一步深入，驻京办透明度不高的情况会逐渐得到改善，其行政职能也会随之变得公开、透明。

---

[1] 彭述刚, 何沛东。论地方政府驻外机构及其去向——兼谈环境对行政管理的影响。探索, 1999(5)

[2] 李松。驻京办: 地方"第二行政中心".瞭望新闻周刊, 2001(30)

空间类型

根据驻京办空间在城市空间中的不同形态特征，可以将驻京办空间分成独立型、合院型与依附型三类，进一步具体分析研究北京城市驻京办的空间特征。

独立型空间是近年来驻京机构在新建驻京办时出现的新空间类型，是将办公、接待、餐饮和住宿集中配置在一立多层或高层综合性建筑中的建造模式。近年来驻京机构尤其是省一级在新建驻京办时往往采用这一模式。

由于各项功能集中，独立型驻京办空间一般体量较大，总建筑面积在一两万到十多万平方米不等（表37-1），对城市空间的影响也较大。由于独立型驻京办是适应近年来城市高速发展的产物，因此其大尺度、综合性大厦的形象特征与北京新建城市空间更易取得联系和相似性。为了体现自己的地域性特征，在省一级独立型驻京办空间中，大部分采用了醒目地名标志的方式。

由于用地较为紧张，大部分独立型驻京办紧邻街道，现有的过渡空间往往单纯地成为交通用地如地面临时停车之用。在内部空间的组织方面，各种功能主要呈垂直状分布，底层为餐饮娱乐部分，中间为会议办公部分，上层为住宿部分；商业部分与行政办公部分的集中布置，一方面可以向公众表达某种"开放"、"可进入"的信息，但在一栋建筑内设置太多功能，也会导致平面较为复杂，给外访人员造成不便。

合院型驻京办空间往往居于内城，既有借用旧城四合院的驻京办空间，也包括建造时间较早、采用大院式布局的驻京办。

合院型驻京办往往面临城市胡同或城市支路，有各自较为独立的用地，边界较为明显，与独立型相比具有一定的专

表37-1 部分独立型驻京办面积指标

建筑名称	建筑面积/万平方米
陕西大厦	5.98
广西大厦	3
广州大厦	3
贵州大厦	1.54
河南大厦	3.2
吉林大厦	2
深圳大厦	4.8
四川大厦	11.3
安徽大厦	1.6
山西大厦	1.8
广东大厦	2.3

用性和私密性。由于内部功能分散，合院型驻京办空间一般体量较小，与周边小尺度的空间环境较为协调。合院型驻京办往往以传统式院墙、大门作为入口过渡空间，具有一定的空间识别性。这也是合院型驻京办较少采用地名标志来强调空间特征的原因。

在内部空间的组织方面，驻京办各种功能主要呈平面状分散布置，餐饮娱乐、办公、住宿均单独设置。商业开放部分与内部办公部分的分散布置，一方面可以使办公功能突显，强调自身的行政办公属性；但同时由于合院本身的私密特征，以及随着单独设置办公部分后管理的加强，实际行政办公部分对于公众的"公开性"反倒降低了。

依附型驻京办空间是指驻京机构没有自己的独立用地，只能租用或购买住宅、办公楼或宾馆作为办公或居住空间，是依附于其他城市空间的一类驻京办空间。依附型驻京办空间数量众多，除省一级驻京办中依附型较少外，地、市、县级政府及下属单位驻京办大多为依附型空间。因此依附型驻京办在城市中分布十分广泛，对北京城市空间具有较大影响。

由于依附于其他城市空间，此类驻京办空间作为客体的存在，其形态特征完全取决于其依附的主体城市空间。为了体现自己的特殊属性，依附型驻京办空间往往采用醒目地名标志的方式。由于缺少与街道等城市公共空间的直接联系，依附性空间的公共性较低，与外界空间的联系强弱依赖于依附主体的公共过渡空间。为了解决这一问题，部分依附型空间往往在空间布局中增添类似前台或传达室的功能设置，在有限的空间里加强与外界的联系。

结语

一直以来，驻京办在促进各地与首都的沟通与联系方面发挥了重要的作用。有学者认为，驻京办在发挥经济服务作用的同时，应加强工作的透明度，同时还需增强公共服务的职能，应"在信访、社会协调、解决外来进京人员的困难方面发挥空间更大、含义更广的作用"。❶因此可以预计，驻京办空间未来必将更透明，对于公众的开放性更高，与城市公共空间联系也将更紧密，真正成为各地区在首都的公共服务中心。■

（文中图片除注明外均为王辉拍摄或绘制）

❶ 李松.驻京办:地方"第二行政中心".瞭望新闻周刊, 2001(30)

（本文发表于《北京规划建设》, 2007 年 4 月刊）

38

当代北京城市行政空间的调查与反思

王辉　朱文一

北京是中国的政治中心，国家级、市级、区级、街道级以及外地驻京办事处等各级行政单位遍布全城。本文所指的北京城市行政空间，是这些行政单位所占据使用的场所和地段。行政空间数目巨大，是北京城市公共空间的重要组成部分，对北京城市影响极大，它们共同营造的空间意象已经成为北京城市文化的一部分。另一方面，当代行政空间所承载的行政活动与市民生活息息相关，是沟通国家与社会、政府与公众的纽带，具有重要并且特殊的公共性意义。

作为中国的首都，北京的行政空间建设担负着重大的历史责任，它们不仅能作用于北京城市空间，影响未来北京城市的发展走向；同时由于地位重要，北京城市行政空间建设的示范效应还辐射影响到全国各地。因此，如何有效处理北京城市行政空间建设中出现的问题，并及时总结北京城市行政空间的建设经验，意义十分重大。

建国以来，北京的城市行政空间在发展过程中取得了很大的成绩，但另一方面，在行政空间的建设过程中也产生了一些矛盾和问题。本文针对当代北京城市行政空间的现状进行调查和反思，试图通过对问题的揭示以及对产生问题原因的分析，为行政空间进一步发展作参考。

城市运行效率

当代北京城市行政空间的分布相对集中，其中最为明显的就是行政级别较高的行政空间在中心城区较为密集。这种情况的发生起始于建国初关于中央行政办公区选址的讨论，当时“梁陈方案”由于各种原因并未能实现，致使后来北京城市的单中心发展，以旧城为中心的中心城区越来越拥挤。而行政空间的高度聚集显然加剧了这种拥挤。

　　从区域分布的角度来看，北京地区的国家级和市级行政空间大量分布在三环以内。两者总数的近二分之一分布在内城二环之内的区域，有近九成分布于三环以内的城市区域，而越往外分布越稀疏。可以通过一组数据来进一步说明其分布情况。在京国家级行政单位用地总体上集中在城八区内，在这一范围，减去道路、基础设施、公园、学校等用地后，其余用地一半以上都和中央行政职能有关，而北京市政府相关的用地则占到国家级的十分之一左右。❶具体到旧城范围，在旧城四区（东城区、西城区、崇文区、宣武区）内，在京中央国家行政单位的宗地数量达到 4534 宗，面积达到 37.2 平方千米，占整个旧城面积的 58.05% 之多，国家级行政空间的总建筑面积为 5631.03 万平方米，容积率 1.51。❷

　　参考已有的相关数据，并结合现场调研，可以估算当代北京城市行政空间的各项数据。以旧城为例，国家级行政单位的占地面积达到 37.2 平方千米，总建筑面积为 5631.03 万平方米，而市级行政空间的占地面积约为国家级的十分之一，因此市级行政空间的占地面积大约为 3.7 平方千米，总建筑面积大约为 500 万平方米；❸而由于区级行政单位的基本建制与市级基本相同，规模则比市级的小得多，因此可以假设每个区的行政空间占地为市级的十分之四。根据这种假设，可以得

❶ 王军. 中央行政区迁移悬念. 瞭望, 2004, 46:18~24
❷ 《北京城市总体规划2004—2020》专题, 首都北京中央国家机关空间布局研究, 2004: 39
❸ 为方便计算, 我们取行政空间用地的容积率为1.5

出旧城四区的区级行政单位占地为市级的十分之四,即约为 1.4 平方千米,总建筑面积大约为 200 万平方米。除了这三类行政空间之外,各地方政府纷纷在京设立驻京办事处,围绕着国家级政府"跑步(部)、向前(钱)",❶这些驻京办数目巨大,其分布明显与国家级行政空间分布密切相关。据统计,目前省、自治区、直辖市、计划单列市、经济特区以及中央级的大企业等在京共设办事处 52 家,各地区、地级市以及以下的政府在京设立的驻京联络处达 597 家,驻京办事处与驻京联络处两者合计达 649 家。❷这些驻京办空间约有三分之一位于旧城之内,根据调研所得的部分驻京办空间数据,可以推算出旧城范围内驻京办事处的总建筑面积约为 50 万平方米,驻京联络处的总建筑面积约为 40 万平方米。驻京办空间的容积率高于一般的行政空间,假定容积率为 2.0,就可以得出驻京办的总占地面积约为 0.45 平方千米。综上所述,可以得出旧城范围内区级以上行政空间的总占地面积约为 42 平方千米,总建筑面积约为 6400 万平方米。这组估算的数据十分惊人,也能在一定程度上反映行政空间的规模之大以及旧城拥挤的状况。

　　另一方面,由于行政空间具有一定的中心辐射效应,集中分布吸引了数量众多的机构和组织聚集到中心区。除驻京办外,由于首都的特殊地位,北京与世界各国、各地区的交流日益加强。政府、民间和社会团体之间的友好往来十分活跃。北京现有外国驻华大使馆 153 个,国际组织和地区代表

---

❶ 子旋,晓舟. 风雨驻京办. 时代潮, 2002, 18:23 ~ 26
❷ 孙东海. 办事处怎么办.决策咨询, 2000, 1:4 ~ 9

机构 21 个，外国新闻机构 229 个。在北京设立的国外驻京代表机构已超过 7244 家。❶这些机构的选址往往都要考虑行政空间的分布，大都集中在中心城区内。

由此可见，当代北京行政空间自身分布的"小集中"引起中心城拥挤的加剧，加剧了城市各种职能高度的重叠。北京二环以内 62.5 平方公里的空间既是政治中心，同时也是金融中心、文化中心和商业中心。在旧城中心区的有限空间内功能的高度叠加，不仅导致人口的集聚和压力，而且造成城市建设的高密度，由此引发了一系列问题，降低了城市的运行效率。

国家级、市级及外省驻京办事处的空间分布在"小集中"特征之外，还呈现出较为明显的"大分散"状况。这些行政空间分布虽然没有明显均匀分散的分布情况，但也没有完全集中建设。这种情况的产生同样可以回溯到建国初期，当时中央利用旧城中已有现房分配给各部门作为办公用房，这样就自然形成了行政空间分散布局的雏形。因此，这种较为分散的分布状况从建国初就开始了，并且一直延续至今。"二三六九中，全城来办公"，便是对这种分散布局状况的形象描述。

随着中国的高速发展，公众对于政府机构的办事效率要求越来越高。也正是为了适应这种新形势，加强与公众的沟通、更好的为公众服务，建设"服务型政府"的目标被提了出来。温家宝总理在 2005 年《政府工作报告》中为政府职能改革制

---

❶ 数据来源：中央人民政府门户网站http://www.gov.cn/test/2005-08/10/content_21501.htm

定了明确的方向，提出了努力建设服务型政府的目标，即"通过行政能力的建设，创新政府管理方式，寓管理于服务之中，更好地为基层、企业和社会公众服务。整合行政资源，降低行政成本，提高行政效率和服务水平"。与建设"服务型政府"所要求的"降低行政成本,提高行政效率和服务水平"相矛盾，北京行政空间"全城办公"的格局不仅给北京市的其它功能的发展带来了极大的干扰，也直接导致了政府行政效率低下，办事成本提高。

　　近年来北京的道路交通建设增长很快，但仍赶不上北京交通量的增长，[1]中心城区交通拥堵问题越来越明显，二环以内虽然只占市区面积的6%，却集中了全市机动车交通量的30%。[2]在这样的大背景之下，当代北京城市行政空间的可达性十分低下。不仅如此，规模巨大、办事人流众多的行政空间又进一步加剧了北京交通的拥堵状况。

　　北京城市行政空间大量聚集在城中心，相互之间又较为分散，这就导致了大量交通向中心区汇集。因此，城市交通问题与行政单位的运行效率之间相互影响，城市交通问题的严重性一方面影响到行政单位的运行效率，另一方面对北京市城市交通提出了更高要求。[3]梁思成先生在20世纪50年代曾针对类似情况进行了预测和分析。"梁陈方案"提出"主要干

---

[1] 有关部门统计, 截至2007年底, 本市机动车保有量为312.8万辆, 比2006年增加25.2万辆, 上升8.8%。与2000年相比, 7年来机动车保有量增加了155万辆, 平均每年增加22万辆, 递增10.4%。数据来源: 北京市公安局公安交通管理局网站, http://www.bjjtgl.gov.cn/trafficdata/trafficdata.html

[2] 孙明星, 王文清. 北京交通现状解析. 交通科技与经济, 2006, 4:92~93

[3] 《北京城市总体规划2004—2020》专题, 首都北京中央国家机关空间布局研究. 2004: 43

道上加增建筑物会立刻加增交通流量及其复杂性","政府机关各单位间的长线距离，必然产生交通上的最严重问题等"。❶另有学者认为，这种情况的产生一方面是因为行政空间特别是国家级行政空间规模巨大，占地广阔，它们集中在长安街、二环、三环等黄金地段，并且以"行政大院"的面貌出现，形成了对北京中心城区交通的障碍性隔断，不解决这些行政大院的问题，北京市交通改善的难度很大；另一方面，行政空间布局分散，行政空间用地是一个一个批下来的，各个部委满城建，怎么方便怎么建，互相离得很远。全国来办事的人要跑遍全市，效率自然低下，这样的分布在一定程度上人为地增加了人流和车流。❷

曾有专家通过调查分析，认为目前北京交通拥堵的主要压力来自于 50 万辆政府办公用车。❸而在 2006 年 11 月"中非合作论坛北京峰会"召开之际，北京市封存了部分公车，市区的交通因此大大好转，这也在一定程度上印证了这一观点。但在机动车保有量快速增长的今天，政府办公用车是否是造成交通拥堵的主要原因还值得商榷。也有专家指出北京交通拥堵的根本性原因是不合理的城市功能结构和布局，❹不过各行政单位集中在中心城区显然加剧了交通的拥堵，同时也直接影响了行政空间的可达性，进而也影响了行政单位的办事效率。

---

❶ 梁思成, 陈占祥. 关于中央人民政府行政中心区位置的建议. 梁思成全集(第五卷).北京: 中国建筑工业出版社
❷ 李京文. 北京行政中心该不该外迁, 北京行政中心区外迁时机尚不成熟. 城乡建设, 2005, 9
❸ 陈香.《首都东扩》披露 "新国家行政中心论".中华读书报, 2005年1月26日
❹ 张敬淦. 北京交通拥堵症结分析. 城市问题, 2004, 5:2~5

从发展用地需求角度来看，北京城市行政空间未来也将面临很严峻的土地压力。首先，各类行政空间自身需要新增的办公用地需求就十分大，加上一些行政空间建设年代较早、设施十分陈旧，这些需要改扩建、调整置换的行政空间也不在少数。根据北京工业大学专题报告的调查分析，10 年内仅国务院系统的国家机关用地的需求量就为 16.72 平方公里（其中包括办公和住房）用地，5 年之内的办公土地需求量约为 1.75 平方公里；截至 2010 年，中共中央直属机关共需建设用地约 1.3 平方公里。其中，在现有行政办公用地周边增加土地 0.4 平方公里，在现有行政办公用地以外需增加土地约 0.9 平方公里。❶ 通过这一组数据，可以看到北京城市行政空间对于发展用地的需求情况。除了自身的发展用地需求之外，由于受北京城市行政空间的特殊地位影响而衍生的各种职能空间对于土地需求同样也十分大，它们既包括国际组织的总部和跨国机构的中心，也包括很多准行政性质的全国性机构等。有学者将这些由首都行政地位所衍生的职能都称作"首都职能"。❷ 随着中国大国地位的逐渐显现，这部分职能势必会迅速增加，用地需求也必然会不断增加。再加上全国各地政府和机构的驻京办事机构的用地需求，可以想象，中心城区的土地压力十分大。

另一方面，从城市总体发展用地的角度出发，由于北京是单中心的城市发展结构，因此，城市中心区的土地供应量是有限的。不仅如此，由于行政单位的特殊性，行政空间有

❶ 《北京城市总体规划2004~2020》专题，首都北京中央国家机关空间布局研究，2004：45~46
❷ 赵燕菁.中央行政功能:北京空间结构调整的关键.北京规划建设, 2004, 4

着分散的布局，同时对土地占用有一定的封闭性，土地国有并且由各单位无偿使用，内部究竟如何建设只与单位自身的需求有关。因此，大量行政空间占据了旧城中心区的黄金地段，对于城市土地资源是否是合理、有效甚至是高效的利用是值得商榷的。可以肯定的是，正是由于行政空间占据了大量中心区土地，在一定程度上导致了中心区土地供给的短缺。

历史文化名城保护

新中国成立初，许多行政单位都利用老的历史建筑进行办公。直至今日，当代北京城市行政空间仍有不少借用了传统的历史建筑。除了一些历史上的王府、寺庙之外，北京旧城的四合院也成为各类行政单位选址的对象。这一方面是不得已而为之，因为新中国成立后经济条件不足，只能依托现有老房安排各级行政办公单位；另一方面，在当前城市快速发展、城市用地紧张的条件下，这些历史建筑、合院型空间本身所体现的空间特色以及位于旧城中心等大的区位优势也成为行政单位选用的重要原因。

这些历史建筑往往是城市历史文化传统的见证，具有重要的保护价值。但正是由于被行政单位占用，一些历史建筑的保护并不能得到重视甚至出现了困境。随着机构的不断发展扩大，这些行政单位在发展过程中必然会对一些建筑进行改括建，这就必然影响了对于这些历史建筑的保护工作。其中一些文保建筑的使用单位是行政单位，虽然按照文物保护的相关规定，应该是谁使用谁管理，但是产权单位没有修缮，文物局无权管辖，这也导致了一些历史建筑破旧但无人过问。据不完全统计，在北京 300 多项市级以上文物保护单位中，被单位或居民等不合理使用的约占 60%。而 2700 项区县级以下的古建筑中，被占用的更是高达 95%。这些被占用的文物保护单位大部分都存在着房屋年久失修、没有消防通道、无消防栓、居住人口过密、私搭乱建严重等问题。此外，用火、用电、用气大量增加，更加大了古建筑的危险程度。❶而在 2006 年和 2007 年，北京市文物局甚至对存在隐患较严重的 34 处文保单位下达了限期改正通知书，其中就不乏行政单位。❷

随着社会的不断发展，历史建筑保护问题也越来越受到社会各界的关注，人们意识到应该妥善保护这些历史建筑，同时它们作为公共的城市文化遗产应该向普通市民开放。因此，对那些由行政单位所占据使用、并未能完全开放甚至并未能得到妥善保护的历史建筑的保护应该引起社会各界的关注。

除了直接借用历史建筑办公的行政单位之外，许多行政单位在北京旧城范围内新建了自己的办公用房，这些新建的行政空间有一些并不能与北京传统旧城风貌相协调。

改革开放后市场经济的蓬勃发展以及旧城内房地产的大规模开发，大量新建的商业、办公与居住建筑完全突破了旧城保护规划，它们中大量与旧城风貌并不协调。而行政办公建筑与它们相比，似乎对旧城风貌破坏并不严重。但实际上，在建国后很长一段时间内，在大规模房地产开发还未蓬勃发展之前，行政空间与传统旧城风貌并不协调的矛盾其实较为明显，甚至在一定程度上直接影响了当代北京城市面貌的形成。新中国成立后，以新建行政空间为代表的大体量或高层建筑从旧城中崛起，与原有小尺度的城市空间形成鲜明对比，改

❶ 文物保护：产权难题待解. 产权市场. 2006, 10. [2008-04-10]新浪网，http://finance.sina.com.cn/review/20061011/10212976729.shtml
❷ 原辅仁大学等20家北京文保单位吃"黄牌". 2008, 2. 2008-04-11. 人民网，http://culture.people.com.cn/GB/87423/6898566.html

变了传统的城市面貌，这必然与旧城原有的城市空间秩序产生冲突。早在 1950 年，梁思成就曾针对在旧城区建设新行政办公建筑提出了不同的看法。他对当时新建行政办公建筑普遍采用沿街建房的方式基本持否定态度。他认为："以无数政府行政大厦列成蛇行蜿蜒长线，或夹道而立，或环绕极大广场之外周，使各单位沿着同一干道长线排列……这样模仿了欧洲建筑习惯的市容，背弃我们不改北京外貌的原则，在体型外貌上，交通系统上，完全将北京的中国民族形式的和谐加以破坏，是没有必要的。"❶梁思成从延续民族性和保护城市文脉方面、从更高的层面对行政空间在北京旧城中的建设发表了自己的意见，提出了应该坚持"北京外貌的原则"进行设计。而直到今天，仍有不少新建的行政空间不能做到与传统旧城风貌相协调，甚至一些项目突破旧城保护规划控制。作为具有重要公共性意义的一类城市空间，行政空间的建设更应做出表率，尽量与旧城风貌相匹配。

当代北京城市行政空间聚集的中心与旧城相重叠，这是行政空间发展对旧城保护产生冲击的重要原因。北京的城市性质目前被定位为政治中心、文化中心、世界著名古都和现代国际城市，而中心区旧城仍然是所有这些职能的主要载体。几十年来，北京城的规划发展布局始终没有改变城市中心与古城重叠的固有矛盾。而如前所述，各级行政空间同样大量聚集在旧城范围内，与北京旧城保护的中心相重叠，一方面使行政空间的发展受到制约，更重要的是使旧城保护也受到了冲击。

❶ 梁思成, 陈占祥. 关于中央人民政府行政中心区位置的建议. 梁思成全集(第五卷).北京: 中国建筑工业出版社

　　50 年来，北京的发展几乎是围绕着旧城展开的。尽管近年来北京不断加强历史文化名城保护的力度，但由于没有从城市空间结构方面解决根本性问题，历史文化名城保护仍然处在困境之中。众所周知，北京旧城保护具有深远的战略意义，旧城留存着大量的历史文化资源。但当代大量北京城市行政空间所在地处于旧城中心，虽然行政职能的运行与旧城保护之间的矛盾没有经济发展与旧城保护之间的对抗和冲突那么强烈，不可调和，但是它们对旧城保护也带来了一定的冲击。北京城市行政空间规模大，数量多，分布又较为集中。如此大规模行政空间集中于旧城中，不能不说对于历史文化名城保护产生了巨大的影响。由于用地规模的限制，一些行政单位在用地范围内拆除了一些古建筑，加建或新建了一些与旧城整体环境不协调的新建筑，破坏了北京城的传统风貌。除此之外，大量行政空间分布在旧城中心，与居住、商业、金融商贸设施混杂，造成使用功能上的相互干扰和影响。行政空间除了自身发展外，就近还安排了相关的服务设施，使得高水平医疗、教育、宾馆等单位数量增加，功能不断完善，规模相应扩大，而扩大了的这些设施因自身的影响力又带来了新的功能集聚。此外，政府机构改革、政企分离后新产生的企事业单位，由于与行政单位的密切联系，选址依然留恋旧城。❶这些都是大量行政空间集中于旧城中心使得旧城保护困难加大的原因。

❶ 根据吴良镛教授在 "2004城市规划年会" 的大会发言整理. 转引自王军. 中央行政区迁移悬念. 瞭望, 2004, 46:18~24

城市空间形象

行政空间在北京城市空间中扮演着重要的角色，但另一方面，这些行政空间发展历史还较短，关于当代城市行政空间究竟应该如何建设还在不断探索之中。因此，虽然当代北京城市行政空间数目众多，但行政空间的建筑形象风格其实还并未形成，如何形成具有中国特色的与政府办公建筑性质相呼应的、既能表达行政建筑的庄严又较为亲民的建筑特征还有待进一步探讨。就目前来看，北京城市行政空间形象尤其是较低层级的行政空间形象较为凌乱，各级别行政空间的建筑风格还有待协调。

一般来说，国家级行政空间规模最大，对城市空间影响也最大，它们已经形成了自身的建筑形式特征。除了国家级行政空间之外，其他各个级别的行政空间建筑形式十分多样，并未形成相互协调的建筑风格。以区级行政空间为例，这些行政空间规模往往并不大，由于建国后许多行政单位都利用旧建筑办公，发展到今天，这些建筑都显得较为陈旧、缺乏个性且办公面积不足，大量的区县下属职能部门只能结合现有条件，通过改造旧有房屋来办公。虽然这种因陋就简的做法值得提倡，但同时必须看到，正是由于这些职能部门因陋就简，导致这些职能部门的区位一直得不到改善，原来位于哪里还是在哪里，空间的可达性和辨识性都较差。另一方面，这些职能部门的建筑形象也得不到改善，它们的建筑规模并不大，形象多样，甚至显得较为凌乱。它们虽然数量较多，但其中多数并没有明确的建筑风格，一些行政空间甚至没有自己的独立用房，往往是租用住宅或办公楼作办事场所。与区级的情况类似，除国家级形状空间之外，其他各级行政空间均未能形成统一的建筑风格。这些行政空间形象差别极大，有的十分气派庄严，有的则较为简陋；建筑外观式样众多，其中有很多并不能体现出新时代行政办公建筑的形象特点。这种情况显然与建设"服务型政府"的目标不符，对于树立良好的政府形象也并不利。

　　与其他类型城市空间相比，行政空间尤其是高级别的行政空间往往规模巨大，建筑形象庄严气派，往往也管理森严、较为封闭。这些行政空间布局多呈对称状布置，为了便于建筑内部安全与管理，这些行政空间大多较为封闭，空间边界完整。虽然在当代，行政空间实体性的围墙边界并不多，建筑周边往往是视线可通过的栏杆等隔离物，但实际上政府与公众的隔离依然存在，比如一些行政空间前的广场仍然被政府所占据使用。即使在视觉上对公众开放了，但空间内外也只能隔墙相望。再加上建筑形象的气派庄严、保安人员的巡视等原因，当代行政空间依然十分封闭内向。

　　调研中发现，除了国家级单位之外，大量新建的市级、区级甚至乡政府的建筑规模越来越大，外观越来越气派，与公众相对隔离，这对于加强政府与公众之间的沟通显然是不利的。由于国家级行政空间代表了国家的形象，又是处理国内重大事务、举行重大仪式活动的场所，往往并不直接对公众服务。出于安全需要，国家级行政空间也应该具有一定的隔离性，也确实应强调空间的纪念性和权威性。但不得不指出的是，在全面建设服务型政府的大背景下，其他各级行政空间在加强政府与公众沟通、增强自身公共性方面仍有很多工作要做。

　　由于行政空间承担着重要的行政职能，有些行政空间还集中了多个政府职能部门同时办公，并面向企业和普通市民办理多项事务，因此前往行政空间办事的人流量很大，行政空间人流车流进出频繁。如一些区级行政单位日均接待办事人员就达到数千人次，办事人员反映交通不便的问题更加突出。一些办事人流量大的行政空间门前经常出现进不来出不去的混乱场面，给前来办事的市民带来诸多不便。

调研中发现，位于中心城区特别是旧城范围内的行政空间，往往存在着内部及周边交通较为混乱的状况。在社会快速发展的今天，由于场地的先天条件不足，导致必要的交通空间无法保证，必然会引起内部甚至是周边交通组织的混乱。如前所述，当代北京城市交通拥堵是各方面因素综合的结果，但不可否认的是，一些行政空间由于办事人流量大、自身交通组织问题明显，极大地影响了周边城市空间的交通效率，因此这些行政空间加剧了城市局部地段甚至是整个城市的交通问题。

如果追根溯源，产生这些问题的根源还是在于这些行政空间位于中心区中，由于中心城区用地紧张，导致了行政空间进出场地、建筑及车库的各种交通流线难以准确区分，地面需要的临时停车场也难以保证。不仅如此，这些行政空间的内部交通问题还会影响到周边城市空间甚至是整个城市的交通组织。一些行政空间由于自身交通组织存在问题，内部交通设施不足，便占用周边城市空间，导致行政空间周边路段秩序较乱。尤其当一些行政空间位于一些城市支路、小路边时，前往行政空间的大量车流人流降低了这些路段的通行效率；而内部停车不足而占用城市道路停车的情况也十分常见，同样也干扰了这些路段的交通秩序。

如前所述，当代北京城市行政空间大都出于安全考虑，空间较为封闭，这也使行政空间在设计中往往会过分强调自身空间的完整。这样虽然能使各个行政空间相对独立，方便了行政单位自身的管理，但也带来了另外一些问题。一些新建的行政空间会缺乏对城市空间整体的构想，对周边城市环境考虑不足，往往各自为政、过于独立，不能与周边建筑形成完整的、协调的建筑群和积极的城市公共空间。

首先，行政空间独立轴线对自身空间及流线的组织有利，但与四周相邻城市空间缺乏相互联系和协调。其次，城市公共空间与建筑界面的连续性受到破坏。多数情况下，行政空间虽然也具有开放空间如入口广场和绿地，但它们往往由行政单位独立使用。最后，过于规整对称的布局，虽然对营造庄重严肃的气氛较为有利，但却缺乏亲和力和开放性，无法提供亲切、宜人的公共空间，不利于政府与公众进行沟通。这种情况的产生起始于长期以来一些行政空间以自我为中心的设计理念，大多先用院墙将周边围合起来，直接考虑内部如何处理，而并不顾及与周边城市空间的关系以及对城市风貌的影响，并没有将自身的建筑空间纳入城市整体环境中去。这些行政空间对城市空间品质的贡献也打了折扣。

规划与管理运作

当前各类行政空间的土地供给较为分散，相互之间缺乏统一调控，各级行政单位用地在发展过程中往往各自为政，缺乏统一的土地供给以及宏观的规划与控制。如前所述，由于历史原因，各行政单位拥有土地较为零散，为了进一步发展，许多行政单位纷纷利用自有用地扩建办公楼或改建住宅，这种情况也直接引发了北京旧城中心区建筑密度的日益加大。

北京城市总体布局的调整要依赖于对城市土地实行符合总体规划的统一调控，但是长期以来城市土地由各单位所占有，缺乏土地供应宏观调控的政策引导，规划编制与管理往往处于被动局面。在土地单位所有和分散供给的背景下，无序与重复建设问题较为突出，其中也存在一定程度的盲目性和随意性，影响总体规划的有效和有序实施。

在旧城中心区，行政空间地块数量多、规模大。行政单位独立地块的广泛分布，对北京城市空间结构产生了深刻的影响。大量的封闭管理的空间体系，造成了城市土地利用的零散、封闭体系。

由于行政单位的特殊性，在行政空间的发展过程中，各自为政、各行其是，片面追求部门内部利益的现象时有出现，这也造成了建设实施与规划目标的脱离。因此，目前对各级行政空间建设定位与目标的统筹协调还显不足。

实际上，面对前所未有的发展形势，当前城市规划对于行政空间发展中出现的一些新情况、新问题，比如行政空间规划发展如何能与城市总体规划相协调、如何支持城市整体战略性引导与控制、如何协调各级单位建设共同发展等，还缺乏研究和有效的统筹协调。虽然历次城市规划均明确提出了城市未来的发展目标，但还缺乏对具体类型空间引导的完整思路。另一方面，行政空间的发展建设影响很大，对于北京城的发展至关重要，因此，如何有效地引导对城市行政空间的发展规划，是一个重要的课题。

各类行政空间在重新建设过程中，有些单位扩大规模，提高标准，这些建设项目往往会成为城市中"形象工程"、"政绩工程"的代表，而这种不从自身的实际情况出发，投入巨资兴建大规模、高标准建筑的情况在一定程度上造成了国家资源的浪费。

目前，作为一类重要的公共建筑，行政政府办公建筑的建设还缺乏完善的管理体系，建设并没有统一的规划与统一的标准，缺少专业化运作和管理的机制，各行政单位自己选址，建设标准也十分豪华。这种运作方式尽管能调动部门内部的积极性，但也助长了互相攀比、标准不一的风气。一些行政单位在建设过程中比规模，建设看重形象，重形式轻功能，造成许多与城市发展现状不协调的大规模、大尺度建筑群，带来土地与资源的浪费。

　　另一方面，一些行政空间的建设受到传统思维的影响，建筑形象较为程式化，缺乏符合时代特征的形式风格。许多行政空间建设缺乏创新，照搬照抄国内外案例，同时由于受到传统"衙门"建筑的影响，绝大多数行政空间主体建筑采用了中轴对称的布局形式，空间封闭，建筑形象一味追求气派庄严，还有的仿效西方的经典建筑样式，直接套用各种设计模式，这都违背了塑造新型服务型政府形象的基本要求。

　　与此形成对照的是，为了将建设节约型社会落到实处，北京的各级政府机关从自身做起，率先展开了建筑节能工作，做好公共建筑节能的示范工作，并委托清华大学对在京的中央国家机关、北京市相关政府办公机构进行了节能调查。在此基础上，各级政府机关提出了一系列节能计划。可以说，在建筑节能方面，北京各级行政空间走在了前列，为公共建筑建筑节能树立了榜样，确立了标准。

结语

　　改革开放以来，在政府职能不断调整的大背景下，当代北京城市行政空间也不断地在发生变化。对当代北京城市行政空间的调查与反思，就是希望能更深入地认识行政空间，使其更好地面对复杂的环境和机遇。随着行政空间的发展，新的问题又会出现：未来北京城市行政空间对城市生活的影响

如何评估？在城市公共空间中的地位和作用如何界定？如何
才能最大程度地发挥行政空间的公共效能？未来行政空间发
展如何与北京城总体发展目标相契合？等问题表明，未来北
京行政空间的发展仍然任重而道远。■

（本文发表于《北京规划建设》，2008 年 3 月刊）

后记

1997 年至 2007 年，我指导研究生完成的研究成果，已在我主编的当代北京城市空间研究系列丛书第一辑《微观北京》一书中发表。我主持的当代北京城市空间研究持续至今。2006 年秋，我开始酝酿与研究生合作撰写学术文章，并与《北京规划建设》和《建筑创作》杂志社联系开设学术专栏事宜。2007 年 6 月，"微观北京"学术专栏在《北京规划建设》杂志上开栏，至 2008 年 8 月，共有 22 篇文章发表。2007 年 7 月，"广角北京"学术专栏在《建筑创作》杂志上开栏，至 2008 年 5 月，共有 13 篇文章发表。两个杂志上发表的专栏文章共计 35 篇，构成了当代北京城市空间研究系列丛书第二辑《微观北京 & 广角北京》，也就是本书的主要内容。

《北京规划建设》和《建筑创作》杂志社对学术专栏给予了大力支持，感谢杂志社的同仁所创造的学术交流平台，为本书的出版奠定了基础。在本书的编辑过程中，杨扬对书稿的图文排版以及图片的整理做了大量的工作，感谢她为本书的顺利出版所付出的心血。感谢清华大学出版社徐晓飞主任对本书给予的大力支持。

本书收录的文章作者分别是王辉、高巍、金秋野、秦臻、戚积军、刘磊、谷军、夏国藩，以及滕静茹、陈瑾羲、汪浩、兰俊等。目前，王辉在清华大学建筑学院博士后流动站工作；高巍在北京交通大学建筑学院任教；金秋野在北京建筑工程学院建筑学院任教；秦臻通过了博士学位论文答辩；戚积军在清华大学建筑设计研究院工作；刘磊、谷军和夏国藩在北京市建筑设计研究院工作；滕静茹、陈瑾羲、汪浩、兰俊已经完成了硕士论文的工作，正在进行博士论文课题研究。本书出版之际，祝愿他们取得更大的成绩。

朱文一

2009 年 12 月 28 日

于清华园

内 容 简 介

本书以独特的视角审视当代北京城市空间中较少被人关注的因素，探究与城市弱势群体对应的弱势空间的形态规律，扩展了城市空间研究的领域，为认知当代城市空间提供了一种方法，为提高城市空间品质提供了一种思路。本书适合于建筑学、城市规划学、景观建筑学等学科领域的专业人士和学生，以及相关专业的爱好者。

图书在版编目(CIP)数据

微观北京 & 广角北京 / 朱文一编著． －－北京：清华大学出版社，2011.5

　　ISBN 978-7-302-24811-8

Ⅰ．① 微… Ⅱ．① 朱… Ⅲ．① 城市空间－研究－北京市 Ⅳ．① TU984.21

中国版本图书馆CIP数据核字(2011)第033032号

封面设计：朱文一

责任编辑：徐晓飞　赵从棉

责任校对：刘玉霞

责任印制：李红英

出版发行：清华大学出版社　　　　　　　　**地　　址：**北京清华大学学研大厦 A座

　　　　　　http://www.tup.com.cn　　　　　　**邮　　编：**100084

社　总　机：010-62770175　　　　　　**邮　　购：**010-62786544

投稿与读者服务：010-62776969, c-service@tup.tsinghua.edu.cn

质　量　反　馈：010-62772015, zhiliang@tup.tsinghua.edu.cn

印　装　者：北京雅昌彩色印刷有限公司

经　　销：全国新华书店

开　本：185×235　　　**印　张：**25.25　　　**字　数：**648千字

版　次：2011年6月第1版　　　　　　　　**印　次：**2011年6月第1次印刷

印　数：1～2000

定　价：78.00元

产品编号：038030-01